设计天赋

——创意思想是如何炼成的

Design Genius

—The Ways and Workings of Creative Thinkers

［英］加文·安布罗斯
［英］保罗·哈里斯 著
李淳 高爽 译

中国建筑工业出版社
CHINA ARCHITECTURE & BUILDING PRESS

著作权合同登记图字：01－2014－3139号

图书在版编目（CIP）数据

设计天赋——创意思想是如何炼成的／（英）安布罗斯，哈里斯著；李淳，高爽译．—北京：中国建筑工业出版社，2015.7
ISBN 978-7-112-18307-4

Ⅰ．①设… Ⅱ．①安… ②哈… ③李… ④高… Ⅲ．①设计学 Ⅳ．①TB21

中国版本图书馆CIP数据核字（2015）第172946号

Design Genius: The Ways and Workings of Creative Thinkers by Gavin Ambrose and Paul Harris.

责任编辑：李成成　段　宁
责任校对：陈晶晶　刘　钰

设计天赋——创意思想是如何炼成的
Design Genius — The Ways and Workings of Creative Thinkers
[英] 加文·安布罗斯　保罗·哈里斯　著
李淳　高爽　译

*

中国建筑工业出版社出版、发行（北京西郊百万庄）
各地新华书店、建筑书店经销
北京锋尚制版有限公司制版
北京顺诚彩色印刷有限公司印刷

*

开本：889×1194毫米　1/24　印张：14⅔　字数：562千字
2016年1月第一版　2016年1月第一次印刷
定价：98.00元
ISBN 978－7－112－18307－4
（27468）

献给维多利亚（Victoria），奥托（Otto），阿尼斯（Anais）和朱尼珀（Juniper）

A LOT LIKE YESTERDAY. A LOT LIKE NEVER

推荐

我不是特别推崇“天才是可以被教会的”这种说法。我相信天才是可以通过鼓励、培养而产生，甚至是在困境中被挤压出来，但是这样的人需要具备天才的基因。我反对这样的说法：只要收集了足够的想法并放到一起，我们就能成为天才。正如我父亲一句关于智商的调侃：“精神在物质之上，但如果你没有精神也没有关系。”

可能每个人都有天才的基因，只是这些基因一直沉睡着，等待恰逢其时的唤醒，也或者永远都不会被唤醒。所以我们需要一定的创造力，去呼唤沉睡中的大脑。为了使头脑能保持健康，我们需要定期做一些新鲜的事情，即一些我们从未做过的事或是之前想做但还一直没做的事。对我来说，这样的事情太多了，关键在于挑战，挑战会让我们的大脑避免处于沉睡甚至更糟的状态。

对页上的插画是韦斯娜·帕西克(Vesna Pesic)的一件民间艺术作品。韦斯娜是本书中众多受访的艺术家之一，其采访内容在本书第125页。

设计是一项富有挑战性的艺术和工艺。一个人可以简单地学习一个软件，每天在电脑键盘上敲击同样的按键或者修改事物的外形和感觉，从而改变我们对于普通与非凡的感知方式。赢得挑战要求每个个体明智的思考和辛勤的工作。设计者们以解决问题者的身份，使大脑细胞不停地运转。

设计师是创新思考者。创意是通过内在和外在的刺激形成的。《设计天赋》一书作为一个外在的火花来刺激内在发动机的加速。反过来，发动机又刺激了“整个机器”，从而创作出令人兴奋的、独特的和纯粹的作品。让安布罗斯和哈里斯的巧妙尝试将我们都塑造成设计天才吧！

史蒂文·海勒（Steven Heller）

目录

采访目录

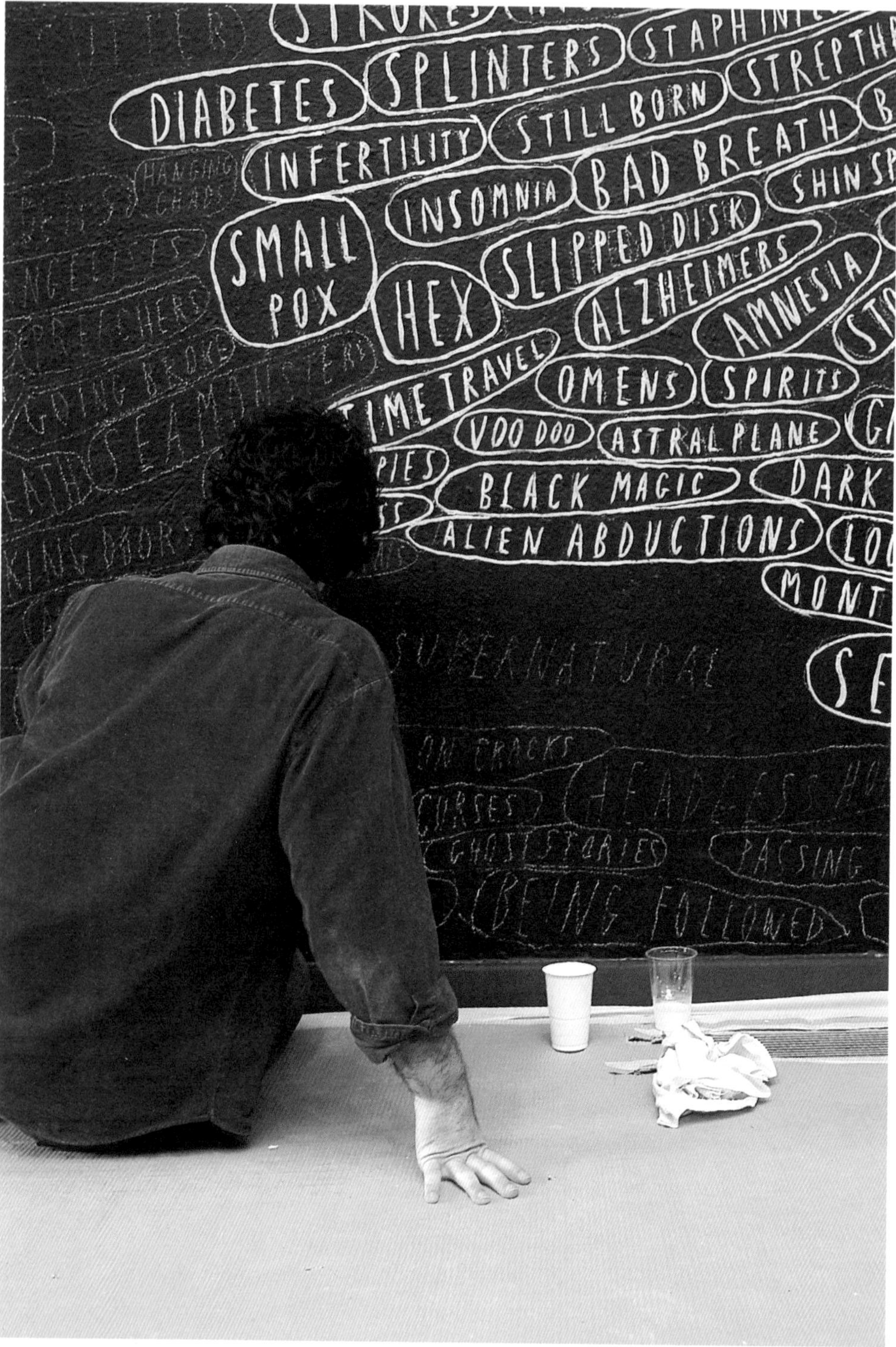
DIABETES
SPLINTERS
INFERTILITY
STILL BORN
BAD BREATH
INSOMNIA
SMALL POX
HEX
SLIPPED DISK
ALZHEIMERS
AMNESIA
TIME TRAVEL
OMENS
SPIRITS
VOO DOO
ASTRAL PLANE
BLACK MAGIC
ALIEN ABDUCTIONS
SUPERNATURAL
CURSES
GHOST STORIES
BEING FOLLOWED

绪论

“创意纯粹是灵感的结果，设计师和其他创新思考者获得创意是可遇而不可求的”——这是一个关于创意的神话。在这本书里,我们试图辩驳这个观点,并提出如下的理念：设计中的创意思想,是一个贯穿整个设计进程的特定步骤、阶段和工具的实际过程，它产生了想法，对其进行探索，并把这些想法发展成为具有创意和灵感的工作。

我们并不是在宣称灵感不存在；灵感是存在的，但它只是一个工具。灵感需要完整的设计环节中其余部分的完善和支撑，灵感不是用以产生设计结果的唯一因素。

通过对设计专业人士与创新思考者的一系列采访，我们看到了设计师用于促进创意过程，以及迸发想象力的各种创新思维工具。设计领域吸收了用于提供解决设计问题的框架体系和过程。本书旨在将这些体系和过程汇总，以提供一幅蓝图，向设计师展示如何学习创造性地思考。

琼·米罗基金会（Joan Miro Foundation）（对页）
来自洛杉矶的艺术家布赖恩·雷阿（Bria Rea）在西班牙巴塞罗那的琼·米罗基金会创作的一幅壁画装置。我们对他进行了一个主题为“艺术和设计的联系”的采访，采访内容在本书第 193 页。

在展示这些用于设计过程中的各种创意思维工具和方法的过程中，我们会考察来自不同设计门类的作品，并揭示它们背后的思考过程。这些门类包括包装设计、平面设计、标牌和广告设计。在这个过程中，我们将发现设计是一个务实的和动态的过程，也是一个创新的过程。本书结合了包括视觉的和文本的两种方式的创意思想理论和工具，并证明了它们是如何促进想象力的设计，讨论了这些设计工具从何而来，以及它们在什么程度上可应用于当代设计。

设计不是一个人与生俱来的天赋。它是一项需要通过经验来学习和提高的技术；设计就像任何活动一样，是需要你为了提高和发展而训练的技能。开发一个创新思想的关键元素，是把你自己暴露在新的思维方式和新的刺激中……

我们从这里出发去向何方?

“在计算机出现以前，印刷品出自设计师的手和印刷机。大部分客户对如何产生印刷品只有一个模糊的想法，他们准备为他们的商标、通讯、年度报告、商务手册和其他商业刊物支付一笔满意的费用，但是现在不同了。如今，只要花很少的钱，任何人都可以购买一份计算机程序，这使任何人只要会打字，都可以用计算机、打印机和扫描仪生产出大部分平均水平的商业材料。”

——鲍伯·吉尔（Bob Gill）

设计师和作家鲍伯·吉尔的话,尖锐地指出了技术是如何改变了设计领域这一问题。同时，技术也扩大了设计的领域，使得它不再是一块只属于少数几个接受过设计训练的人的飞地。曾经的印刷贸易的领地，现在成了大众的市场，例如字体、字号和排版这样的术语，如今也已经成为普遍人的常用语。

人们现在甚至还没来得及意识到，就已经开始使用这些设计工具了。例如现代数码相机设置了在屏幕上按照“三分法则”的显示方式，以方便人们可以更好地取景构图。在某种程度上，技术的变化造成了对设计技能要求的降低，从而使人们可以更加关注自身的设计需求。值得一提的是，设计的大众化，通过设计工具和概念的非专业运用降低了设计门槛。在这一背景下，设计思想比以往任何时候都更为重要。

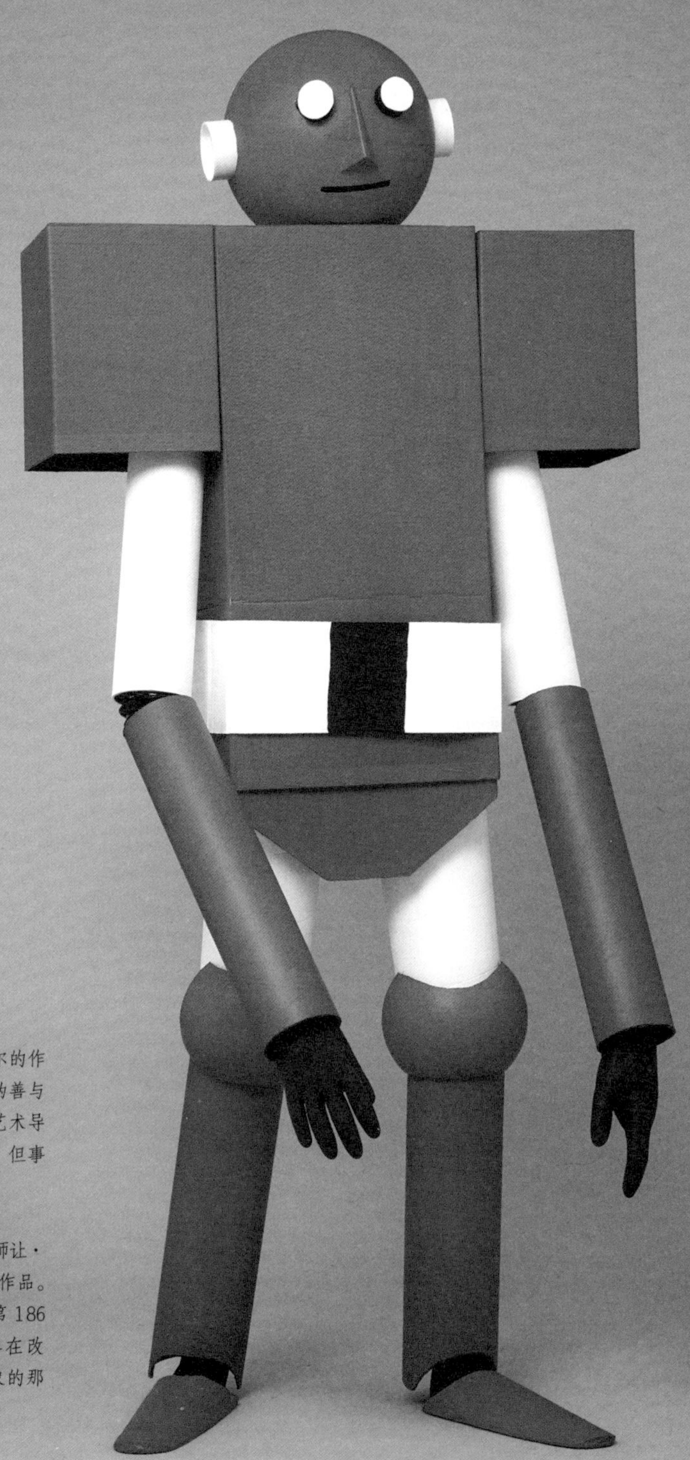

左边的海报是鲍勃·比尔的作品，意在阐释设计界的伪善与不诚实。海报中的两个艺术导演外表看上去非常友善，但事实上早就想干掉对方。

本页是一个插画家与设计师让·朱利安(Jean Jullien)的作品。他的采访记录在本书第186页中。平面设计的世界在改变，但它是否如我们想象的那样，变化如此之大?

肯·加兰（Ken Garland）关于“事物还未像我们设想的变化如此之大”的采访

加文·安布罗斯（Gavin Ambrose）（以下简称“加文”）：你觉得人们能否被教会如何做设计？

肯·加兰（以下简称“肯”）：我更愿意说，人们可以学习如何做设计。这是一种本能。还有另一种学习来自于我们遇到的困难。我们发现所有的这些东西我们都不了解，同时，我们也并不清楚我们自己不知道。这些技能，通常是不熟悉的技能，是需要后天学习获得的。

科技的进步能让一个外行从事平面设计，这一直是一个引发争论的问题。我最近在澳大利亚做了一个讲座，名叫《压力正在上演》，意思是大量的业余爱好者对于设计的参与，正在挤压专业的设计行业。那么，面临这样的挤压，我们往何处去？这是一个非常值得关注的问题。我学生的朋友们，并不是平面设计背景出身，目前正在从事平面设计工作。在我的学生看来，他们的朋友做得非常好。他们的作品可能是业余的，但却比想象的要专业。我是一个老年人了，如果在这个问题上需要一个答案的话，一定是需要年轻一代来解答的。我现在只能提出问题，但却无法给出问题的答案。

人们只有在经历了这段时期，在回顾现在的时候，才能看清事情本身。如果让我问自己一个问题：关于现在的教育系统我们应该考虑什么？我们用同样的教育方式教授了五十年的时间，这样对吗？我们是否应该调整我们的教学方法？学生成为什么样的人才是由他们自己决定的，但是，我们对教学的方法是有责任的。

我想说，是的，原则没有变。比如，字体是我选择的，排版是我选择的。虽然你或其他设计师会做得不同，但是这背后的原则却是相同的。这些原则是常量。当有人将此作为信仰而质疑：“你对此确定吗？”你需要思考并回答说：是的，我确定，因为它们基于这些原则。此刻，我一直在问一个问题，那就是当平面设计日益扩张，它的局限是什么。例如，对于活动图像，电影与网络给我们带来的重大影响。于是，我们需要扩展我们对于如何使用字体的观念。但是这些原则——我们从我称之为“自由艺术”的实践中学到的原则——是否有效？因此，我们必须不断地回到那些形成原则的最初的、最基本的地方。我在这里谈论的是形式、颜色、色调、几何与结构的原则。用于建造一座建筑、创作一个家具、创作一件艺术品或一个图像设计的一切。这些原则支撑着所有的艺术形式。

我愿意相信，如果你能够教会人们如何学习思考，他们便能够处理平面的、电影的、工业的以及写作的等任何问题。这些原则远比我们要做的练习深刻得多。

的确，我还有另一个理由相信这些原则具有一定的普遍性，那就是我幸运地从事过各种领域的设计工作，特别是摄影，它一直是我工作的一部分。我认为设计的原则在某种程度上适用于我的摄影工作，适用于家具设计，同样也适用于游戏设计。我们最初认为只适用于平面设计领域的原则被扩展了，它使人们深刻地理解了原则的普适性。它也同样适用于写作。对于平面设计来说，我认为叙事的结构也是必备的知识。同样的原则适用于你如何组织文字的结构或者你对一个页面如何进行排版。

我不信任平面设计专业。你可以学习平面设计，但实际的平面设计专业，不论它是什么，我不确定这个专业的概念能否将我们区分开。我不确定这是否有效。我只是必须接受它。我相信我们学到了一些技术，其中有一些工艺技术。例如印刷术就是一个工艺技术，它与字体的处理紧密相关。最初，印刷工通常安排好雕版，为的是为上墨和印刷做好准备。当你掌握了这门手艺，你在外行眼中将变得非常神秘，你被戴上了一个神秘的光环。而如今，这些技艺随着时间的推移慢慢过时了。排字工的技术，印刷工的技术，等等，这些都被计算机的应用所取代，输入abc 或者123几乎成了自动化的。你可以说既然这些工艺已经过时，也就没有理由再去传授它们了，但是那些新的工艺呢？不要担心，新的工艺有一天同样也会过时的。技能的学习是非常重要的。我相信这是设计培训中的一个基础环节。即使这些技术都过时了，对于这些技术的学习仍然是将我们区别于外行的重要能力。在我们那个时代的正规教育中，我们学会了学习技术的能力。这是最主要的能力，是指导你如何去学习各种技能的能力。有时候我们要花很大力气去说服学生学习一些他们怀疑马上就要过时的技能。但是我认为没有一个技能会真正地过时，它们只不过是做了一个变身，变得与之前的方式非常接近，只不过不完全相同而已。如果我们回顾14世纪~16世纪印刷术在西方世界的最初阶段，我们会发现，手抄者变身成了印刷工。的确，第一批书的制作看上去都是手写风格的，那是因为那个时候人们不了解还有什么其他的字体类型的展示方式。现在仍然发生着同样的事情。回顾过去，我们并不因为早期的书籍都是手写风格而感到遗憾。因此，一切都源自转录，或者依我说，源自一种技能向另一种技能的转变。

加文：你认为目前的电子设备的条件，其实是一种对过去事物的模仿吗？例如电脑软件的界面。

肯：谁能在今天想出一种五百年前不存在的唯一的设计原则？我曾试图思考过，但是我不确定我能做到。甚至连动作，这种我们这一代人的伟大发明，在五百年前的剧院里、芭蕾舞中、体育运动和艺术体操中也都已经存在了。我们只是将我们学到的东西做了一个简单的变身。如果你研究古典芭蕾舞的各种规定动作，就等于是在看待印刷术中严谨的形式。我们同样可以发现，现代舞蹈中打破了很多传统的规范，同样，另一个领域——平面设计的形式也变得越来越多种多样了。

在一个平面设计的系列讲座中，我从洞穴壁画开始讲平面信息。我发现我们知道的关于平面设计的几乎所有的内容，已经远在文字语言出现之前都被实践过了。这是一个警告，也是件令人振奋的事情。一想到平面设计的语言竟然出现在字母之前，这是多么鼓舞人心啊！我们用了六万年的时间才有了字母，但是我们却早就拥有了如此非凡精密的一套用以表达讽刺、近义、隐喻以及非常丰富的暗示的语言。起初，我以为平面设计可以被认为是始于大约18世纪末。当你发现了埃及艺术、叙利亚艺术、希腊艺术、古罗马艺术、玛雅艺术，甚至发现了更早的2000年前的塔尔迪克族艺术时，你就会发现我的想法是多么荒谬。这是一套非常精密的艺术体系与交流形式。就像原始的土著艺术一样，它们有一套精密的讲述故事的方式。这也是平面设计最重要的事情之一——讲述故事。

我相信这是设计培训中的一个基础环节。即使这些技术都过时了，对于这些技术的学习仍然是将我们区别于外行的重要能力。

允许创新思维

创作不是那么容易的事情。从某种程度上说，创新思维需要有意识的努力，这一章，我们来认识能够让这一过程重获新生和重新振作起来的各种技术。

创作的环境

在一定程度上，我们都是环境的产物，而我们的环境是创作的潜在因素之一。大多数的创作者都认同“环境可以影响创作”的说法。如果是这样的话，那么环境到底对创作有多大的影响呢？还有一些相反的观点认为：“整洁有序的环境，才能产生有条理的思维”。

在作家斯科特·拜尔昆（Scott Berkun）的一篇关于创新思维的文章《你的工作环境影响你的创作吗？》中，他清晰地表达了他的不同观点。他讨论了建筑设计行业里的一个有缺陷的假设，解释了为什么有一群人有创造力而另一些人则没有。拜尔昆认为这个问题的主要决定因素不是环境，他列举了历史上的许多伟大的发明的工作环境，揭示了这些工作环境都没有达到“创新的工作场所”或者是“动感的工作环境”的标准。例如，怀特兄弟在自行车店建造第一架动力航行器；许多今天最成功的技术和娱乐公司，例如谷歌、苹果、惠普、亚马逊和迪士尼，它们的事业都是始于车库；互联网与网页最初都是始于学校的实验室。再回到艺术的问题上，拜尔昆认为很多艺术品的创作，都是在电力、空调或我们习以为常的其他舒适和便利的工作条件发明之前就产生了。他说：“人类的创新与发明已经持续了上千年，其相关的任何理论都应该适用于过去，也同时适用于现在。”

不管是在安静的、有助于精力集中的环境中，还是在喧闹的新闻工作室；不论你在世界的任何地方，与自己志趣相投的朋友工作，或跟与你完全不同的人工作，环境都是重要的。在数码时代，环境不再仅仅局限于我们的物理环境，技术让我们有机会沉浸在虚拟的世界中，在人造的环境里分享想法、观看视频、消磨时光，比如玩电子游戏。在数码时代，我们的资源范围只由我们的时间和我们对于资源的渴望和努力来决定。

音乐也是环境中的一个因素。许多人在工作和创作的时候喜欢听音乐和广播。沙纳·蕾波维兹（Shana Lebowitz）将音乐定义为她的创作灵感迸发的三十六种方式之一。她引用了康·肯拜尔（Don Campbell）在《莫扎特效应》一书中关于如何能够通过聆听莫扎特的音乐来提高创作能力、集中注意力和其他认知能力。

图中展示的是莫拉格·达尔斯克夫（MoraMyerscough）正在其工作室中忙碌的景象，它展示的是被称作“有组织的混乱”的工作方法。关于她的访谈在本书第 38 页。

BOLD
VENTURE
SAY
READ
MAGIC
TIME

徘徊，错误与好奇

“你不能把设计握在手里。它不是一件东西，而是一个进程，一个系统，一种思考方式。”

——鲍勃·吉尔《将平面设计作为第二语言》

在上面的文字中，鲍勃·吉尔提出了一个重要的命题。设计（包括想法，表达和概念）不能脱离我们而存在，它是我们创造的。在这个创作的进程中，涉及系统的创新，事实上也就是思考方式的创新。

“你试图解决的问题是什么？”他通过进一步提出这样一个问题来作出解释。这个问题看上去大得难以回答，但是它事实上可以被定义为一个简单的问题。吉尔认为“设计是一个组织方式”。一旦这个说法成立，设计进程中剩余的问题将变得简单得多，即你如何组织这个进程。

设计进程如果是一个简单的线性过程，那将会非常方便。于是有了一些概念来试图诠释这一过程。例如，我们经常会将五个“Ws”的方式作为最初的一系列问题：关于谁（Who）？发生了什么（What）？何时发生的（When）？在哪里发生的（Where）？为什么会发生（Why）？

通常，这些问题作为起点帮助你明确你要研究的事情。问题是什么？正如吉尔所说：“我正在试图组织什么？”这里还有一系列在设计进程中常被遵循的共识，它们是：定义（任务是什么？）、研究（项目的背景是什么？）、设想（可能的解决方法有哪些？）、范例（你的解决方式有哪些是合理的？）、选择（如果有好的解决方式，哪一个是最好的？）、实施（你能否按照自己承诺的去执行？）以及教训（有没有在你的失败中学到什么经验教训？）。如果这个过程行不通，这个进程通常是行不通的，那么试试别的方法。

做一个悠闲的漫游者

漫游者经常会悠闲地穿梭于环境中，并观察他周围的世界。没有明确的日程安排，只有清晰的头脑跟随着自己热切的好奇心，总是处于游离状态的眼睛会停留在吸引它的地方：建筑的细节，人们的鞋子，透过树枝闪烁着的阳光。漫游者可以常常因此而具有观察事物的机会，为触发一个想法、一些少见的和不可预期的东西提供灵感，当然有时候他也会非常普通。

保有好奇心

约翰·巴雷尔[1]（John Barell）认为“提问是有意义的学习的开端。太多的学生只是被动地坐在学校里，没有勇气去对自己所学的内容提出一些挑战性的质疑。但是如果学生是有好奇心的，他们能够更好地控制自己的学习能力。”

意外的收获

意外的收获本身不是设计工具。人们不能计划一个意外的收获，但是却能够在事情并没有如期发生，而是出现了一个新的局面或新的发展之时，有能力去意识到它的发生。可能在我们的生活中，意外的收获往往是多数情况，比我们想象的更加普遍。例如包括青霉素，修正液和即时贴在内的这些发明都是意外的收获。

允许错误的发生

允许错误的发生有可能使我们从意外和运气中得到好处。要做到这一点，我们必须暂停批判的眼光，给错误一点时间。让外行去尝试

[1] 约翰·巴雷尔（蒙特克莱尔州立大学名誉教授），《开发更多的好奇心》

爵士

鲍勃·吉尔取材于自然的、即兴的爵士音乐的海报。从一个起点开始，之后便是即兴发挥。

一些任务，就是创造条件达到这个目的，从而看看他们能想出什么样的解决办法。或者是让人们摆脱他们正常的、舒适的环境，来处于一种“游戏的时间”。

你不用一直都有计划。即兴，是鼓励人们摆脱了时间的约束，从而对情况做出自发反应的一种方式。快速思考充分地挖掘了我们古老的“战逃反应”的本能，它可能产生出最有效的行动。任何一种活动的参与，甚至是胡写乱画，都可能是创新的。

组块

问题在一开始看上去总是非常棘手、难以解决。组块是一个将任务拆成片段，拆成若干更加可控的元素的方法，如此一来，部分任务的完成的状态，可以帮助我们创造一种持续的成就感。“组块”这个词来源于1956年乔治·米勒（George Miller）的一篇名为《神奇的数字，7±2：我们信息加工能力的局限》的论文。在文章中,他观察到短时记忆的容量为7±2个组块。当你想熟悉一个更复杂的问题的时候，你脑海中最先是将单独的信息合并，它使你能处理越来越多的信息。

允许随机

随机性是一个创新工具。从批判的角度来看，我们非常习惯于利用自己多年的教育与经验处理一个任务，从而忘记了通过随机的潜质去产生解决问题的最初想法。随机很简单，它就像用笔胡写乱画，然后从中挑选一个行得通的形状或曲线，或者你也可以从杂志上剪一些图片、颜色和材质，将他们摊开在你的桌子上，通过联想和结合，激发出解决问题的方案。

记住如何去“玩”

在近期对迈克尔·莱博维兹（Michael Lebowitz）关于Big Space工作室（见本书第60页）的访谈中，他讨论了关于玩的概念。我们如何把玩当做探索、诠释和理解世界的方式？这样说听起来有些轻率，但玩的价值不应该被低估。

赛斯·高汀（Seth Godin）的这一技术性的描述说：“实用提示：买一大盒子的实木积木。在每个积木上写上一个大大的关键词，例如因素、优势或策略。通过玩积木，从具体的事物中生成抽象的概念。”这是一种新想法产生的方式。这已不是一种新技术，它已被作家与艺术家们普遍接受。类似的变体还包括卡牌游戏、字词联想和随机的视觉参考材料。

如果卡住了——重新再思考

当一个人看上去真的是被一个问题给卡住了，最简单的方式莫过于逃避，但这解决不了实际问题。可能休息一下，再去尝试，将使你通过全新的目光看待这个问题。设计师可能会特别侧重于解决问题，使它们变成平面、图像或者文字。试图改变侧重点，可能会有助于我们得到解决问题的答案。解决方案只能通过文字的字体或图像吗？

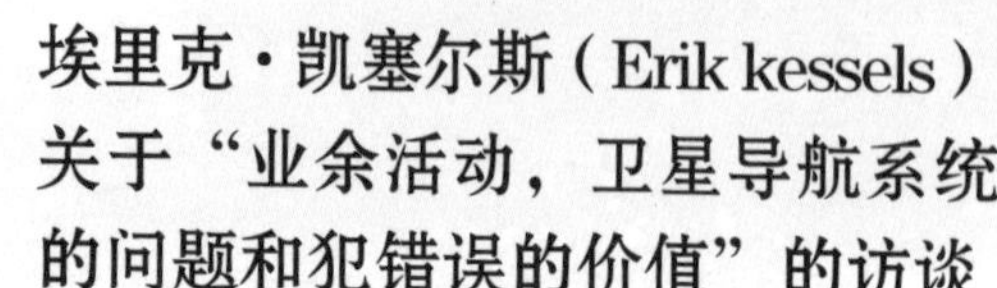

埃里克·凯塞尔斯（Erik kessels）关于“业余活动，卫星导航系统的问题和犯错误的价值”的访谈

加文·安布罗斯（以下简称“加文”）：凯塞尔克莱默（Kessel-Kramer）设计工作室因其一套多样、折中的作品而获得了殊荣。他们通过不同的方式看待事物，使得作品既有独创性又有幽默感。汉斯·布林克尔（Hans Brinker）经济连锁酒店就是一个很好的实例。你能详尽地描述一下你在Kessel-Kramer设计公司的工作过程吗？

埃里克·凯塞尔斯（以下简称“埃里克”）：这一切都源自包括我在内的很多人，我们都有对广告和平淡无奇的设计的反思，这是一种良性的批判。在你周围的主流东西中95%都是无聊和荒谬的。于是去寻找一条非主流的道路——一条旁门左道——从而尝试一些不同的东西是非常有趣的。这是个很好的方式，它源于对这些无聊事物的反感。做一些与现存物不同的东西是非常鼓舞人心的事情。

加文：我读过一篇文章，其中引用了你的一句话：“有时候，有想法是需要勇气的”。你能解释一下这句话吗？

埃里克：勇气是你要学习的东西。我可以想象，作为一个刚刚毕业的学生，冒险不是你擅长的，但你可能会信马由缰地思考，只是这些思考不会立刻转化成你勇敢的想法。这些想法只会在你犯了很多次错误之后才会出现。

加文：犯错误的过程是否是你创作过程中的一部分？

埃里克：绝对是。犯错误和反思你做的事都是非常重要的。当你观察你年轻的学生时，你会注意到他们的“前院”非常的漂亮，但他们的“后花园”却乱作一团。这就是说，他们没有花费足够多的时间在“后花园”尝试各种可能性，这会影响到他们在“前院”和公共场所展示的内容。

加文：我知道你通过《民间摄影》系列作品在摄影和图像制作方面做了很多尝试。在这一系列中，你选取了事实上并不重要的一些图像，通过它们的位置和信息讲述了它们的故事。通过一个正式的设置，使它们变成了我们现在看到的样子。

埃里克：地点创造了某种魅力，这是我在过程中发现的。我们用日常摄影作品满足客户的需求，所以这些原始图像与充斥在我们周围的受制约的专业图像形成了巨大的反差。

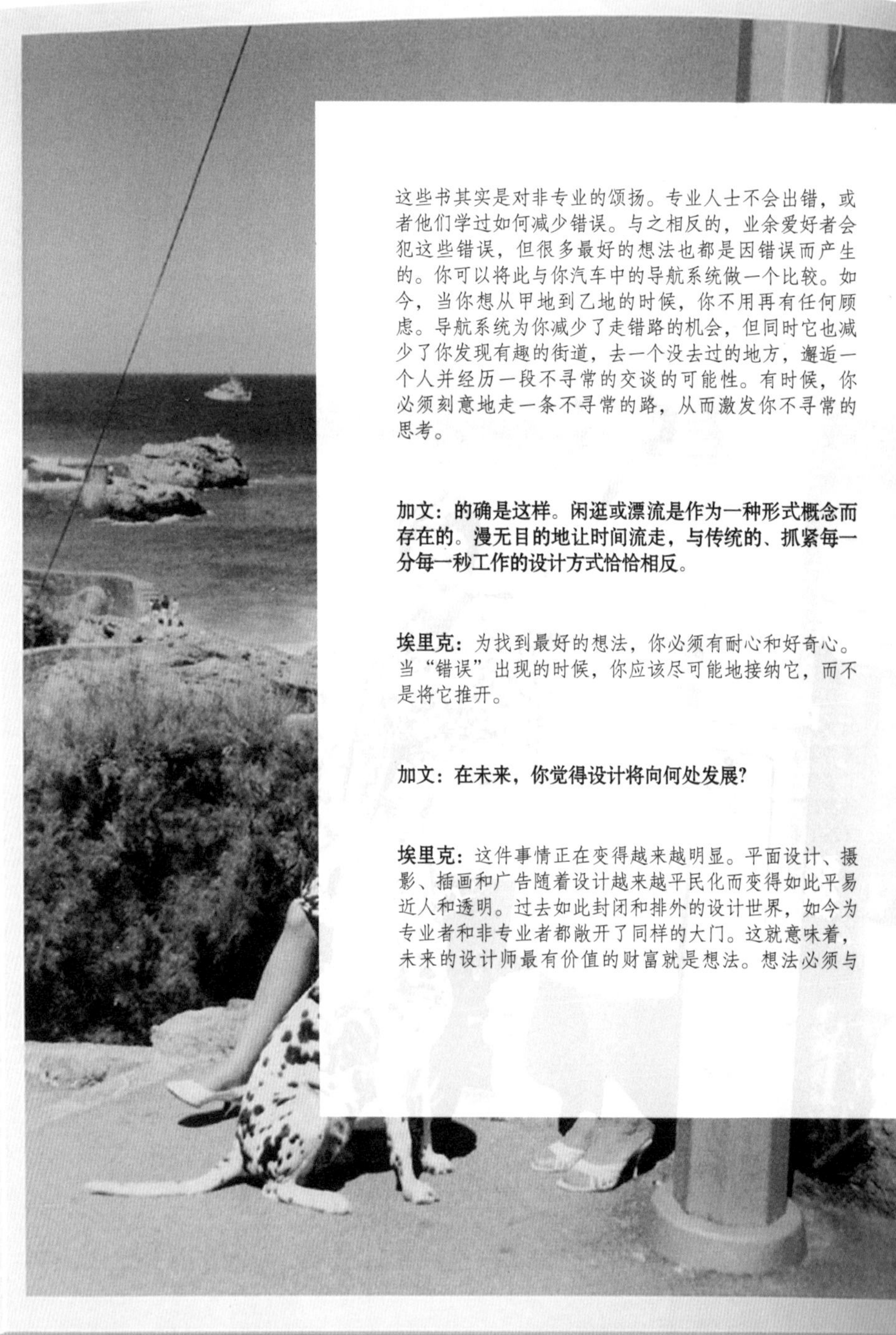

这些书其实是对非专业的颂扬。专业人士不会出错，或者他们学过如何减少错误。与之相反的，业余爱好者会犯这些错误，但很多最好的想法也都是因错误而产生的。你可以将此与你汽车中的导航系统做一个比较。如今，当你想从甲地到乙地的时候，你不用再有任何顾虑。导航系统为你减少了走错路的机会，但同时它也减少了你发现有趣的街道，去一个没去过的地方，邂逅一个人并经历一段不寻常的交谈的可能性。有时候，你必须刻意地走一条不寻常的路，从而激发你不寻常的思考。

加文：的确是这样。闲逛或漂流是作为一种形式概念而存在的。漫无目的地让时间流走，与传统的、抓紧每一分每一秒工作的设计方式恰恰相反。

埃里克：为找到最好的想法，你必须有耐心和好奇心。当“错误”出现的时候，你应该尽可能地接纳它，而不是将它推开。

加文：在未来，你觉得设计将向何处发展?

埃里克：这件事情正在变得越来越明显。平面设计、摄影、插画和广告随着设计越来越平民化而变得如此平易近人和透明。过去如此封闭和排外的设计世界，如今为专业者和非专业者都敞开了同样的大门。这就意味着，未来的设计师最有价值的财富就是想法。想法必须与

工艺相结合。但现实是，工艺是很多人都能做的。这样一来，想法则成了更具有价值的东西。对我来说，想法是最重要的事情。如果一个概念很有智慧，即便它很粗糙，甚至是糟糕的，也可以被执行起来。一个好的想法如果被低劣地执行，依然是可以存活的，但是一个很差的想法即便被华丽地执行，也是没有价值的。

加文：人们能“学会”如何创作吗?

埃里克：是的。我觉得现在的想法比在学校上学的时候更加自由了，这是一个很奇怪的现象，因为，约束越少，你应该感觉越自由。我每天都有创意涌现，这来自于敢于冒险。很明显，它会与经济状况相关。在经济衰退期，公司都不愿冒险，但是在经济增长期，任何事情都是有可能的，创作的想法也会走得更远。

加文：当我们暴露在更多的媒体流中的时候，脱颖而出并发现“新的东西”是否会变得更加困难?

埃里克：当诱惑更多，噪声更多的时候，的确是更加困难了。有一个强大的想法，要让它能够在各种形式：例如印刷、网络在线、交叉平台等等都可行，并能够说服每个人都参与到其中，这是非常困难的。但是当你的想法已在所有传媒间得以运作，然后它甚至可能比想象的更好，那说明它的确是一个正确的想法。

RO-DD 773
D

更多关于埃里克的《民间摄影》系列作品请看本书第 145 页。

创新思维

“每个孩子都是艺术家，但问题是等你长大之后是否依然还是艺术家。”

——帕布鲁·毕加索（pablo Picasso）

我们的某种特征和能力是与生俱来的，还是出生后从家庭环境中学到的？这是一个关于先天与后天的核心的争论问题。有一种观点认为这是我们先天的能力，或者说是自然塑造了我们；同时另一种观点则认为我们具备的不同的特征是源于经验、行为和培养。

由这个争论衍生出来的关于创新思维的进程。先天主义者会说，创新思维的能力是与生俱来的，这个基因来自于出生时的一个偶然事件。后天主义者则认为，创新思维的出众能力是通过训练和经验而学习与发展的。

在艺术的创新方面，这两个论点都有道理。因为一方面，有许多人毋庸置疑地具有卓越的创新能力，好像这些能力都是与生俱来的；而另一方面，其他的一些人工作得非常努力，学到了高水准的技术。从某种意义上来说，后一个群体更有趣。

通过一段时间对创新工作的观察，我们发现创新思维进程的发展，在于人们的好奇心推动着他们吸纳新的信息和经验，从而做出创新和改革。20世纪的一个重要的例子便是西班牙艺术家帕布鲁·毕加索。毕加索的例子证明了，他具备的才华是先天的。然而更明显的是，在他整个职业生涯中，他学习和实验了制陶术和陶瓷上釉，他通过雕塑、雕刻、绘画等多种多样的媒介传达他的信息。他为表达想法发展了很多新风格、新方法，同时学习了利用新材料和技术去表达他的观点，而这一切都是后天学习的结果。

强制

创新进程往往是被强迫出来的。在某种程度上，所有的商业作品都是强制产生以满足客户的任务要求的。创新思维是为任务寻求可行的解决办法。可能一个可行的想法就这样开始发生了，但往往，一个想法的落成是有组织的思考进程的结果，这一思考进程是通过利用多种多样的创新思维工具，评估和抛弃了多种选项而得到的。

例如，一个纯粹独特的设计是很难做到的，因此照搬和改编一个现有的设计，或重新利用一个过去使用过的可行想法会更加容易。如果这样行不通，可以利用一个完全不同的结构进一步强制思考过程，就像寻找一个特定的解决问题的类型，比如一个照片引导或平面引导的方式。我们可以通过设置特定参数去约束我们自己。

不强制

不强制是一种释放天性的方式，它给设计师的创新提供了自由的支配权。这是一个更加无组织的过程，在这个过程中，灵感引导着创新。这更像是天赋的闪现或灵感迸发。但是尽管原始的创新天赋很有趣并具有挑战性，但它还是需要被激发，以满足设计的任务要求。

图片中是克奇·尼奇（Kitsch Nitsch）为一个发廊设计的一个室内墙面，旨在展示其作品始终是心灵的产物。

上图：《后现代生活；风格与颠覆 1970–1990》，展览于伦敦维多利亚与艾伯特博物馆（V&A Museum）。该平面设计的意图在于展示后现代主义对简约的激进反应。它将印有孟菲斯肌理的松紧带固定的标签系统置于鲜艳的有机玻璃上。

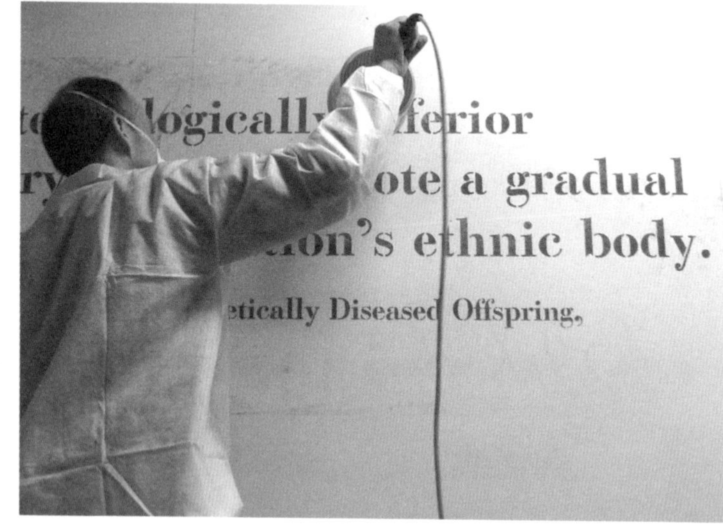

右图：《尘埃展》（Dirt Exhibition），惠康基金会(Wellcome Trust)。

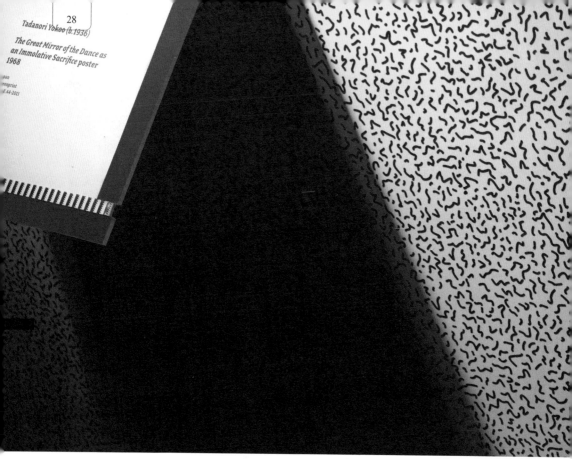

与来自“日常生活的实践”（A Practice for Everyday Life）工作室关于“实验，材料及排版的声音”的访谈

加文·安布罗斯（以下简称“加文”）： 你有一句有趣的短语：“化腐朽为神奇”。这句话是从何而来的？你采用的方法是什么？

艾玛·托马斯（Emma Thomas）（以下简称艾玛）： 我们的关注点不在于寻找始终如一的风格，而在于寻找使项目有创造性的方法。在这些方法中，形式追随功能，每个项目都能够从它自身的内容和背景中发挥其特色。我们常常用很普通的过程和作品，但与以往不同的方式和背景，去处理现有的材料。例如在后现代展览中（看对页），我们利用有色玻璃和印有孟菲斯肌理的松紧带做了一个独一无二的商标系统。在惠康基金会的《尘埃展》中，我们又一次把一些看上去很普通的东西变得不同寻常：我们用植绒法（你通常会在很难看的产品和家具上找到）作为媒介去传达一些想法，而不是利用真正的尘土。

加文： 你是如何发现从印刷到展览设计之间转变的可能性的？

艾玛： 在某种意义上说，这两者非常相似。我们非常热爱印刷工作，但我不把它看做是单纯的二维工作。我们所做的一部分事情是由进程引导的，也是由想法引导的，所以策展对我们来说是一个很自然的过程。一个展览空间可以被比喻成一个出版物或一本书：你要考虑它的节奏、速度、材料和如何介绍其背景。我对策展用的是同样的思考方式。你在这个展览空间中创造一个用来展示作品的新空间，同时你需要找到一个改变参观者视角的方式。

加文： 当你把你的作品看作是一个收藏的时候，它有一种工艺感。工艺感过去被当做是一个不好的词、一个不被人们称颂的词，但是现在已经有了一点点好转，这来自你的背景吗？

艾玛： 对我们而言，用于项目的设计形式、进程和材料，与设计和排版一样重要。它们只是用于交流信息的部分语言。形式可以很夸张，或可以有意的挑起矛盾。设计思想就像物体一样，即使只是二维的，也可以被人们拿在手里把玩，并用同样的方式体验。目前很有趣的是，我们正在做一些数码项目。这是将传媒引入到具体的项目中，考虑如何提取出事物固有的内容，并为其做出一点点的改变或做彻底的颠覆。

加文： 我们已经走过了设计只关注审美的阶段。而现在，我们可能又回归到讲故事和交流的状态，就像你做的包豪斯（Bauhaus）展。在这方面你是如何思考的？

艾玛： 很多人对话题题材比较熟悉，包豪斯已经是可视化的了：它是设计，同时又是建筑设计，所以在不模仿的情况下，用新鲜的方式或是用不同的视角展示它，是一种挑战。我们的目的是传达一些包豪斯的概念，并将其用全新的方式展示出来。展览开始于展厅的二层，包豪斯的魏玛时代，而后到展厅一层的德绍时代。包豪斯被分割为两个时代，所以我们的想法就是将他们连接起来。为了表现建筑，我们参考了赫伯特·拜耳（Herbert Bayer）[1]在展览设计和如何看待事物方面的论文。所有的图像都是以不同的角度展示，

---

[1] 赫伯特·拜耳（1900-1985）是一位奥地利与美国的平面设计师、画家、摄影师、雕塑家、艺术指导、环境与室内设计师和建筑师，他曾是包豪斯的成员之一。

观众将跟随自己看待它们的视线基准去参观。我们也想用一种适当的、有想法的方式将颜色引入到展览中，所以我们研究了包豪斯过去做过的颜色研讨会。非常有趣的是，我们从曾经以为已经很熟悉的东西中学到了很多。

加文： 你是如何在那本书中体现印刷的？

艾玛： 我们浏览了包豪斯用过的字体，BreiteHalbfetteGrotesk是他们常用的字体，如今出版物中已很难见到了。但是，它们在过去很多有影响的书中被频繁使用。原始的Grotesk字体被重新唤醒，并被克里斯蒂安·施瓦茨（Christian Schwartz）数字化,变成了FF Bau字体。我们将其用在出版物和展览的印刷品中。我们制订了一个严谨的网格，引入了线或圈的模块作为版式组件，来区分文字的不同等级。我们希望通过这本书向观众展示一种不同的声音：在不改变字体和大小的情况下，还有别的方法去强调主要的信息。包豪斯的设计师常用小写字母，觉得没必要用标点。我们本来想对这个想法加以吸收，但是后来感觉到，用小写和不用标点会使书中的文字极难理解。所以理解包豪斯，并在它与它的想法之间寻找平衡，同时又要保持我们对印刷术的信念，是这次展览的一个核心问题。

加文： 设计师的作品可以大相径庭，但他们看上去都很爱管闲事，很有好奇心。这是设计要关注的一部分么？

艾玛： 是的，你要一直不停地学习，试图发现你过去不知道的东西。学习就是做任何事情，接触许多不同的世界，学习许多不同种类的话题和媒介。你将从每一个项目中学到新知识，从而可以发现意想不到的事情或是用不寻常的方式去利用它，所以我们一直在不停地收集。你捡来所有可以被利用的垃圾，然后和朋友组成一个讨论组，一起聊天，分享想法，从一件事跳跃到另一件事，这是非常重要的，因为事物进展或变化得非常快。

……是的，你要一直不停地学习，试图发现你过去不知道的东西。学习就是做任何事情，接触许多不同的世界，学习许多不同种类的话题和媒介。

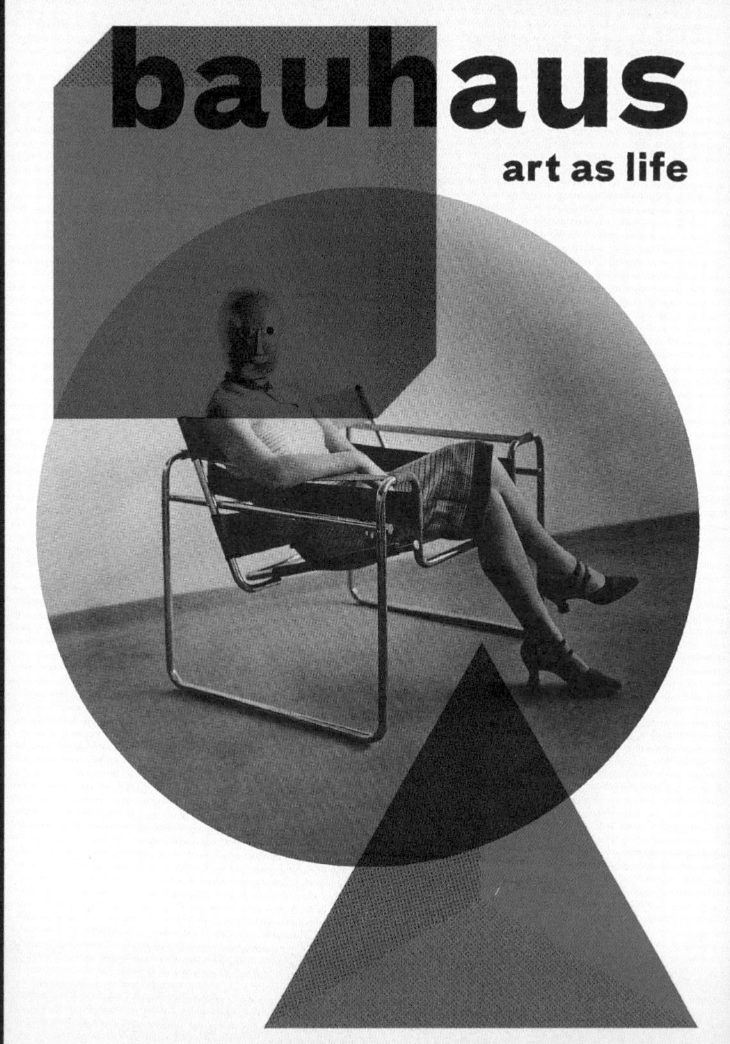

这是“日常生活实践”为包豪斯创作的名为《生活一样的艺术》的展览设计的展览标识。2012年，这个展览在芭比肯艺术博物馆（Barbican Art Gallery）举行，这是40年来英国举行的关于图标艺术学校的最大展览。设计机构联合建筑师卡莫迪·格罗阿克设计了一个基本形式的装置，重新诠释了画廊的空间结构，为展览的参观者创造了一个定制的观看体验。

我们为什么停止思考？

“想象力比知识重要得多。因为知识是有限的，它只是我们目前知道和理解的东西，而想象力拥抱了整个世界，是我们将要去知道和理解的所有东西。”

——阿尔伯特·爱因斯坦（Albert Einstein）

很多时候，孩子是很有创意的。他们画画或创作故事，与他们的玩具玩过家家，用他们的想象力创造新的世界，同时渴望尝试新的事物和新的经验。许多人，包括迈克尔·蕾波维兹（Michael Lebowitz）（见本书第60页），都相信孩子在用游戏感知周围的世界。

当孩子们慢慢长大，这种学习和思考的惯性会放慢速度，有时候甚至停止。而对许多人来说，创新思维成了一种为了避免重复相同的旧规矩和形制而不得不强迫自己去做的事情。创新型思考者，为了能够持续思考、学习和创新，常常通过非正常手段鞭策自己。领先的创新从来不会放弃对不可能进行想象的习惯，它们为了保持这种能力，不断地将自己置于新的刺激面前。

2013年，陶艺艺术家格雷森·佩里（Grayson Perry）在瑞斯讲座中提到了这个问题。他提出，我们不是天生就有创新能力的，但是我们出生的时候没有任何的局限。随着我们慢慢长大，我们慢慢学会了拥有这些局限，正是这些局限限制了我们的创新思维。因此，丢掉你的局限是通向创新的一大步。

平面设计师宝拉·罗旭（Paula Scher）认为，在艺术领域，严肃游戏可以作为一种创新的工具。严肃游戏是关于“创新、改变和对不完美的反抗”。“完成严肃设计的最好方式就是完完全全地不胜任这份工作”，宝拉·罗旭说。

同样的，斯蒂芬·赛格麦斯特（Stefan Sagmeister）确保每七年有一年纯粹休息的时间，这样他就可以发现和参与到“严肃游戏”中。

我们经常因思虑过度而停止对创新的思考。密歇根大学的苏珊·罗兰·霍克赛马（Susan Nolen-Hoeksema）[1]的研究显示，在年轻人和中年人中思虑过度非常普遍，大概25~35岁年龄人群中有75%的人被认为是思虑过度者。思虑过度者的特点是,考虑一件事，特别是一件消极的事情时，总要分析问题的每个角度，并且已经超越了事实的逻辑检验。这导致了一种瘫痪的局面：思虑过度者掌握了太多的信息，从而无法做出决定。但因为思虑过度是一种学来的习惯，“不学”它也是有可能的。

规则1——不要使用漫画字体

规则2——忽略规则1

[1] 《思虑过度的女人：如何摆脱思虑过度，重新开启你的生活》，作者：苏珊·罗兰·霍克赛马，网址：www.ns.umich.edu/Releases/2003/Feb03/r020403c.html

照片中是纽约音乐人大卫·伯恩（David Byrne）的唱片《发生的一切今天都会发生》的包装，唱片是由布莱恩·伊诺 (Brian Eno) 制作，并由斯蒂芬·赛格麦斯特（Stefan Sagmeister）设计的．这个包装的设计打破了传统唱片设计的惯例。庞大笨重且凹凸不平的包装创新，看上去是一个无意义的想法，但结果却成了一个吸引眼球、可收藏并且令人向往的物品。

这一系列照片是由 Multipraktik 工作室为其名为“鬼”的活动创作的作品。

Multipraktik 工作室的米哈·布罗达里克

Multipraktik 工作室创始于斯洛文尼亚的布鲁尔雅那市，它是一个跨越了设计、视频、音乐、摄影和其他艺术形式的多元领域的集合。

保罗·哈里斯（Paul Harris）（以下简称“保罗”）： 设计的价值是什么？

米哈·布罗达里克（Miha Brodaric）（以下简称“米哈”）： 我们是以“开放的配置”为组织原则的一群带着不同技能和相同价值观走在一起的自由职业者。我们会根据每一个不同的项目组成合适的团队。每一个个体都可以自由地选择他们想参与的项目，所以他们在参与的过程中都感受到了平等，也会对结果非常负责。我们发现工作的进程至少和结果一样重要。在某种程度上，它应该是好玩且有趣的，因为只有这样，每个人才可能表达自我，最大限度地发挥自己。为了让事情有趣，我们经常试图做一些新的东西，跨流派，并且挑战常规的方法。

保罗： 这个集体更加有趣的是它的结构？

米哈： 我们认为是的。因为我们所有人对于我们如何生活和做什么都是自由的。我们是一群志趣相投的人的集合，我们没有严格的全日制工作。没有人是真正的雇员，也没有人是他人的老板。我们的工作就是我们的生活方式，自由意味着你可以到处去玩，尝试新的事物和实验，这样的做事方式会给你的创造力提供更多的提升空间。

保罗： 你是如何在新方向上找到可以引导你工作的新办法的？

米哈： 你要成为一个开放的人。你需要观察周围的世界，同时不断地挑战自己。抛开自我，因为只有思想、知识以及实验的真正交流，能够让伟大的事情发生，从而展示出你的新方向。我们试图不去设定固定的目标，让想法和进程以它们自由的方式表现。这就是为什么我们不去重复自己。这种方式可能不会让我们在技术层面成为大师，但是我们相信我们想要交流的信息或思想比完善技艺更加重要。丢掉恐惧，挑战自己，尝试新事物，这听上去可能有一点过分的简单，但是朋友们，生命对于我们只有一次！

这是贝克发酒吧的再设计。它是由 Multipraktik COLLECTIVE 工作室的妮娜·洪霍夫克（Nina Vrhovec）和 Rompom 工作室的怒沙·杰莱内克（Nuša Jelenec），乔治·洛奇奇 (JurijLozić)，蒂兰·赛配齐 (TilenSepič) 和安德拉兹·塔蔓 (Andraž Tarman) 设计的。紧张的财政预算迫使团队找到了创新的解决办法，例如对所有东西的“回收再利用”，收集丢弃的家具，即凳子、桌子、书架、灯具，并对它们进行了翻新，最终完成了木制的马赛克墙面。

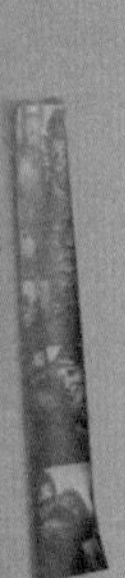

WE BELIEVE THE MESSAGE OR IDEA WE WISH TO COMMUNICATE IS MORE IMPORTANT THAN PERFECTING THE CRAFT. LOSE FEAR, CHALLENGE YOURSELF AND TRY SOME NEW THINGS

MULTIPRAKTIK COLLECTIVE

我们相信我们想要交流的信息或思想比完善技艺更加重要。丢掉恐惧，挑战自己，尝试新事物

Multipraktik Collective 工作室

“莫拉格·米耶斯库格（Morag Myerscough）制作了一个折中主义、有时候甚至可以用古怪来形容的作品，她的作品常常无法被分类，但却提供了很高的参与度。她将正规的平面设计方法（印刷术、图像制作、色彩理论）与高水平的个人工艺结合在一起。”

摘录自：阿德里安·肖内西(Adrian Shaughnessy)，《超大图形——变形空间》第二分册，作者：托尼·布鲁克（Tony Brook），阿德里安·肖内西（Adrian Shaughnessy）

加文·安布罗斯（以下简称“加文”）：阿德里安·肖内西准确地定义了达尔斯克夫工作室独特、折中的特征，这一特征是由其创始人莫拉格·达尔斯克夫带动的。离开学校以后，我在达尔斯克夫工作室工作，经常对这里畅通无阻的创新感到惊讶。莫拉格能够不停地改变人们对于可能性的认知，并挑战人们对平面设计的先入之见。

你能解释一下你的工作是如何从设计转变到艺术，从二维转变到建筑环境的吗？我们大多数人过去接受过的训练都是在二维纸张上，那么是什么让你对三维和空间的交流关系比二维的更感兴趣？

莫拉格·米耶斯库格（以下简称“莫拉格”）：前几天我做一个演讲的时候，有人问我：“你是艺术家还是设计师？”我又将这个问题返还给了观众，让他们告诉我，他们认为我是什么，然后投票决定。结果25%的人说我是设计师，25%的人说我是艺术家，另外50%的人认为我两个都是。我从来不喜欢贴标签，也试图避免给自己贴标签。我很享受我做的事情，我感觉自己从来都不适合被定义成一个明确的角色。所以我喜欢现在这种状态，因为这样会让我觉得将有一个更好的空间让我表达我的作品。

展厅，发现的季节
(Discovery season)

在圣马丁学院的时候，我在皇家学院做了一个1:1大小的法式蛋糕店和歌剧院。所以我那时候一直在“做”，但是可能有一点点迷失了我的方向，那时候我刚刚接手了一个工作室的组建。从2002年开始，我觉得这些不再能够满足我了，我意识到我需要重新回去做我喜欢的事情，需要表达自己，而不是试图猜测其他人的想法。我觉得工作要来自于热爱和热情，而不是漠不关心。所以我现在对待工作的态度非常不一样。我有一到两个助手，并与超级团队（Supergroup）的成员合作频繁，特别是其中的路加·福根（Luke Morgan）。

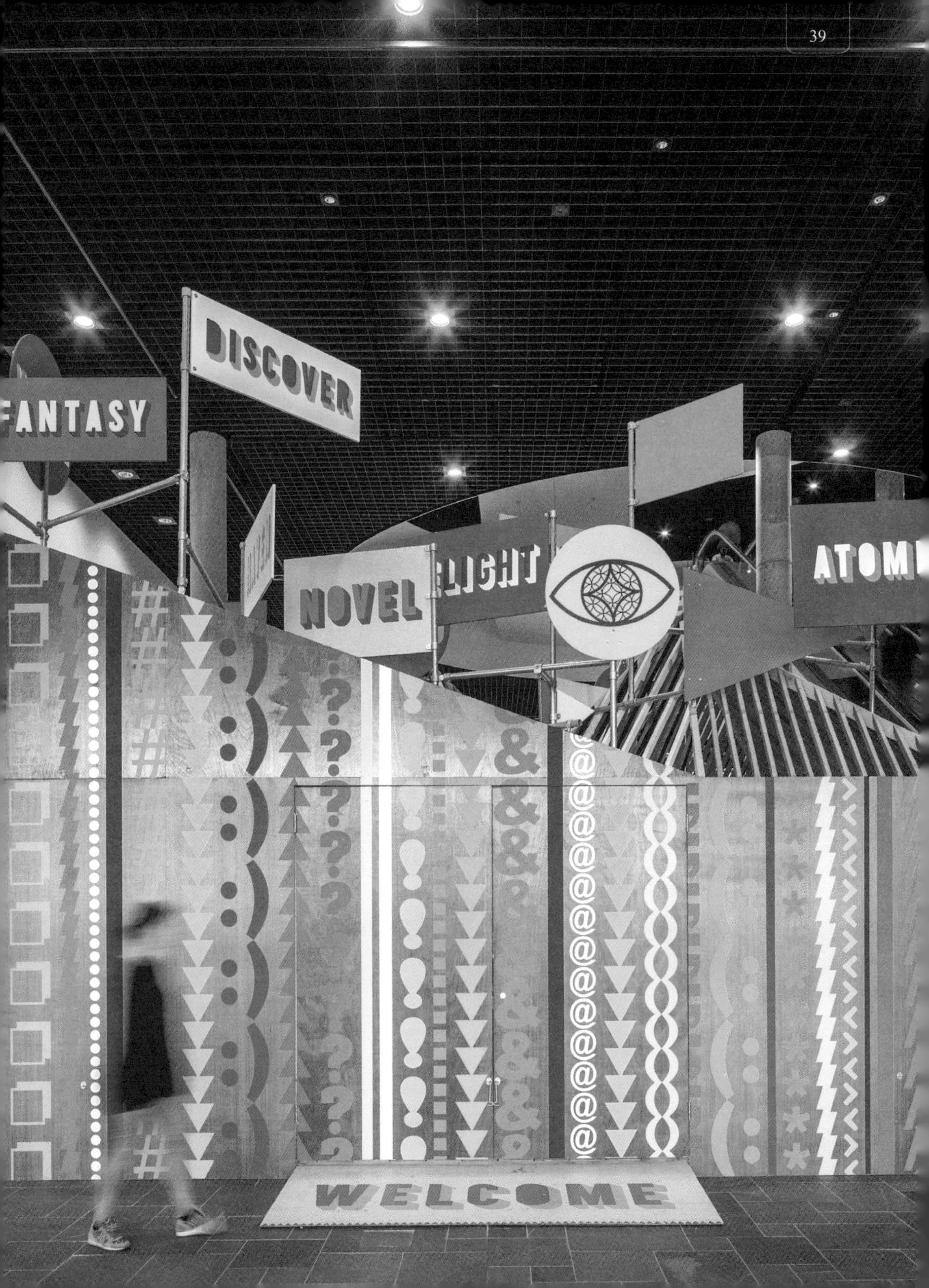
FANTASY
DISCOVER
NOVEL
ATOM
WELCOME

M
PATH.
MORNING.
THIS
THIS
IS
HOUSE.
E CONTACT.

对我来说，我自己的空间非常重要，它给我归属感。当我设计空间的时候，我希望人们能够与空间有联系。也许他们不用喜欢这些空间，但是我希望他们能够感受到这些空间。当我在设计学校工作的时候，我与学生搞了一些研讨会，来探讨他们的作品，并让学生们至少成为一件大作品的一部分，从而使他们感受到自己是学校的一部分。当我做装置的时候，例如“运动（咖啡厅）”和“发现展厅”，我都非常认真地思考谁会使用这些空间，他们将如何使用。于是我设计一个空间，人们可以接管它，让它成为自己的。我希望人们能够感受到这些作品是属于他们自己的，从而使他们与空间有联系，让他们愿意照顾或延展这些空间。我不希望人们觉得他们这也不能做，那也不能做。

我希望在街上创造一些有趣的空间：人们从这里路过，发现一些他们并没有预料到的事情，然后他们感受到或者思考一些他们可能从没想过的事情，亦或者他们只是喜欢这里的颜色。我很享受这样的感觉。

加文：你的作品在正式与非正式的场合都很得体，而且手工艺的感觉也为你的作品增添了不少色彩。你能不能谈一谈，在各种项目中，你是如何发展这套“视觉工具”，又是如何使其与你的思考建立关系的？

莫拉格：这要追溯到很久以前，我成长在这样的一个家庭：我母亲绘制和创作纺织品；我父亲拉中提琴，他不拉琴的时候就做船模型。在我小的时候，在家制作东西自然而然地成了我生活的一部分，这个习惯一直贯穿了我的一生。我上艺术学校的时候还没有电脑，到皇家学院之后，我才开始学用电脑。后来我才有钱给自己买一台电脑。我在学习使用电脑上花了很长时间，为的是能做出与我过去通过制作和绘画能表达的同样的东西。我将所有的东西混在一起，然后尝试各种不同的方式，为的是更清楚地表达我的想法。在最后的几年里，我的和冠绘图板对我来说是最大的突破。现在我可以非常轻松地在电脑上绘画，也能够最大限度的发挥电脑的作用。无论在任何时候任何地方，我只要一有想法，就会在纸上画画草图，然后将其扫描下来，用和冠绘图板来推敲这些草图，因为它可以让我在各种比例上推敲我的作品。速度对我来说非常重要，我喜欢尽可能快地尝试不同的想法，尽可能快地将其向不同的阶段推进。我喜欢从草图、模型、推敲设计，到将其做出来的这一整个奇妙的旅程。制作是非常伟大的，尤其是当我可能领导团队一起做大项目的时候。这是手工艺经验的集合，是非常值得做的一件事情。

加文：材料在你的作品中是非常重要的角色，你经常去探索可以被利用的新材料。你能解释一下材料、表皮和绘画技术是如何影响你的思考的吗？

莫拉格：我喜欢真实的东西，我收集了很多东西。我喜欢这些有实质性的，仿佛能够给我讲述什么的东西。我过去对于绘画常常感到非常地沮丧，因为我想用更多特别的颜色。但是我又经常被预算所困。这使我不得不妥协，但是我不喜欢妥协。我常常被最后的结果搞得沮丧和失望。而

THIS
PATH.
IS
IS
THE
THIS
EYE
CONTACT.
MVMNT
Free Wifi - Password
MØV3M3NT
/MVMNT cafe
South
Easy

现在，我感到开心多了，因为我能够控制的事物更多。我尝试着尽可能多地在工作室做一些东西，但是很明显，我要做的很多东西都是不可能实现的，所以我与那些能帮我制作、并帮我实现我的想法的人一起合作。他们和我一起花时间将东西做出来，我会过目每一个环节。我在作品中使用了大量的绘画，这非常棒。我有时候就坐在那里好几个小时，选择精确的颜色，在不同的光线条件下去看它们的效果。我用的表层材料很重要，我喜欢使用回收的木头，特别是学校实验室的桌面，因为我喜欢它们的历史感。我喜欢将反差非常大的不透明的颜色与自然的材料搭配。我还在不停地尝试着各种可能性，看看什么是我能够利用的。我在自己的项目中，能够将我改进的研究和热情结合在一起，这让我感到非常幸运。

学习观察

人们有时候都没有真正的观察，就吸收了很多信息。我们的大脑已经进化得非常发达，它从我们的感官接收到了大量信息，然后用一个有效的方式对其进行处理，而后对特定的事物投入特别的关注。我们会被运动着的物体吸引，因为它可能会对我们产生威胁，也可能是我们的食物来源；我们在可视的光谱中组织色彩，因为这满足了我们的需求，但是我们不能像其他一些动物那样看到光谱紫外和红外辐射两端的颜色，因为我们对进化出这种能力没有需求。非常令人惊讶的是，当我们在做分析图像记忆和细节增减识别的时候，我们能摄入的细节其实非常少。

有时候如何观察、如何留意到那些我们常常忽视的东西，是非常必要的。在大多数情况下，事实是多种多样的，人们能否记住和注意到它们取决于自己与事件或项目相关的物理位置，也取决于文化背景，一个人的感受的敏锐程度等。有创意的人常常强迫自己从不同的角度重新观察，从而更好地理解事物或者寻找一个更好的解决方案。摄影师可能会从不同的角度、不同的位置、不同的光线条件或者用不同的镜头、不同的曝光和不同的滤镜去拍摄同一个物体，为的都是能够得到一个满意的图像。

“如果你改变了看待事物的方式，你看到的事物就会改变。”

韦恩·戴尔（Wayne Dyer），美国独立撰稿人，演讲者

米哈·阿特那克关于“不同的视角”的访谈

米哈·阿特那克(MihaArtnak)是一个艺术家、设计师。他毕业于卢布尔雅那的艺术与设计学院。他是创作团队ZEK（www.zek.si）的合伙人。

加文·安布罗斯（以下简称“加文”）：我一直都非常欣赏你的作品，不仅仅是对于平面的处理，还有观察事物的能力，这是别人没有注意到的。在《图层》这个项目中，不止有一种现实。你是在积极地尝试培养这种“平面好奇心”吗?

米哈·阿特那克（以下简称“米哈”）：在《图层》这个项目中，我想要告诉人们洞察力是一种工具。等待我们发现的东西不是那些已经存在的明显的真理和不可改变的事情。你可以在多种可能性之间转换，这将使现实中的真相浮出水面。这叫做“选择的责任”。在你的心里，不应该有非此即彼的绝对真理。它是多层次的。事实上做一个犬儒主义者还是理想主义者，做一个乐观主义者还是悲观主义者，都是一种选择。只是我们很难接受别的选择，因为习惯已经跟随我们很久了，而我们开始相信我们对改变无能为力。这种习惯存在于我们的教育体系和家庭培养中，所以有时候我们几乎不可能从另一个角度去看待事物，但这不是真的。可能这是我们都特别害怕的一种努力或者是我们对未知的一种恐惧。但是我相信，就是因为了解这个问题，我们才能不停地共创世界，共创我们看待事物的方式。我们尽己所能是件美好的事情。我们需要提醒自己不断地去沟通、去爱、去希望、去团结。我们不得不保持批评的态度，但是如何将批评表达出来是非常重要的。老一辈的人做了一些几乎不能修补的破坏，我们的责任就是去忽略掉他们的观点。我们必须建立自己的光明未来，在利益之前首先考虑人，否则可能会太晚了，我们将在毁灭和废墟上建立它。《挑战者》（*Highlander*）错了，不可能只剩下最后一个!

加文：你经常与其他的设计师合作，而你的作品并不一直都是委托项目。保留艺术家同时又是设计师的双重角色重要吗？这是你完成自己的想法和设计的必需部分吗?

米哈：是的，这个非常重要。我相信艺术正在展示进程，设计正在展示发展。这两部分是有联系的，并且都很重要。当我在纽约的时候，人们告诉我们（ZEK团队）应该首先决定我们是艺术家还是设计师从而去获得公众的关注和一个广泛的受众。但是这个决定会局限我们新的诉求。我们是多样化的一群人。创新作为一个无形的黏合剂将我们绑在一起。当了解所有的事情都是学科间的互动，并且是互相联系的时候，仅仅为了一个利益而去忽略自己是很难的。

我将局限更多地看作是一个工具而不是现实。无论什么时候当我为个人寻求表达，我就会努力去做。这会帮助我进步，使我在为别人工作的时候，能有更多的经验，更值得信任。钱和自我会危害一个项目。这就是我为什么喜欢团队合作。我信任大家。

改变视角意味着用不同的方式看待问题。从一个不同的视角看待问题将会使信息呈现出不同的优先顺序，呈现的新信息在之前确实是不可能被看得到的。改变视角非常简单，它就像是站在凳子上而不是坐在凳子上：一个房间会给你呈现不同的景象。艺术家和设计师米哈·阿特那克在他的《图层》项目（图见对页和下一页）中探索了不同的视角，他的作品的前提就是“事情总是有不止一个现实”。在这个前提下，你看到的东西越多，你发现的现实就越多。这甚至会改变你看待的事物。

与坦纳·克里斯滕森谈论技术、工艺与收藏

坦纳·克里斯滕森（Tanner Christensen）是一个热心的创新型思考者、企业家、作家、设计师，也是犹他州盐湖城的开发商。我们根本无法公正地定义他在创新方面的热情。通过坦纳的作品，我们发现他是一个充满好奇的人，他试图了解和理解他周围的世界，并把游戏和可利用性的元素融入作品中。

加文·安布罗斯（以下简称“加文”）： 你的作品跨越了设计和艺术，个人兴趣和商业。你能详细地说明一下你是如何让作品的一部分带动影响其他部分的吗？

坦纳·克里斯滕森（以下简称“坦纳”）： 我们的大脑在不断地摄取、分类、结合和评估我们周围的一切。当你做任何事情的时候：绘画、书写、在路上走、与某人交谈，即使你没有注意到，你的大脑都在使用经验，并将其储存，以备日后使用。之后，当你尝试另一个任务的时候，你的潜意识会调动你已经储存的经验，尝试着发现你正在做的事情与你曾做过的、看到的、听到的和工作过的事情之间的联系。这一功能是来自我们在这个快节奏而又不可逆转的世界的一种需求，在这个世界上，我们不能浪费任何时间去重新学习。我非常热衷于走出自己的安全区域，尝试新事物。我感觉到我在设计和艺术上的探索，在不同的创作和讲故事的方法上的探索，只会增强我的能力，让我在今后的路上越走越好。你所拥有的经验越多，你的大脑用来解决问题或者创造新事物的资源就越多。

加文： 你的作品包含了技术和工艺。你是否觉得尽可能广泛地涉猎不同的领域和学科，对带动你的工作是很重要的？

坦纳： 实际上，创作是一件非常神奇的事。我有一种感觉，那就是在现如今，你不能对技术太过迷恋。一个物品通过机器制作，可能用不到一个小时，这样很好，但是这个物品的价值不会比人手工制造出来的更高，也不会受到额外的关注。当你用你的手去创作一个东西的时候，你不是简单地创作一个物件，而是在创作一个故事，把你生活中经历的所有，都融入这个物品之中。技术是有价值的，它能够让困难的和耗费资源的事情简单化，但是现在，例如在网络上，你没法真实地感觉到网络上的事物背后的情感价值。手工艺品中，除了经验和教训是我通过双手实践学来的，对我来说，它还包含着完整的故事和情感的吸引力。每一个艺术家和创作者都应该探索不同的学科，从而不断地提醒自己他们的作品中正在创造的价值。我们是创造者，所以我们应该尝试不同领域的工作。

加文： 你的作品经常包含了“收藏”的元素。这是你有意而为的，还是你潜意识就带有的主题？

坦纳： 当你收藏东西的时候，你不仅仅是在简单地收藏它们，你正在通过一系列的片段创造一个整体。例如，如果你参观乔纳森·哈里斯（Jonathan Harris）的作品，你会看到真正吸引人的作品所用的同样的方法。这不完全是关于收藏东西的必要性，而更多的是创造一个对经验、对历史瞬间，特别是对生活的创造性的有意义的展示方式。事实上，乔纳森曾经有一个关于收藏工作类型的精彩总结：“你最伟大的创造就是你生活的故事。”的确，在本质上说，我们的生活就像我们做的一些作品：除非我们把它看作一个整体，否则他们就是没有必然联系的只言片语。

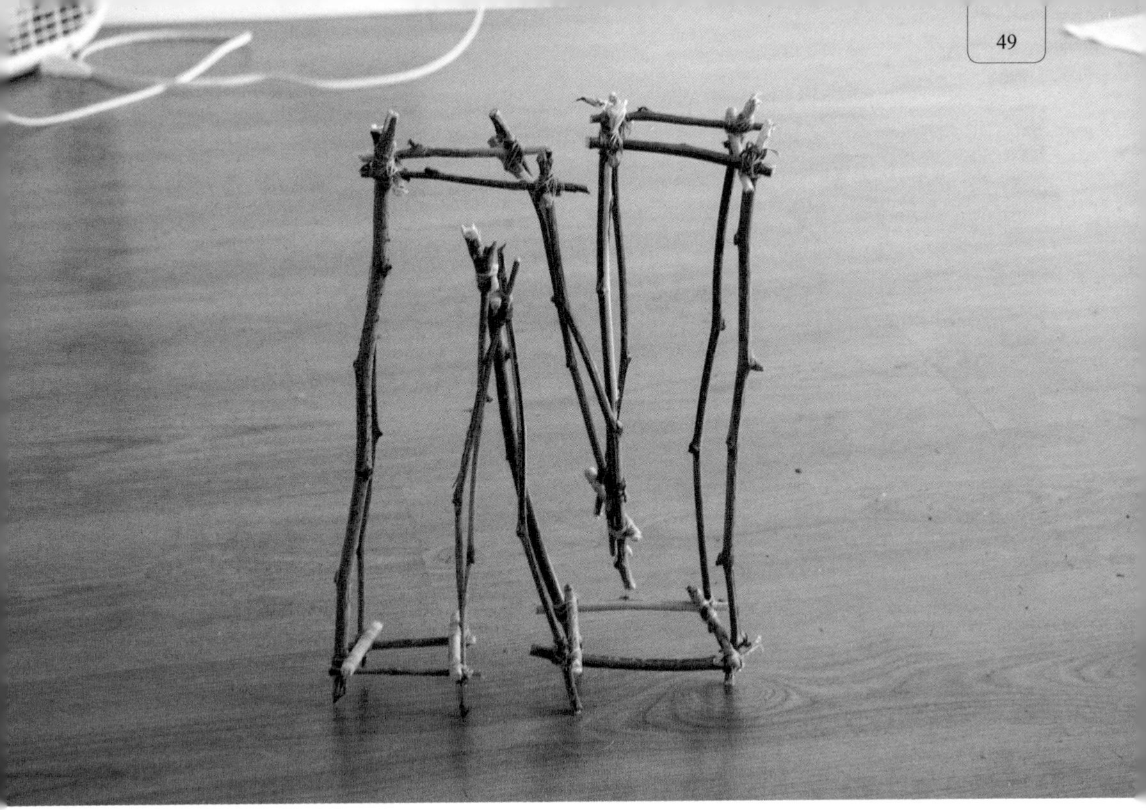

I wish I made your decision to not come to work
photo source
我希望我能替你做决定，不去工作。
What We Wish For

I wish I could explain to you how I felt, because every night before I go to bed, you're all I think about
photo source
我希望我可以给你解释我的感受，因为每晚睡前，你都是我唯一想念的人。
What We Wish For

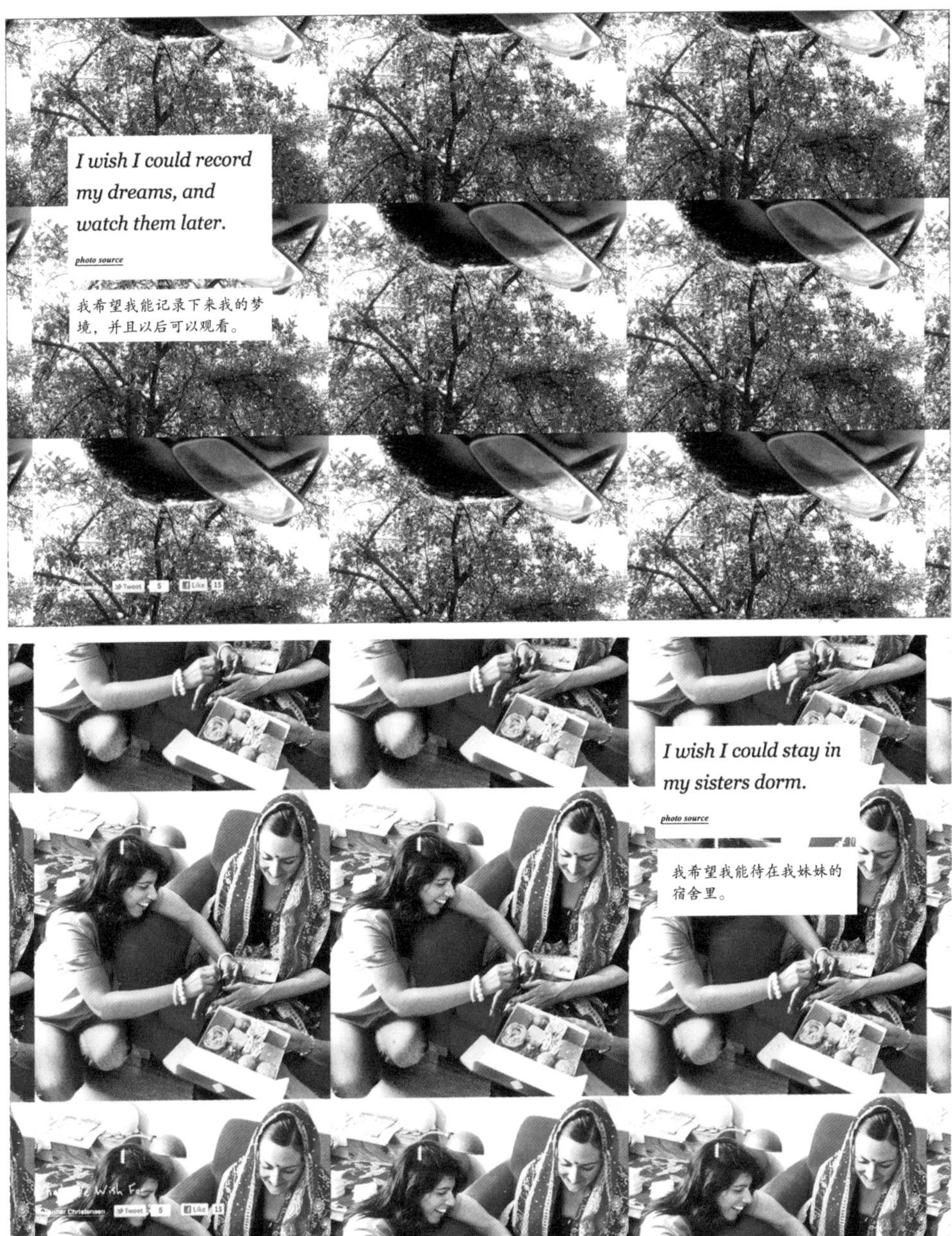

I wish I could record my dreams, and watch them later.
photo source
我希望我能记录下来我的梦境，并且以后可以观看。
I wish I could stay in my sisters dorm.
photo source
我希望我能待在我妹妹的宿舍里。

《我们希望的是什么》是克里斯滕森的一个关于人们的愿望的在线收集（http://www.creativesomething.net/post/4526700892 / what-wewish-for）在这其中，关系、事业、丢失记忆、庆祝等等这些网站上收集和展示的愿望，可能会刺激你的一些创新。通过展览，克里斯滕森提出了这样的问题："看一看，然后问问自己，你最近有过什么愿望。你如何能够从别人的愿望中得到灵感？你的愿望是否与你的创意追求相吻合？"

潜意识

“纯粹的精神无意识行为。”

安德烈·布列塔尼（André Breton）对于超现实主义的诠释。

潜意识被认为是一种当我们关闭意识之后可以被开发的创作来源。几个世纪以来，人们寻找通往潜意识的道路，例如通过冥想、通过酒精或治疗精神病的药物的摄取、通过催眠，或者是练习在无意识的状态下写作或绘画，来释放创造力。20世纪20年代早期的超现实主义艺术运动就是受到潜意识的影响。作为创始人之一的安德烈·布列塔尼，尝试着自动写作，即不加思考地写出他脑海中出现的词。精神分析学家西格蒙德·弗洛伊德（Sigmund Freud）在自由联想、梦境分析与潜意识方面的工作，是释放想象力的关键发展方式。接受了梦境分析后，超现实主义者可以将多种不同的元素结合起来，以获得非逻辑的或者是令人震惊的“超现实”作品。

在下文中，林赛·J·海恩斯（Lindsay J. Haynes）讨论了关于梦境和潜意识是如何影响她的作品的。

保罗·哈里斯（以下简称“保罗”）：潜意识与梦境影响了超现实主义者。你也这样认为吗？

林赛·J·海恩斯（以下简称“林赛”）：我对超现实主义很感兴趣，而且我确信一些超现实主义者的思想对我有影响。我对达达主义也很感兴趣，我喜欢它的荒谬与幽默。他们信奉无理与大量松散的事物。不是所有的艺术都要有道理，或者甚至是一个完全成形的想法的展示，它可以是本能的或者是基于潜意识的。

一个更当代的影响来自于大卫·林奇（David Lynch），他显然是受到了超现实主义的影响。我喜欢他将梦境般的或超自然的主题与“现实”世界融合的方式，这种方式让你无法确定故事中的“现实”究竟是什么；我也喜欢他将真正有威胁的或有干扰的事物与幽默相结合的方式。我一直都能非常轻松地记得我的梦境。我常常试着在我一醒来，在做任何事之前，就把我的梦在脑海中回想一遍。在大脑中思考和巩固它们。我正在计划将一些我还是个孩子的时候重复出现的梦表现出来，还有一些是因为特别有趣或者特别恐怖而一直存放在我意识中的梦。

保罗：你的一些作品非常个人化。你在将其开放给世界时候，提出了什么挑战？

林赛：我是一个非常开放的人。分享梦境，而不是分享更加文字性的自传，有一个好处，那就是梦境的隐秘性，这源于梦境的超现实与其荒谬的本质。很有意思的是，通过梦的连环图画，我可能揭露一些极其个人的、真正深层次的恐惧或情感，但是我会用一种超现实或抽象的方式去展示，所以你无法确切地说清它究竟来自哪里。创作一个作品，它可能只对你个人是完全有道理的，但是，它也同样可以娱乐到那些觉得它有趣或诡异的人，这是非常有意思的事情。

DREAMS ARE WEIRD

BY LINDSAY J. HAYNES

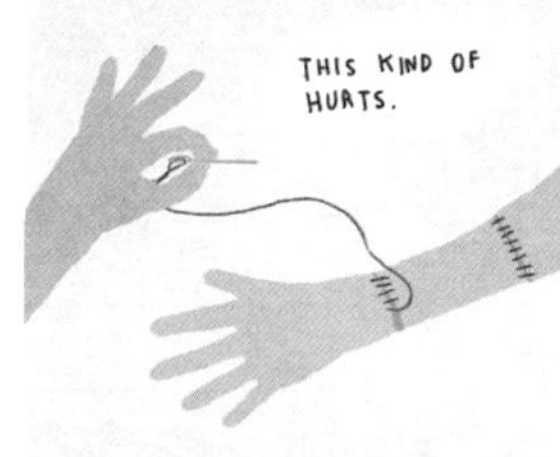

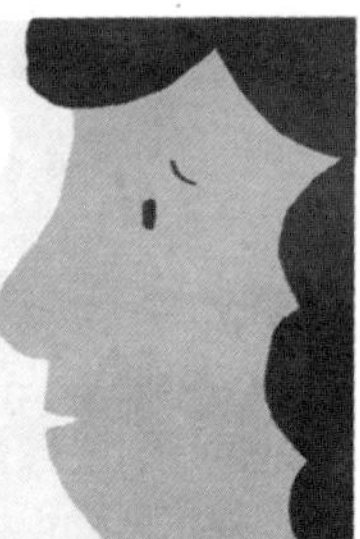

LINDSAYJHAYNES.CO.UK

创新的经营

许多人从事创新性工作或者有着创新的思维，但是相比较而言，很少能有人将创新转化为成功的经营。做成功的商业，创新需要面对人们要解决的问题，并制造出可行的解决办法，从而满足客户的需求。

❶ 译者注：眼肉（eyemeat）是牛排中的顶级部位，此处可理解为极有价值的精华内容。

创新的经营

“好的设计就是好的经营。”

托马斯·沃森，IBM

创新思维往往发生在一个背景下或是为了一个特别的目的。它可能是一个商业目的，例如创造一款产品，一个包装或一则用于销售的广告，也或者是一个通过说服别人而发起的非营利机构的活动。不论是什么情况，设计是用于达到某种结果的应用活动。

商业为具体的问题寻求解决方法，因此商业是设计机构的主要客户源。问题并不总是能有非常直接的解决办法。为了给永无休止的问题找到解决方案，公司、政府和设计机构投入了大量的时间，在这个过程中，创造了不同的解决方法。

为解决一个问题，首先要求问题得到明确的定义。这样一来设计团队便了解了工作的目标。目标可能不是一直都那么清晰，有时候客户看不清真正的问题是什么。创新思维源自对实际问题敏锐的理解，而问题可能常常不是那么容易被看清，尤其是在技术转变的时候。汽车的生产制造者亨利·福特曾经说过：“如果我问人们你们需要什么，他们可能会说他们需要更快的马，”而不是一种新型的交通工具。

商业将为设计机构提供一份任务书，从而有助于解决一个具体问题，例如为了将一个新产品推向市场而设计一个品牌商标。这份任务书将包含一系列的约束条件，例如预算、是否使用媒体、可持续材料的使用等等。接受这些约束条件常常能够刺激创新，它使得设计师能够发现那些不容易解决的问题，或要求设计师横向思考。设计的质量是由预算决定的。一个拥有雄厚预算的客户，会期待一个精美而有创意的解决方案，然而预算紧张的一般客户可能只要求一个平均水平的创新方案。

创新是否成功是很难量化和描述。一个成功的设计首先可以满足任务书中提出的目标，然而，最有效的解决方案可能并不是最有创意或最具创新性的。在一个商业背景和在非盈利的情况下的设计一样，目的都是为客户创造价值。价值的创造可以通过提升更加吸引人、令人更加感兴趣或者对产品有更好的保护作用的产品包装来实现，也可以通过给它更好的出口机会、广告或能够改变人们对产品的观念、更好地理解产品的信息活动，或者是让人们对一个品牌更有热情，或者是让一个东西以更快、更容易、更好地被人使用的方式来实现。

Mousegraphics 接到了一个任务，目的是在瓷砖黏合剂市场创作一个产品商标，从而推出一个新的品牌，让这个商标成为能够在竞争中脱颖而出的包装。该商品的目标客户是建筑工人。设计中简单的白色背景代表了产品以黏合剂为基础，上面是设计成钻石形状的用醒目的颜色结合起来的瓦片图标。其设计结果非常吸引眼球，同时提供了一种隐喻的提醒，那就是，创新型的劳动掌握在产品使用者的手中。

创新的思考者们将设计的阶段浓缩成更简单、更容易记住的过程，从而促进有效设计的持续产出。大多数的方法有了朗朗上口的名字，例如6Ds或KISS，它们利用押韵或记忆法得以命名。这些方法的使用减少了设计进程的复杂性，通过对设计过程中的活动和所需思考的不同区域的定义，来获得成功的结果。当然，同时也确保了参与者在这个进程中可以学到东西。以下是几种普遍的设计方法：

"D"，"W"和KISS的设计方法

6个"D"

六个D字母开头的设计方法：定义（define），发现（discover），发展（develop），设计（design），传输（deliver）和报告（debrief）。这个过程不是一个线性的串联，而是可以遵循的固定方法。它为学生和有经验的从业者提供了设计过程从头到尾的结构。

5个"W"

五个W（加一个H）字母开头的词代表一系列简单的问题，即：谁（who），什么（what），哪里（where），为什么（why），什么时间（when）和怎么做（how）。从而通过设计来解决和回答这些问题。这个方法确保了在设计过程中获得的和包含的关于目标和设计目的的关键信息。本质上，它将设计中的"为什么"（设计意图）和"什么"（设计背景）以及"哪里"（布局）和"怎么做"（如何执行）联系起来。另外又加上了"什么时间"（时间线）和"谁"（团队成员）。

KISS

"保持简单和幼稚（Keep it simple stupid）"是一个不言自明的记忆法，它提醒设计者避免或去除不必要的混乱。这个方法就像"吝啬规则"或是"奥坎式简化论"一样，试图简化问题，从而使问题得到最简单的答案。

TIMTOWTDI

“事情不止一种解决方法”(There is more than one way to do it)，这个方法提醒设计师对于任何一个问题都有多个可行的解决方案。

贸易市场的产品包装经常被看作是创新的荒漠，因为在这类设计中，功能被看作唯一的关注点。有一种说法认为，专业的购买者是根据他们的规格和价钱买东西，而不是靠零售业市场上吸引人的品牌广告。对于Mousegraphics为黏合剂制造商展览中的包装设计来说，情况则不然。他们实现了用一种自由的方式，将生活带入到一系列建筑产品的挑战：“我们对最终的结果并不十分关注，但是我们允许许多不同的方向和想法的共存，直到有一个想法最终切中要害。这会是一个非常耗时又没有系统的直觉的游戏过程。这个项目就是这样的一种情况，一小时一小时的就这样过去了，可是还什么都没有做，直到一个瞬间，一个东西抓住了你的眼睛，然后你从这里继续你的工作”,约书亚·雷波维兹(Joshua Olsthoorn)说。

对于建筑材料包装的这个项目，为了创作出简单又吸引眼球的作品，Mousegraphics将平庸置于身后。为此，敖思松使用了一个创新的自由的工作过程，他让时间，空间与厌烦在一起发酵，“直到你被混乱搞得厌烦，从而不得不理清思绪。设计与自我教育非常接近。”他说。

这与消费产品设计师迪特尔·拉姆斯的成熟的方法正好相反。他的口头禅是“weniger, aberbesser”，意思是“少，但是更好”。苹果的产品设计师乔纳森·伊夫的目标是达到“悠闲与简单”，其作品的总体气质是相信设计是技术与艺术的交融。

“好的设计是让一件事物易懂和难忘。伟大的设计是让一件事难忘并有意义。”

迪特尔·拉姆斯

迈克尔·雷波维兹（Michael Lebowitz）关于“鼓励创新与打开车门”的访谈

迈克尔·雷波维兹是纽约布鲁克林的一个数字与社会创意机构 Big spaceship 的创始人。他提醒我们需要记住问题是什么，不要让事情过度复杂化。

加文·安布罗斯（以下简称“加文”）：我们正在研究人们如何思考，公司如何逐步地将创新思维渗透到他们的结构和工作过程中。我对于Big spaceship使用的哈佛商学院发明的一套系统非常感兴趣。与大公司的等级划分相比，小团队是通过人们的策略、设计、技术和生产的共同作用而建立起来的。这个体系是否为其本身营造了创新的环境？

迈克尔·雷波维兹（以下简称“迈克尔”）：这个体系对我个人和公司来说意味着全部。部门和垂直而严谨的程序都是工业经济的痕迹。最终，这些程序根除缺陷，从而创造了效率和实现了重复性的工作。但是我们做的是不可重复的事情。我们做的是完全相反的：人们不希望我们一遍又一遍地复制我们的工作，所以对我们来说，不能采用与工业经济的商务模式相同的程序和结构。通用电气使用六西格玛方法，在全球化的经济中创造了上亿元美金的价值。但是他们是制造业，而我们更多地是创造独特事物的行业。所以对我而言，说起来也许很怪，创造独特就是与效率无关的。想法与人的联系是不可预知的。为了得到这种联系，你要把说不同语言的人叫到一起，其中包括设计、策略、技术和生产，并让他们互相信任对方。这样会产生不言而喻的信任与理解。这是一个多种视角与效率的平衡，你从人们互相的深入理解获得了这个平衡，而不是通过一个程序。

加文：这让我想起了你曾经说过的一句话：“永远不要重复自己。”我觉得这是一个有趣的想法，意思是，你要有意避免重复创作。

迈克尔：有一些重复性的元素可以为你创作出更大更独特的作品带来捷径。例如，一遍一遍地使用代码不会约束工作。这种类型的重复既好又聪明，因为你不想花太多的时间在“管道装置”上，但是就能够与人们互动的部分而言，人们与之有情感的联结。在这些部分中，我们不希望有重复的经验。也就是说，“不做过去做过的事情”是一种持续的关注，而我根本不认为这是个问题。

加文：我同意。有时候一个大的想法事实上是对小想法的再评价。不需要有什么变化。

迈克尔：我认为大想法是一个暴虐的概念。许多组织与数字和网络世界的联结有问题，其部分是因为小想法的集合不一定会形成一个大想法，它本身就可以更加成功，更加引人注目。这在创业和软件世界非常普遍，但是几年前当我在通信产业开始谈论这个问题的时候，我因为说了“想法是无意义的”而受到了惩罚。我们这里每天有上万个想法，但是我们只会为其中很少的一些有价值的想法采取行动。人们通过执行想法而去衡量它的价值，但事实上，正是因为执行，增加了想法的价值。

加文：我认为Big spaceship和其他同类公司，都是技术的早期尝试者，而且你的确已经是这方面的创新者。你认为是想法和创新驱动

了技术的发展还是与此相反?

迈克尔:我认为这无所谓:这两者在任何时刻都是相互作用的。我不在乎它从哪里来。每个人都在描述策略,思考如何产生不可思议的思想,以及如何发展出而后的战略方法。但事实上,可能世界上一半的策略,至少部分地通过好的战术合理化而形成。如果你接受这一点,你就会更自由。一个伟大的想法或见识可以激发伟大的技术灵感。同样的,一项伟大的技术也可以为一个伟大的想法提供灵感。不用在这方面过于看重。我们有意地从行为分析开始,因为行为对我们所做的东西来说是普世的。将关注点放在技术而不是人,是非常愚蠢的。因为我们所做的事情其实是关于人的。

加文:技术,从某种程度上来说,使设计民主化了。例如,现在几乎任何人都可以创作一个网页或者是有一个易操作的媒体展示平台。这已从程序员所垄断的事业中分离出来。你早先提到的关于那些从事编码工作的人们,但是现在使用技术不再需要理解那些编码了。在这个竞技场上,谁来统领已经转变,我非常好奇你是如何看待这个问题的?

迈克尔:我觉得人们能够拥有的渠道越多越好。我希望做有趣的事情的门槛越低越好。我猜测有些人可能因此感受到了威胁,但是我没有。任何对设计想法的添砖加瓦对每个人都是好的。

加文:博客的增长使民主化成了主导,在这其中,大量有趣的浮游信息充斥着我们的生活。这与你"人与人的联系是关键"的观点有关。

迈克尔:的确是这样。我一直关注有经验的设计和互动设计。我昨天读的东西解释说,现在很多汽车生产商在制作解锁汽车的手机应用程序,听上去这样会带来许多的方便。这一则消息是关于最好的界面就是完全没有界面。它将你使用手机应用程序的过程分解成几个步骤:①从口袋里拿出手机;②打开手机;③找到手机应用程序;④等待应用程序下载,等等。

该过程需要九到十个步骤才能结束。之后的视频是梅赛德斯几年前制作的,告诉你口袋中的钥匙链和上述手机应用程序有同样的效果。它不需要操作界面,只是能够识别出你在靠近它,这个过程只有一步。所以这说明:你只是可以在你的手机上打开汽车,但它并不一定是更好的做法。

加文:现在人们可能尝试通过技术改进很多东西,但是在这个过程中,他们可能反倒使程序过于复杂化。这是一个在技术进步的过程中有趣的二元对立的问题,人们看上去更希望回归到人与人的关系中去。

迈克尔:是的,技术会让人痴迷,新工具一出现,人们就会去尝试它们。这与一个孩子得到一个新玩具一样,他们想通过玩玩具搞清楚它的操作方式。例如你看现在有很多真的很糟糕的手机应用程序。但是没关系。你首先必须得理解它怎么操作,它的误差是什么。现在有太多的东西,它们都很相似,人们需要对自己和他人宽容一些。尝试和失败都要比完全不尝试好得多。所以你做了,希望,下一个你做的东西能够比上一个东西更聪明一些。

所以并不是说这些汽车公司的尝试不好,我觉得这是一个伟大的探索。但是它的确反映了一个问题,那就是你如何将简单置入于一个事物。你必须记住你正在做的事情是在试图打开一扇门!

IDEAS
ARE
MEANI
LESS

NG-

想法毫无意义

简单、简洁、复合与复杂

"一个刚出炉的精心制作的法式面包是复杂的。一个咖喱洋葱绿橄榄芙蓉花奶酪面包是复合的。"

埃里克·伯劳（Eric Berlow）

许多思考者对于如何使进程更有产量、更有效率或产生更好的解决方案，已经找到了答案，那就是通过解决问题以使其变得简单。一个早期的例子是奥卡姆（Occam）剃刀和用于解决问题的节俭、经济或简明的原则。奥卡姆剃刀提出的猜想认为，越简单越好。

物理学家阿尔伯特·爱因斯坦（Albert Einstein）信奉一个关于简单的概念，他说："如果你不能对一个六岁孩子解释清楚一件事情，那就说明你自己也没明白。"物理学家、发明家爱德华·德·博诺（Edward De Bono）最近对此概念作了延伸。在他的《简单》一书中，德·博诺利用这个概念作为工具去简化事情、简化程序、停止重复以及那些不必要的事情。他说简单不意味着过分简化，而是在了解之后，依然保持简单，并通过减少一个问题而揭晓答案。德·博诺提供了十条关于简单的规则：

① 你需要对简单做出非常高的评价。
② 你必须决心寻找简单。
③ 你需要对事物有很好的理解。
④ 你需要设计各种选择和可能性。
⑤ 你需要挑战和丢弃现有的元素。
⑥ 你需要准备重新开始。
⑦ 你需要使用概念。
⑧ 你需要将事情拆解成更小的单元。
⑨ 你需要为简单权衡其他的价值。
⑩ 你需要了解简单的设计为谁而用。

苹果公司合伙创始人史蒂夫·乔布斯（Steve Jobs）也相信，他和他的团队就是以简单作原则，为人们创造了最受欢迎的生活必须电子产品，这些产品甚至连人们自己都并不了解自己是需要的。乔布斯说："当你第一次开始试图解决一个问题的时候，你能想到的第一个解决方案都很复杂，大多数人就此罢休了。但是如果你继续努力，带着问题生活，一瓣一瓣地将洋葱拨开，你就能够得到一些非常优美和简单的答案。大多数人只是不花时间和能量走到这一步罢了。"

生态学家埃里克·伯劳研究在不同的栖息地如何互相联系。他发展出了简约的力量的理论，认为简约中蕴藏着复合性。对他来说，复合并不意味着复杂，他阐释了这样一个概念：一个刚出炉的精心制作的法式面包是复合的。一个咖喱洋葱绿橄榄芙蓉花奶酪面包是复杂的。伯劳说如果人们使用了正确的方式，复合并不令人畏惧。他通过绘制某种情况中或某个研究领域中事物之间展示的链接图或链接网来实现复合，从而使复合信息通过可视化方式展示。这成为定义我们关注的重要关系的有力工具。关注这些关系有助于理解复合，从而鼓励对那些你过去不曾考虑的问题进行质疑，因此使你在最具影响力的领域接受磨练。

伯尼克拉斯·贝多关于“简单”的访谈

加文·安布罗斯（以下简称“加文”）：你是否觉得设计趋于过度复杂？

伯尼克拉斯·贝多（perniclas Bedow）（以下简称“伯”）：是的，我经常会有这种感觉。越简单越好，需要解释的设计方案就是不够好的设计方案。

加文：在你为米克勒（Mikkeller）设计的作品中，用了一个简单的想法，做得非常好，给这个品牌带来了真正意义上的不同。啤酒市场经常过度装饰和过度设计，你能说说这种简单又精炼的想法是如何产生的吗？

伯：如果你看今天的啤酒工业，95%的包装是在与客户交流传统。这是绝对难以置信的。人们为什么买啤酒？因为啤酒的配方已经有四百年历史。丹麦啤酒厂米克勒除了传统之外，还有其他各种可能性。他们是先进的和实验性的，所以设计方案需要与其他啤酒有所不同，甚至是相矛盾的。

加文：最初的灵感是什么？是一个简洁的想法还是一个视觉语言？

伯：首先你发现了问题，然后你为解决问题寻找答案。当你有了如何解决问题的想法，你会用视觉语言去延续这个想法。所以想法常常先出现。

上图是贝多为丹麦啤酒厂 Mikkeller 设计的产品包装，荒凉的冬季（Wild Winter）季节性啤酒的特色标签，有简单的寓意。标签是用热敏墨水打印的，因此当它变热的时候，图中苹果树上的叶子就消失了。

约翰·前田关于“简单，复杂与眼肉”的访谈

日籍美国人约翰·前田（John Maeda，生于1966年）是平面设计师、计算机科学家和作家，还是美国罗德岛设计学院的前任主席。他在2006年出版的《简单的法则》（Laws of Simplicity）一书中阐释了面对不断增长的复杂的情况时，我们如何简化生活。

加文·安布罗斯（以下简称“加文”）：你在TED的演讲中说：“我们热爱复杂，”人类引导我们在自然的复杂机理中发现美。复杂与简单相互纠缠在一起的。因我们的生活变得越来越复杂，能不能说它们没有必要变得更加复杂了？

约翰·前田（以下简称“约翰”）：在这些日子里，所有即将来临的：信息、改善、特征、“朋友”、巨大的存储量，我们每个人都在努力使这些存在有意义。我们都被复杂吸引——更多的钟声与汽笛声、更多的颜色、更多的手机应用程序，但是随后而来的是挫败感，于是又回去寻找简单。在我们的集体意识中，有一个信号在回响。我们本能的知道在我们购买的产品中，我们不需要更多的存储空间或速度，因为我们对其没有真正的使用需求。更多的计算能力不再让技术变得更好，事实上，摩尔定律提到的这一大堆新特征令我们感到困惑。在这个新世界，我们正在基于别的东西而做出选择，那就是设计。我们已经开始指望通过设计去除掉事物凌乱的枝节，从而让事情变得更好。但不幸的是，自从“好的设计”需要通过用户去定义之后，好设计就没有固定规则了。它要忍受所有的技术专家和投资者都痛恨听到的词，那就是“看情况。”我们需要的“更多”还是“更少”，不再有一个简单的正确答案。例如，洗衣服与吃一块饼干相比，你总是不喜欢洗衣服而更喜欢吃饼干。对一个人来说是洗衣服，可能对另一个人来说就是吃饼干。

加文：你的工作与复合有关。事实上，复合图像制作得到的是一个纯粹的、简单的结果。在复合与简单之间是否存在冲突？你曾经描述过，你之前做的一个华而不实的作品，和一个与之相反的朴实无华的例子，暗示了很实质的意义。

约翰：我经常被一个问题问得面带苦笑，“你还做你那个什么什么艺术吗？”说的就好像作为领导者的我现在所做的事情并不是我真正想做的一样。隐藏在这个问题背后的是一个老套的观念，认为艺术家就是做艺术品，他们不领导组织。这种模式化的观念激励了我在工作中做一个领导者，做令我极度兴奋和刺激的工作。我相信设计与组织管理（公司、政府、非营利机构），是艺术家或设计师可以带来的有益于人类的与基于系统的革新。

从华而不实到朴实无华的转换，存在于艺术家、设计师或开发商向领导者转换的过程中。领导一个机构已经是我生活中最耐人寻味的工作。然而我相信，在领导层面，创作简单和透明的作品，设计起着强大的作用。从本·泰瑞特（BenTerrett）在 www.gov.uk网站上服务于公民的规则与设计的结合，到像“合弄制”这样的新框架（http://halocracy.org），都帮助了领导者理解竞争关系与优先权的意义，利用设计的力量，了解大数据的意义，创造更加易感应的组织。使用视觉工具让设计领导模式的复杂工作越来越集中，这样的例子比比皆是。我们可以预期设计的定义，与它在实践中如何发生戏剧性的改变。在这个领域中，几乎没有一个对于简单的固定主张，在未来一段时间内也不会有。

加文：简单是不是已经被公司和商业绑架了？简单之美存在于最好的艺术、设计工艺、音乐等作品中。而这些都是通过毅力，有时候甚至是创作者一生的努力得到的。然而简单，被当作一种工作方式之后，已经变成了一种风格。品牌

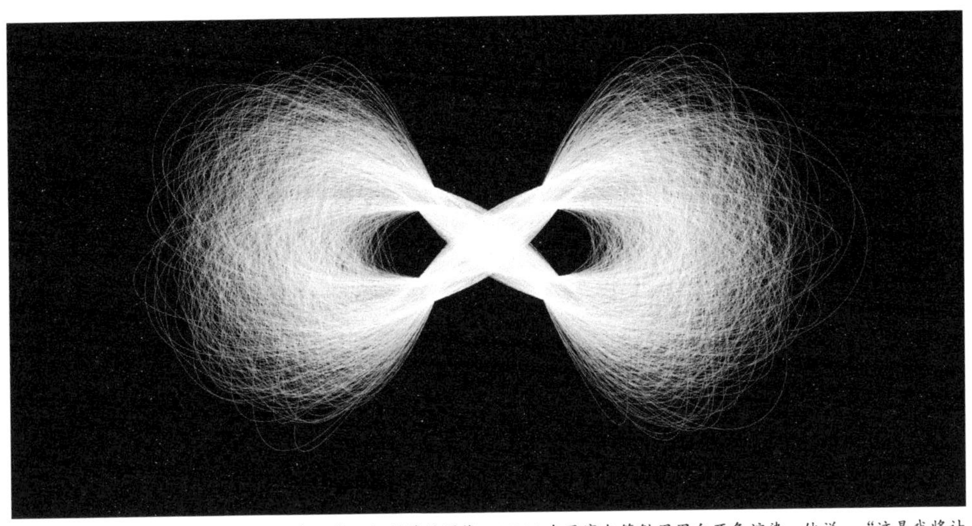

《无限的图像》是在PostScript语言中用排版机创作的图像。10000个贝塞尔笔触用黑白两色渲染。他说："这是我将计算机理解为一种绘画的新材料，而不仅仅是一种工具后的第一幅绘画作品。"

特别强调这一点，因为许多"我也是"的品牌，对许多精心推敲的品牌进行模仿，就像市面上有很多无印良品风格的"复制品"。

约翰：被陈列在现代艺术馆或泰特博物馆中经典永恒的设计，一直以来都是基于物理世界，并被我们的五官所感知的。他们是否是简单的，这只不过是一个风格和时间问题。有时候简单是时尚，有时候华丽统治着世界。简单与复杂随机交替。好的设计在数码时代很难被定义。为屏幕做设计，它对用户的影响不仅仅是物理层面的，还有深深的认知。在这种虚拟、物理和社会模式日益集中的环境中，我们能够预期设计的定义，以及它在实践中如何发生戏剧性的改变。

加文：在《简单的法则》一书中，你阐述说："简单就是在生活中有更多的愉悦，更少的痛苦。"这句话重申了你的兴趣是人而不是技术。你是如何看待未来人与技术的关系？

约翰：当技术越来越有力量，它将慢慢地消失在背景中，消失在我们与周围的世界接轨的方式中，也消失在我们购买的产品因素中。消费者会喜爱那些可以与人们有联系，并能激发人们情感和人性的产品。除了让东西更加有用、更加直观，艺术家与设计师向事物中注入了人类的精神、经验和系统。设计师通过内心的共鸣解决问题。他们问："人们将需要什么？"而不仅仅是问："它行得通吗？"然而，好的设计师不能没有艺术感。艺术家追溯得更深，他们会问："我们为什么会在这里？"或"我们感觉如何？"不可思议和打动灵魂的艺术最终会吸引我们、靠拢我们。

加文：你如何看待先天与后天培养？你的工作伦理与你在家庭豆腐产业中得到的教养有关。你说让做事情就像做豆腐一样变得简单，是个很困难的事情。你是否觉得这些形成性格的时期逐渐地给你灌输了伦理，一种对于工作、设计和艺术的方法要求？你的背景又是东西方文化的混合，技术与艺术的混合，复杂的编程与简单的结果形式的混合。这些是如何从整体上形成你对于设计和生活的观点的呢？

约翰：我一直视自己为一个混合体，结果就有这样的优势，那就是我能够适应到任何一个领域去而不自知。我一生中花费了大量的时间鼓励生活在十字路口的年轻一代。因为我很享受我做的事情，我从来不把我做的事情当成工作。这一点是我从我父亲那里学来的。他喜欢制作伟大的产品，再也没有什么别的事情能够让他这么有热情了。我在年轻的时候就学到了什么是真正的努力工作。我认为跨领域寻找新的挑战就是努力，像我喜欢的福饼上说的："幸福就是做那些别人认为你做不了的事情。"如果我在一生中已经有能力做成什么事情的话，那是因为我有能力将这件事与我父母为了能够让我和我的兄弟姐妹生存下来而经历的生活相比较，我一直没有达到他们为我们所做的一切的程度。

通过两个水果果冻的磨具和指定软件来混合果冻的剖面而创作的作品。

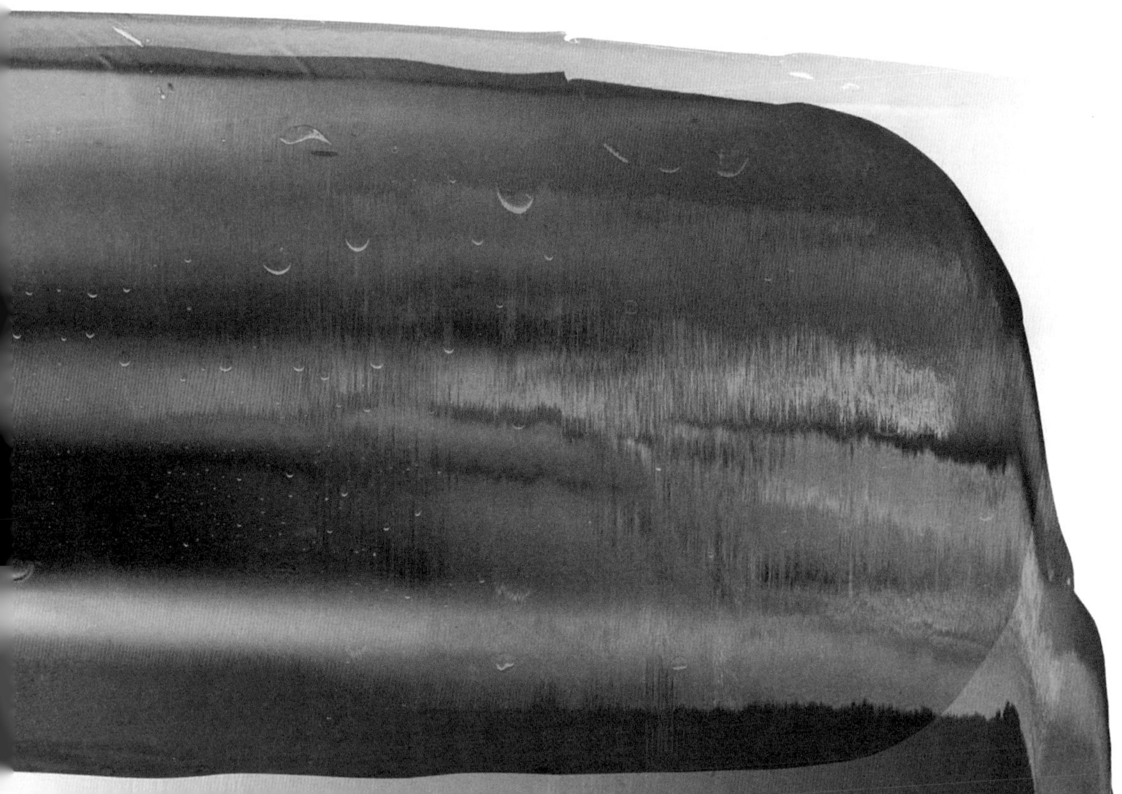

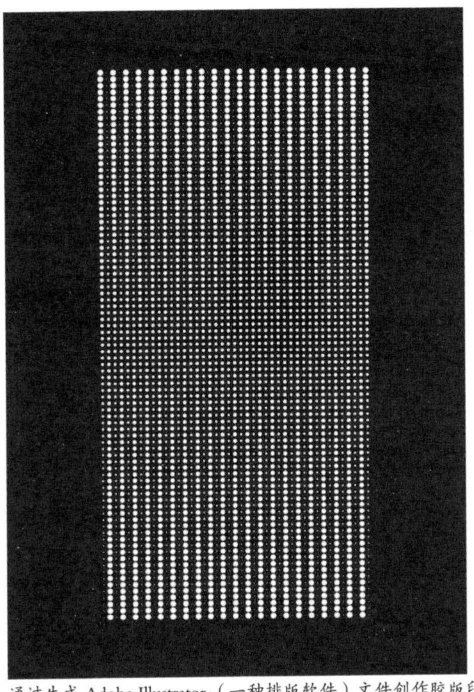

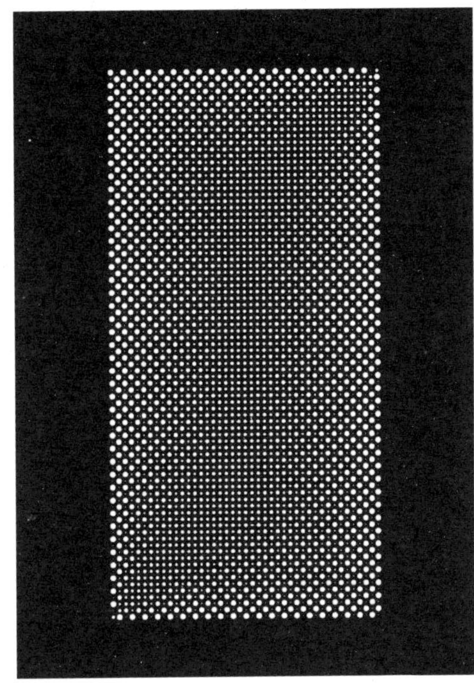

通过生成 Adobe Illustrator（一种排版软件）文件创作胶版印刷图像的算法。

加文：哈佛大学的一份报告强调了我们对于基本信息的记忆，越来越依赖于谷歌，因为我们变得越来越记不住事情。人们现在将谷歌视为他们智力的延伸，而不是一个独立的工具，这使我回想起人类与计算机之间，一个跟踪信息块展示的搜索词的范围变窄。这种变窄展示了一个乌托邦还是反乌托邦的未来？

约翰：在交集的地方有很丰富的领域，创新就是来自于跨界。谷歌定义的特征向我揭示了“技术”（tech）和“艺术”（art）这两个词是来源于同一个希腊词根“Techne”。我们认为的许多完全相反的思想领域经常来自于同一个地方。人类与计算机，技术与艺术，先天与后天，我们不需要决定这个还是那个，正确答案往往是两个都去做。

加文：你是通过什么方式发展你的思想和工作的？

约翰：我实验了很多，也失败了很多，我是说非常的多。我也不会对自己太认真，这不是说我对自己的工作不认真。我是约翰·加德纳（John Gardner）的书《自我更新》[1]的大粉丝，因为书中说，在我们的一生中，我们一直都需要学习新的东西，如果这样做了，我们就成为另外一个全新的人。加德纳的论文这样说的，如果我们能够更新自己，不论我们多大岁数，我们都能够成为一个更加满足的存在。更新自我意味着尝试新的事物和失败，直到我们最终成功。就像纳尔逊·曼德拉（Nelson Mandela）所说：“不要通过我的成功评价我，而要通过我跌倒然后又再一次爬起来的次数评价我。”

---

❶ 自我更新：个体与创新的社会（1964）

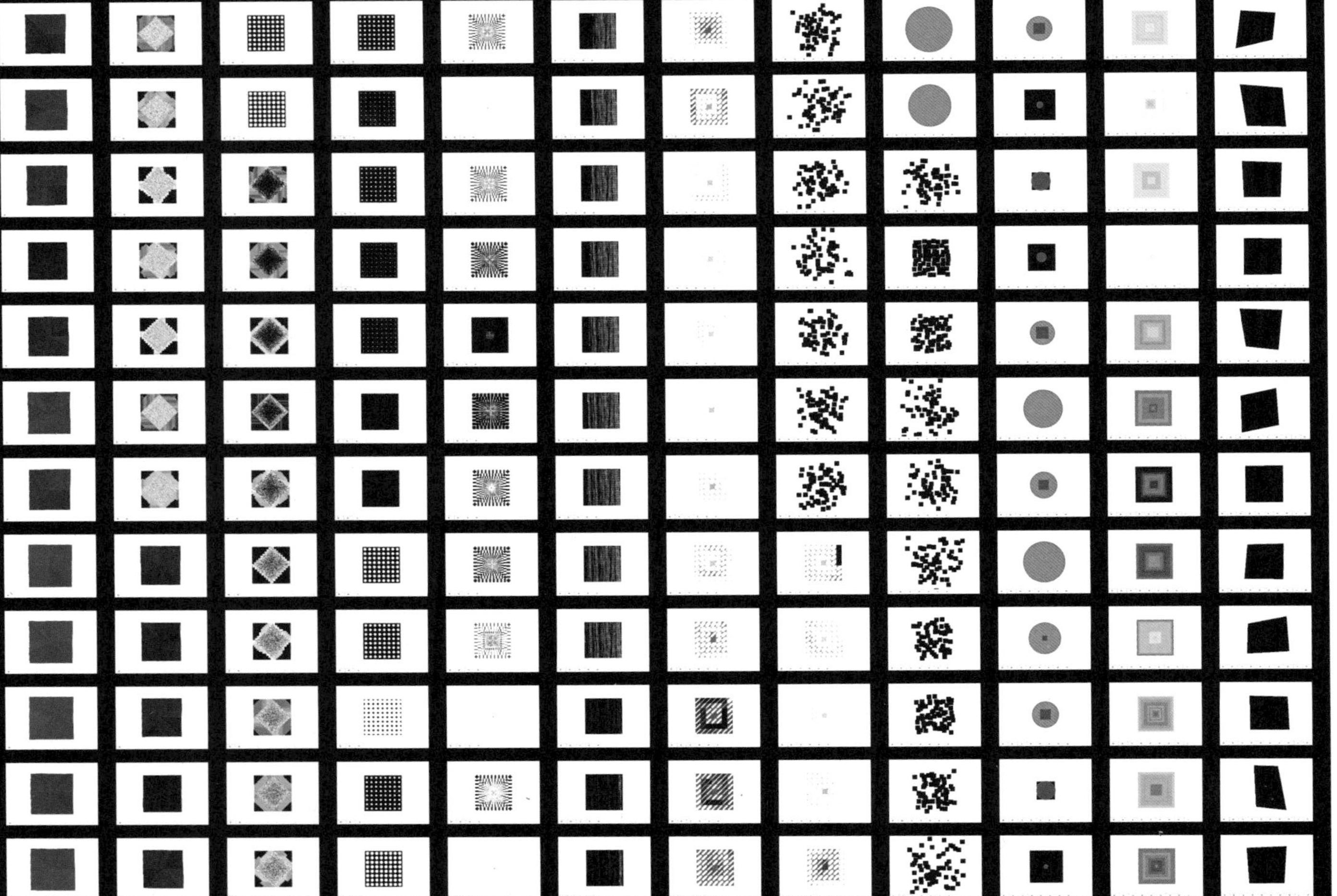

活动方格图像：黑色方格中是屏幕捕捉了在当麦克风输入反应时产生的许多可视化的形态。这是现代艺术博物馆中的永久展品。

To the point 工作室的西蒙·赫顿关于“设计经营的关键”的访谈

加文·安布罗斯（以下简称“加文”）：IBM公司的托马斯·沃森（Thomas Watson）曾经说过：“好的设计就是好的经营”，你是如何看待设计与商业之间的关系的？

西蒙·赫顿（以下简称西蒙）：设计的整个局面正在改变。我们最近有一项业务，客户要求有创新，我们感觉做不了，因为我们不理解他们的业务。这意味着所有我们能做的事，都是基于我们更擅长处理审美问题，而不是考虑对方是谁，以及他们在市场上有什么区别更加擅长。那个练习真正定义了我们作为一项经营到底想成为什么：我们不仅做漂亮的图片或是我们认为可以获奖的设计；我们想做的是与客户相符合的设计，这就是为什么我们是设计师而不是艺术家。我们做的最近两个设计没有采用创意，在公示介绍的时候，我们发现还有比在简介中包含的更多的议题，于是我们赢得了项目。我们现在正在举办一个研讨会来明确他们的需求是什么。这提醒了我一个事实，那就是你不去医院告诉医生你的问题是什么，你去医院告诉他们你哪里出状况了。你经常发现业主会自开药方，而我们作为设计师的角色应该核对他们的药方是否正确，如果我们认为错了，就要给他们提出建议。业主非常关注他们想要什么，所以你要给他们展示他们认为他们应该做的，同时也要给他们展示我们认为他们应该做的。当我们能够被业主打动并理解他们，我们的关系就会变得更好，这样一来我们就能在往前推进一步。

你不去医院告诉医生你的问题是什么，你去医院告诉他们你哪里出状况了。

加文：你是如何发现新事物的？

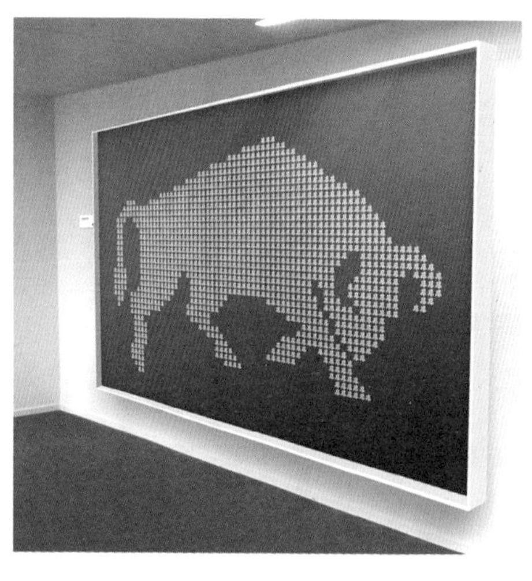

To the point 为雅虎瑞士罗尔总部办公室设计的装置艺术，每个作品都由产生歧义的元素构成，例如用公牛组成的熊（第 72 页下图）。

西蒙：如果你回顾一代代的艺术家，回顾不同的阶段，他们之间是相互联系和相互学习的，这一直向着极限推进，在我看来，设计是非常相似的。研究是你的关键工具，通过网络，你可以发现从学生到上流艺术家与设计师的一个不拘一格的混合的想法和灵感。作为一个设计师，你不能只关注一个事情，你的思维应该足够跨越，这就是为什么让一个设计师从事商业活动是非常困难的。

你创造头脑风暴式的会议来把控创意，然后尝试着让这个创意关注到某个商业的模式，如此一来你便可以对客户的任务书做出回应。你不断地尝试从你周围获得各种不同的想法；不是复制它们，而是利用它们反复尝试，最终发展出独一无二的东西。

加文：雅虎总部办公室设计的背后是怎样的进程？

西蒙：瑞士罗尔（Rolle）的雅虎总部办公室，他们想要一些东西，是能够抓住品牌的精髓的东西，因为他们的策略从关注技术改成了专注内容。我们与他们有过几次的会议，为了理解他们的商业模式的变化；他们从一个非常信息技术驱动的商业模式转变成一个内容驱动的商业模式，他们想要一些东西来反映这个事情。我们做了一些实验，我们把东西贴在墙上，来看如何给他们传达信息，并让他们参与到这个决策的过程中，来看看什么行得通，什么行不通。被选出的方案包括：基于阴阳理论的概念，战争与和平是新闻的概念，用一只鸽子来饰演和平，用玩具士兵们作为战争的元素。这是一个只有当你走近之后才能意识到的错视画派的装置艺术。你常常将办公室看作是非常陈词滥调的议题，或是品牌或是屈尊于调试艺术的艺术路线。我们想要一些东西能够同时抓住这两个方面：设计是艺术作品，同时它又是品牌交流。设计师可以创造艺术，但是你还要使用你的设计技能帮助业主达到交流目的。

设计在品牌树立中的角色

“每一个广告都应该考虑其作为品牌意象的复合符号。”

——大卫·奥格威（David Ogilvy）

设计是品牌树立方面的关键因素，是一个公司或一个产品将有（或者是被看作有）吸引人的特征的结合，例如质量、持久性、价值、快速的性能等等。他可能做得特别好，真诚的，可靠的，但是作为创建一个成功的品牌这些还不够。树立品牌要求适当的和相衬的特殊特点的交流，这样其他人也开始相信这个品牌也有这些特征。

一个品牌的树立需要一段长期的时间，通过对于品牌信息的重复，通过人们使用产品或面对商家而确认这个品牌。在品牌建立中不变的是交流的需求，所有的交流都应该具有说服力，与品牌的信息和品牌所要代表的内容相吻合。

假设品牌的特征对目标群体来说是满意的，品牌交流的设计将是成功或失败的关键。文字和图像的选择与展示它们的方式（字体、大小、色调）能够戏剧性地改变人们对一个品牌的理解和接纳程度。品牌树立者经常对目标群体做测试，看看潜在的终端用户对不同的图像、颜色或品牌标语是如何反馈的，然后基于产生的结果对品牌的交流方式再细细推敲。

交流的设计与品牌往往是在一个项目即将结束时发生的，例如作为一个产品推出实施过程的一部分。设计公司3 Deep和其他公司已经试图参与产品、品牌或服务创意这个整体而得以改变。

图片是 3 Deep设计公司为澳大利亚男士奢侈品专柜哈罗德设计的一个品牌重新定位的活动。创意的策略是建立男子气概与带有应季活动的授权，从而在新兴中产阶级和更年轻，更富有，有时尚意识的奢侈品消费者中激发自信。

布雷特·菲利普斯关于 3 Deep 在品牌与奢侈品的未来方面的访谈

保罗·哈里斯（paul Harris）（以下简称“保罗”）：为什么设计和品牌的树立在项目的一开始就运作和展示是非常重要的？为什么不是到项目即将结束的时候？

布雷特·菲利普斯（Brett Phillips）（以下简称“布雷特”）：从这个世纪初开始，奢侈品品牌就已经定义它们的交流目的，它们需要考虑如何与他们的受众参与互动。由于全球财富中心的转变，为了改变传统客户的观念，经过长期斗争，一代新的、独特的奢侈品消费群体的出现，完全改变了过去的游戏规则。我们的专业技术现在在于抓住这些受众的注意力，创造周密的、中肯的信息，同时为这些品牌建立真诚的和永久的渴望。远距离地进行设计、远离产品、业务或者是商业操控的竞争环境的细微差别是不可能的。大多数的品牌和业主来找3 Deep是找我们帮助他们与下一代的奢侈品消费者之间建立联系，所以品牌战略一直是我们的起点。

保罗：就它生产的产品而言，在为一个产品、品牌或是客户服务中，3 Deep获得的主要益处是什么？

布雷特：我们在奢侈品市场的经验是重要的，我们从一开始就致力于接触、连接和影响下一代的奢侈品消费者。通过分析、理解和回应文化习俗、理智的愿望和奢侈品消费者的购买过程，我们已经可以建立起一种向我们的客户传递特殊价值并让我们自己受益的方式。理解方面如何达到、吸引和留住高净值或超高净值，可以在奢侈品行业里与关键的影响者建立有价值的联系，并能识别或回应零售趋势的变化和机会，所有这些特质和经验帮助我们建立了一个更加智慧的设计公司，帮助我们理解和拥护了我们通过设计和创新的参与。

该设计是由 3 Deep 为哈罗德 2013 年春 / 夏季活动创作的。它通过借助大自然力量的元素捕捉了力量、权力与阳刚之气的概念。

保罗：你能详细说明这一过程么？

布雷特：好的。品牌的建立是改变的催化剂。它改变了组织展示自己的方式。本质上，它改变了组织的行为。一个品牌的特征和定位是一个非常重要的问题，它宣示了组织必须实现的形象，从而获得可持续的竞争优势。强有力的品牌清晰而又始终如一地向它们的目标客户传达相关的信息。它们理解他们自己是谁，它们与它们的竞争者有何不同。

哈罗德奢侈品商店——作为一个经典的男士西服商店推出25年之后，哈罗德希望3 Deep为品牌未来的发展重新定位，从而巩固其在男性奢侈品服装市场作为领导者的品牌地位。伴随着蓬勃增长的中产阶级和青年、更富有的、更时尚的奢侈品消费群体对于市场需求的驱动，我们有必要在发展一个策略和创新反馈之前，对策略和品牌价值进行更加清晰的定义。

创新策略——在意识到澳大利亚唯一为男士提供的奢侈品商店这样一个定位之后，我们的创意策略建立在男子气概和赋予权力的理念上。整合交流的项目激发了消费者的信心，加固了哈罗德在奢侈品男装市场的知名度，同时也维护了作为哈罗德消费者的高品质和优势的领导地位。季节性的活动使哈罗德闪耀在国际市场，吸引世界上最挑剔的品牌、员工和消费者。

结果——自从建立了策略和创新项目之后，这个品牌见证了在经典和当代部分重要的发展。被一个市场上清晰的方向、声音和目标授权，品牌已经在全球奢侈品舞台巩固了它的地位。

保罗：这本书中贯穿始终的主题是可持续的设计和能源效率。设计师在什么程度上可以通过提供解决办法来拓宽这个世界上的议题与问题？

布雷特：我认为我们现在处在一个巨大的重新评估和改变的时代。商业和品牌正在发现建立的销售支柱和交流不再有效，或者不再适合他们的消费者的需求和愿望，或不再适合他们业务实际的策略方向。就这点而论，这是一个对设计代理和工作室来说投入到创新思考的很好的机会，并为社会和文化的利益提出更明智、更可持续的解决办法。思考问题并提出解决办法是存在于我们的基因中的特征。问题在于：为什么不应该是一个可持续的解决办法呢？

保罗：早一些参与到客户的决策制定进程中可以让他们更早地面对设计。你的这种过早的介入是否让他们更多地参与或融入到了设计的过程中？

布雷特：我不这样认为。大多数我们合作的客户已经理解了创意的非凡价值。把最合适的人选都召集到一起才能带来最好的结果，从我们的经验来看，把那些能够理解我们公司的独特性，理解我们能够给他们的品牌带来什么的客户召集到一起，是能够产出出色的作品的关键。

保罗：你是如何酝酿出好的设计的？最重要的因素是环境、项目、气质，还是态度？

布雷特：我们通过管理项目的所有方面来培养好的设计，而不仅仅是在创新发展阶段。如果这意味着我们需要为了工作的活跃而考虑和创造合适的环境，并且能够产生出合理的交流价值，从而使商业领袖更好地理解我们的设计，我们就要去努力实现。大多数的时间，我们在产生好的设计和好的设计的环境上花了一样的精力。这两个问题是不能分开的，它们需要同一个公平的衡量标准。

我认为我们现在处在一个巨大的需求重新评估和改变的时代。商业和品牌发现过去建立的销售支柱和交流不再有效，或者不再适合它们的消费者的需求和愿望，或不再适合他们业务实际的策略方向。就这点而论，这是一个对设计机构和工作室来说很好的机会，从此我们可以投入到创新的思考中并为社会和文化的利益提出更明智、更可持续的解决办法。

——布雷特·菲利普斯

与SEA工作室的布赖恩·埃德蒙森关于“设计的真实价值”的对话

加文·安布罗斯（以下简称“加文”）：设计经常被认为是一个以工艺为基础的练习；我们将文字移来移去，用颜色和图像尝试为客户和产品讲故事。但是设计也紧密地与商业联系着。你能详细地阐述一下SEA是如何做设计和品牌，并如何为一个业主的商业增加价值的吗？

布赖恩·埃德蒙森（Bryan Edmondson）（以下简称“布莱恩”）：毋庸置疑，一个品牌最可视化的元素是商标。创造一个简单又独特的品牌的工艺依然是我们所有项目的核心。商标的创作可能是我们与客户实现的第一个项目，或者可能它来源于几年来的活动，它将一直预示着一个商业被如何理解的主要变化。这个滚动式的效应在客户的市场上引导了一个更加伟大的可视性和内部高水平的生产力。

我们将自己融入客户的商业中去，目的是成为他们团队的一部分。通过对他们商业的近距离理解，我们来创造独特的图像，利用一些远离商业的东西，为项目建立特征身份，以帮助他们形成清晰的定位。我们的工作是用一些元素建立他们的声音，传达与他们的客户相符合的信息。

加文：你觉得设计与品牌的未来将去向何方？随着技术的变化和进化，我们有了更多的通道，怎么能够让设计创作出的品牌真正脱颖而出呢？

布莱恩：在技术更新超乎想象地快速的时候，现在我们每天都有新的工具允许我们立即向全球的观众创造和传递信息。当我1992年毕业的时候，只有很少的工具供我使用。如果商业想要交流什么东西，总是通过图片和电影艰苦地制作。现在商业交流是即时发生的。消费者可以立刻“喜欢”或“不喜欢”某个品牌。品牌如何展示自己是至关重要的，因为变化正在不断地发生着。

加文：SEA的图像作品非常与众不同，而且已经被证明有能力增加销售与关注。对于作为基于艺术的业务的设计和商业的约束之间的联系，你是如何看待的？这些约束是确实必要的吗？它们的确是要与创造产品和有意义的设计的过程相整合吗？

布莱恩：设计与你之外的声音进行商业化的交流。然而，这不意味着它没有人情味。我们让自己沉迷于我们工作的品牌中，我们依然能够非常个性化和有创造力，我们将自己置于这样的位置，使自己依然能够从外界看待这个品牌的定位。就像保罗·兰德（Paul Rand）做的IBM和很后来的UPS的品牌设计工作，都是利用有限的色彩做出的非常智慧的设计实例。IBM采用了四种字体伴随着少量的颜色和平面原则。不仅这样，兰德还创作了一系列的海报、广告等非常不同的东西，但他的东西还是能够立即被辨认出来。

对页图是SEA为造纸厂GF史密斯展示一套数码打印纸张设计的图片。每一片都是一个独特的数码生成和打印图像。这个插图灵感来源于纸张质地微小的细节，它形成于将密码和预设色板相结合的生产过程中。最终产生的图像中的生机勃勃的颜色和形状是通过数码打印再制作的。

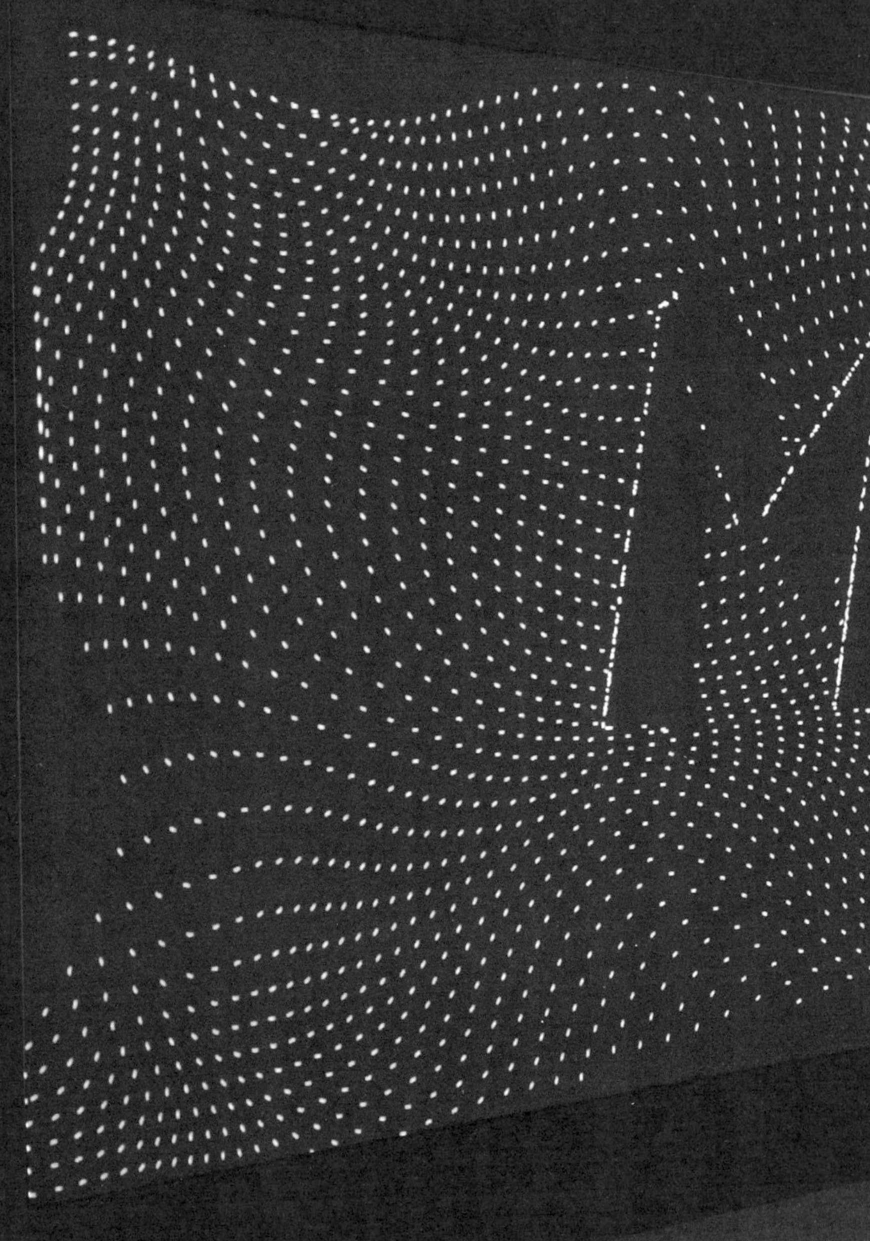

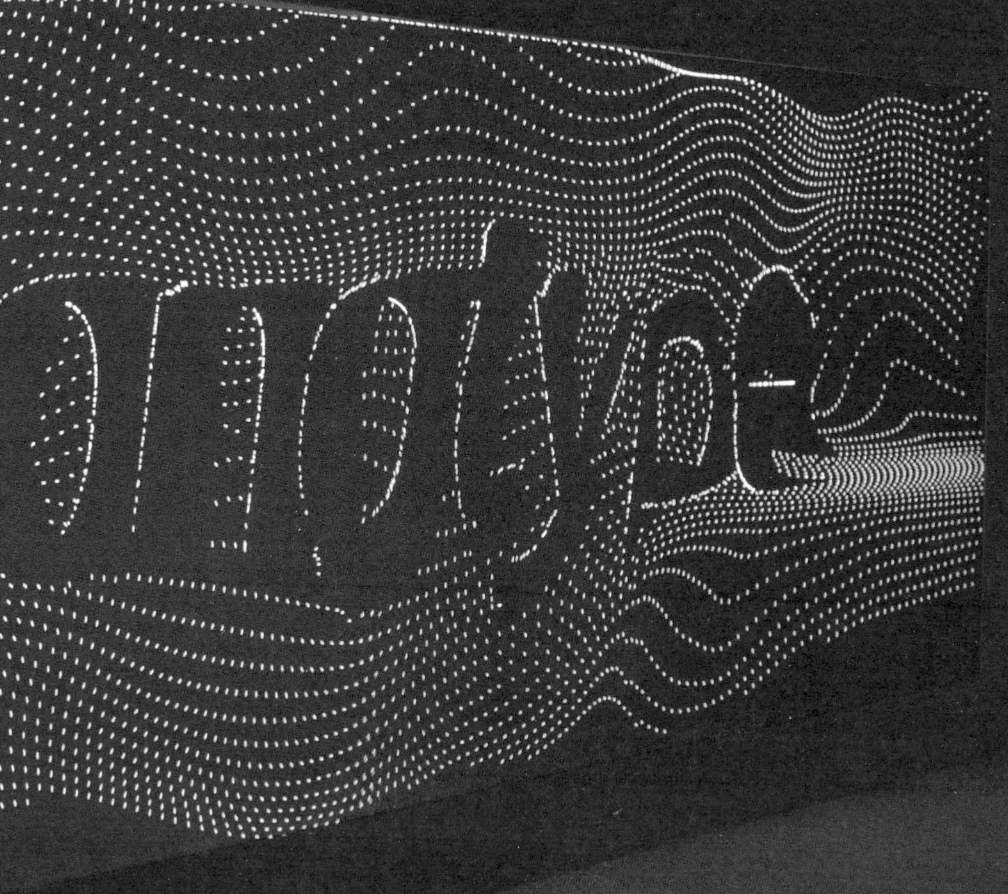

一个商标不仅是一个简单的图形，它是一个公司目标、雄心和愿望的表达。SEA 为蒙纳字体公司做的商标，为展现产品需要不断发展的理念做了一个很好的示范。

等级制度的问题

“我认为网络是一个来自所有部门和所有层面的代表组成的一个团队的系统，这些人扔掉自己的官方头衔，参与到一个反等级化的讨论会中。随着环境在各式各样的方式下发生改变，这个系统会对环境有感知和回应。”

——约翰·科特，首席创意官，Kotter International

等级制度的概念是一个很有用的创新工具，因为它能够将多种不同范畴的元素和信息纳入秩序和结构。视觉或文字的等级制度给观看者一个基础，便于摄取包含的信息。标题引起了对文字元素的注意，并通过等级划分，提示什么是最重要的。在一个组织的背景下，一个等级系统提供了秩序、权威和一连串工作流程与决策构成的命令。

等级划分的问题使管理趋于刻板和限制（这通常是他们的目的），所以等级总是过于沉闷和过度说教。创新有时候离开等级制度的限制是为了得到更意味深长的交流或更有条理的整体感觉，展示结构中的明显缺失，或展示题材中特有的自由或乐趣。

在组织中，刻板的等级制度可以避免个体之间或部门之间想法的跨界交流，避免一个组织出现潜在的生机。这样的障碍可能存在，是因为等级制度不允许或不促进各部门间的互动，或者说它避免部门间理解彼此的工作。

在传统的设计等级制度里，即使人们可能有一些有效的建议和想法，它们能帮助人们将任务做得更令人满意，或帮助人们更好地完成任务。艺术指导可能与程序员或美工很少有交流。去除等级制度就要去除物理和精神上的双重围墙，并且创造一个许可的文化，在这里思想的交流受到鼓励。在一个开放的空间中，艺术指导与团队共同进退。

各个组织已经尝试了多种多样的方法来更好地组织工作进程，从具有多层管理的严苛正式的等级制度，到更加非正式的偏平化管理结构。另一种方法是基于项目或活动的管理，在此方法下，人们被安排成一个一个的组团。每个组团可以由具体角色或拥有技能的人群组成，例如设计师、程序员和文字撰写员都可分别独立成组，或者每个组团是由具有不同技能的人合作组成以处理特殊任务或项目。

管理学专家保罗·赫西（Paul Hersey）和肯·布兰查德（Ken Blanchard）[1]说，最好的领导风格依赖于你管理的人和你面对的情况，同时你的方法要与成员的成熟度和给予他们任务的类型相匹配。当雇员在不需要太多监督而有专业知识去完成工作的情况下，去中心化的非等级制度结构会运作得更好，例如在一个设计公司或创新环境中，那里大多数的人通常具有一定程度的专业资格。

---

[1] http://yourbusiness.azcentral.com/hierarchical-leadership-vs-nonhierarchical-leadership-8653.html

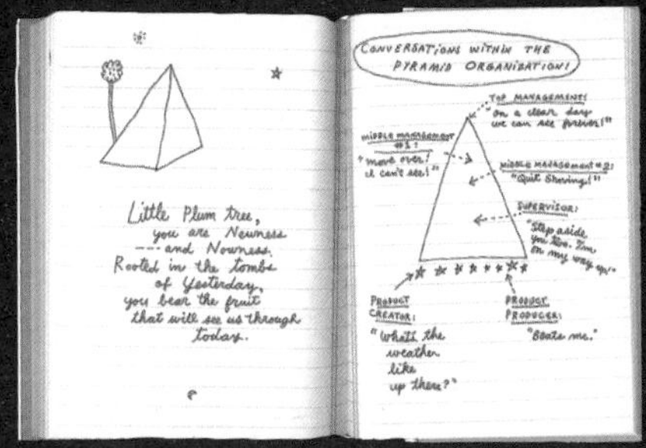

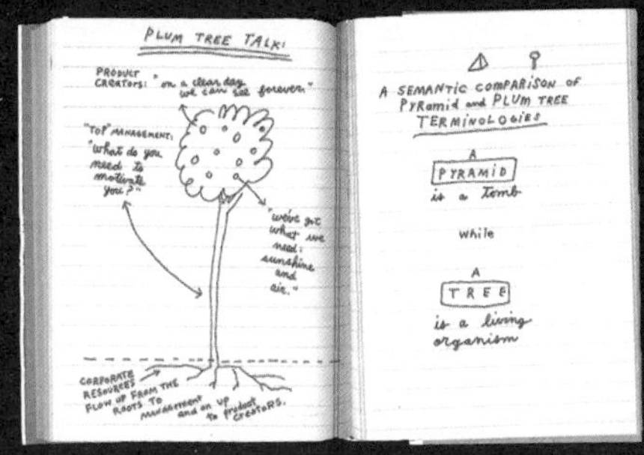

这本书是由威洛比设计公司（WilloughbbyDesign,Inc,）设计。在下文中，你将会读到对安·威洛比（AnnWillongbby）关于等级制度的问题的访谈。

“社会、家庭与公司首先用否定羞辱了我们，然后镇压和扼杀了我们自己的创造灵感。”

——安德鲁·斯坦（Andrew Stein）[1]

尽管秩序和控制对于结构来说是必要的，但它们同样能够扼杀创新，也能对决策承担责任。每一个组织都需要注入创新，这样他们能够继续茁壮成长，因为当创新与责任耗尽之时，日子会变得非常艰难。

在《绕着大毛球飞行》一书中，戈登·麦肯齐（GordonMacKenzie）讨论如何去掉枷锁从而找回创新。这个“大毛球”象征着法人组织和文化，通常在它没有经过有效修剪和管理的时候，系统会变成纠结在一起的规则、传统与体系。

麦肯齐通过他的事业，尝试去激励同事们在一个已经变成了“大毛球”的大法人组织中工作——这个大毛球往往是纠结的、不可理喻的一团规则，传统与过去行得通的体系因其无情而平庸。麦肯齐用幽默的表达方式分享了他自己在唤醒和培养创新基因方面的专业发展和所接受的教训的故事。

创新会伴随着风险，这意味着任何一个组织都应该有机制授权人们或团队为了达到一些具体的目标而承担一定的风险。值得关注的是麦肯齐在出版商出版之前就自己出版了这本书。每一个组织将找到一套属于他们自己的、激励人们创新的方式，这个方式与他的活动部门和他所有的组织结构的类型相关。

麦肯齐谈论了关于商业对创新问题的理解是多么糟糕。他通过自己应邀在密苏里州的堪萨斯城的赫曼总部基地讲演为例说明了这一点。当时他与所有受邀者一起等候汽车的到来。男人们穿着深蓝色或灰条西服，白衬衫和保留的领带，女人们穿着结实的海军蓝西服和白衬衫。观众除了都带着愚蠢的帽子之外，他们与IBM或其他保守的公司非常协调。我记得一个女人带着一个贴有塑料水果和蔬菜的消防帽。她看上去像没有能量的卡门·米兰达（Carmen Miranda）转世。没有一个群体表现出任何真正的能量。不协调的西服和疯狂的帽子不会产生令人期待的好心情。取而代之的，则是木讷的微笑和同样木讷的姿势，这使人想起了一个虚伪的毫无生气的牵线木偶。我想：“啊……我们正在强迫自己开心。”

[1] 安德鲁·斯坦是高级战略师、市场和销售执行官，同时也是博客斯坦之声的作家。<http://steinvox.com/blog/book-review-orbiting-giant-hairball-avoiding-corporate-

安·威洛比关于“办公结构与灵活的工作”的访谈

安·威洛比（Ann Willoughby）于1978年建立了威洛比设计公司。它已经成为了一个领导品牌策略和设计的公司，同时也是美国由一位女性发起的最古老、最持久的设计公司。

加文·安布罗斯（以下简称“加文”）： 你的公司有一个扁平的等级结构。为什么是这样？它是如何影响你的工作的？

安·威洛比（以下简称安）： 当你只有15个人的时候，扁平的组织方式更简单。但是我们已经把大多数公司都有的许多结构从我们这里给去掉了。这是一项用女性的方式去看待世界的设计，也是一个更有创意的方式。我们衡量个人的才华与合作的关系，我们的结构更像是一个精英制度或是一个李子树，而不是传统的公司。我们练习一些创新的方式例如练习达到共鸣，这对于理解那些我们设计的服务对象，来理解他们需要什么是非常重要的。我们协同合作，这也产生了一个完全不同类型的办公环境。在寻找到一个好的设计解决方案的过程中，我们形成了健康的竞争，但是我们还在试图在想法中寻找力量。我们的信条之一就是大胆与谦虚的平衡。如果你有很强的自我性，你可能不会在这里工作。我们创造了一种文化，在这里我们有多种多样令人欣赏的不同的想法，但是我们专注于我们的工作。我们每周工作不会超过40个小时，而所有这些事情都让我吸引和保留了最好的女人的智慧。

加文： 去等级制度是不是让人们参与到了在传统方式中不会有的设计进程？

安： 我们相信伟大的想法来自于任何地方任何人，我也在非常努力地尝试着不要用我们的地位来获得控制或做决策。一旦开始工作和创新，如果哪里有问题的话，我的合伙人和我会非常相信我们的设计师来找我们。对于什么是对的，什么是错的，我们进行的更像是一种讨论，而不是一场斗争，我觉得这是非常健康的。我们管这个叫做“坦率与宽容”。如果什么事情行不通，你也要用一种非常宽容的方式去说它为什么行不通。我们决定这样做是因为有一些来自其他公司的人非常直率。有时候他们是在开玩笑，有时候不是，但是其结果是有一些女士因为她们的工作被批评，从此失去了信心。

加文： 你允许人们自己规划自己一天的工作，自己安排自己的工作时间。这会让你雇佣更多的女性吗？

安： 我知道妈妈们都有非常复杂的生活。我们不告诉她们必须工作多少个小时。她们会在舒服的时候工作，这也符合她们的生活方式。因为她们在工作中彼此的合作非常紧密，管理很难介入。如果有人在截止日期来临之际因为她们的孩子病了而不能完成工作，她们会与同事沟通和安排，看谁来接管工作。这是真正的削减管理。一旦意识到了女性的需求，如果她们想要一个宝宝，她们可以离开六个月到一年的时间，而后重新回到他们原来的职位。女性都非常欣赏这样的做法。

加文： 现代的工作文化所关注的是，通过你工作了多少个小时来评价你的部分成功，虽然工作更多的时间和有更多的产出并没有关系。在很多情况下也恰恰相反。你是如何看待这个问题的？

安： 在两年前的夏天，当我们决定周五下午不上班时，我们就证明了情况的确恰恰相反。我们还是要花时间把工作做完，但是我们发现这样非常可行，因此我们将这一变化持续到了圣诞节，在之后我们就再也没有改回来了。现在我们周五下午都不工作。我也注意到，因为大多数在这里工作的人都是女性，她们的生活都非常忙碌，她们不会来这之后，坐着没事干，然后完不成工作。她们非常专注，她们不会浪费时间。她们没有时间去关心政治或戏剧。她们需要处理她们的生活。

加文：你是如何看待设计教育的进化？

安：设计工业现在已经变成非常断裂，因为有非常多的专门的零碎环境，以至于很难从一个整体的角度去谈论设计。我担任美国图像艺术协会百年纪念委员会主席，我们绘制了在近一百年来设计中的不同学科，然后看看它们现在是什么，最终发现变化是惊人的。我认为学生一直以来都被鼓励去为理解观众做很多工作，包括很多人种学方面的工作。我非常高兴地看到他们的作品有一个关注，有着可能比前几年更深层次的思考。工艺得到大大地发展，作品的呈现方式也非常贴切。

加文：工作环境是否正在改变？

安：越来越多的公司正在为那些很少来公司的人重新设计他们的空间，为了合作而重新设计，同时也重新设计了工作行为，从而使得客户能够激发创意。我们为很多公司和学校做了环境设计，他们希望能够改变他们的行为示范。我们改变了他们工作的方式，这对他们的思考和互动产生了深远的影响。在美国The Cubes正在慢慢消失。

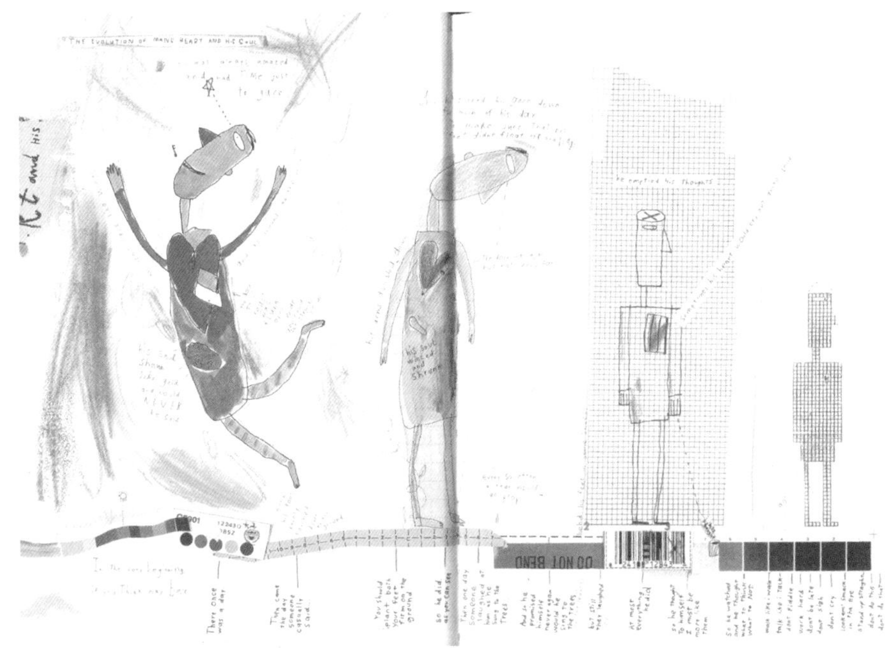

一个人的内心与灵魂的进化

《绕着大毛球飞行》书中的一张图片，展示了人们是如何在现代的公司中慢慢地丢失了他们的特征和创新型的工作方式。图书设计：威洛比（Willoughby）设计公司；插画设计：梅格·坎迪夫（Meg Cundiff）；版权：戈登·麦肯齐（Gordon Mackenzie）家庭信托

研究与目标人群问题

"在实验室环境中做一个商业有效性的现实测试，从而胜于真实生活揭露的问题是不可能的。在这个简单但又令人不安的事实被领会之前，多少的广告研究都将继续它的毫无结果和非生产性的工作。"

艾伦·赫奇，《破坏测试》的作者

市场研究的目的在于建立关于目标市场划分和它们的特征的大量定量和定性的信息。这些信息用于创造有特征的产品，这些特征则会吸引具体的市场划分或目标人群。

数据可以通过很多种不同的方式收集，从深入的采访、目标群体、街头调查中收集，从优惠卡、信用卡的使用中获得越来越多的数据，还可以从例如itunes和Netflix这样的在线账户服务的使用情况获取数据。这些信息之后可以用来组织和诠释新的理解。

数据集仅仅展示了关于收集来数据的人的类型的信息，用此数据导致的结果将会非常的不对称。在某种程度上，信息的收集需要对分析和解释有用。量化数据非常擅长展示属于特定人群里的人口数量，或是同意/不同意某议题的人口数量。但是，具体数值常常缺乏那些可以有助于解释事件原因的量化信息。销售数可能展示了卖得最好的软饮，但是它不能说出是否这是因为产品具有可口的味道或质量，或是否是因为它是最便宜的或推广最好的。

但是最终，"研究必须是有用的，不仅仅是一个创新项目开始的进程"，杰玛·贝灵格(Gemma Ballinger)说(访谈在对页)。贝灵格的态度是，在从事研究之前，你需要考虑如何使用信息，因为这将塑造出所研究的信息的类型或格式。

焦点小组

焦点小组是量化研究的形式，从目标人群中选取的一群人需要回答他们的观点、意见、信条和态度，从而更好地改进产品、服务、概念、广告、思路或包装。

优势

焦点小组向设计团队提供了目标受众成员的参与机会。在参与者被鼓励的参与下，这个群体动态地产生关于一个话题的新想法，从而导致一个更深层次的讨论，这使得设计团队和客户可以在单向镜子后面观察。设计团队可以看到非语言型的交流，例如面部表情和肢体语言，从而得到参与者的真实感受。

劣势

焦点小组能够被一些强势的个体所影响，使它们输出片面的或不对称的信息。如果一个话题是敏感的，参与者可能不会表露出他们真实的感受，因为他们是在陌生人面前讲话。充分地将焦点小组的结构反映到目标人群也是很难的，因为他们的花销和组织限制了群体的容量和位置。

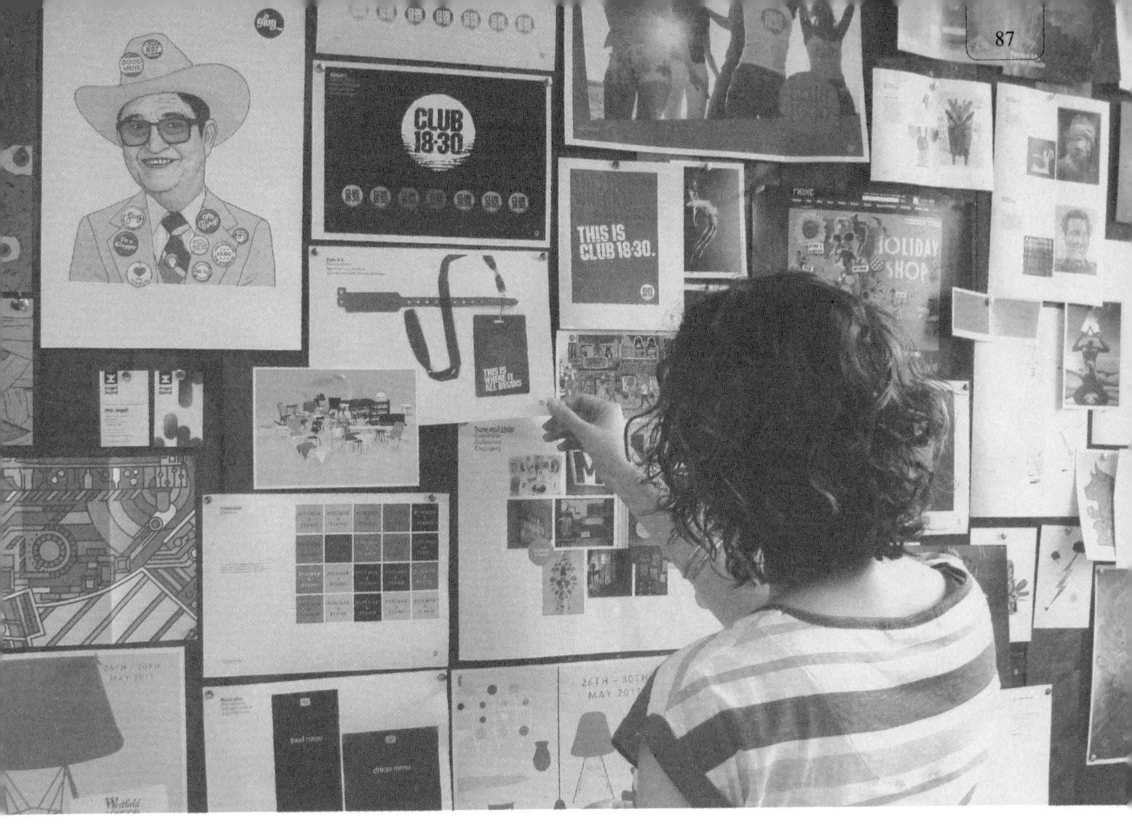

杰玛·贝灵格的 Output 工作室关于“设计中改变研究的面貌”的访谈

加文·安布罗斯（以下简称“加文”）： 你是如何看待传统的研究方法的？它的缺点是什么？焦点小组有多重要？

杰玛·贝灵格（以下简称“杰玛”）： 传统的方式，例如基于桌子上的研究，利益相关者的采访，研讨会和消费者的采访或焦点小组，这些可以允许你收集巨大量的量化数据。然而，人们可能会陷入过程中，其结果往往是你通过一个更加快速的工作样本就能取得。研究必须有用，它不仅仅是在创作项目的开端的一个进程而已。研究进程需要有非常清晰的结果——让你的团队沉浸到品牌中，理解观众，发现利益各方真正想要发起的活动。往往，我们缺乏足够的时间和预算，与一个足够广泛的样本对话，从而去得到一个精准的见解。

焦点小组能与利益相关方或消费者有价值地、面对面地交流，验证他们的想法并得到直接的反馈是绝对有用的。他们也可以对一个工作给出更好的个人情感上的回应，发现内部团队可能想不到的新想法。当你可能觉得你完全理解受众的时候，永远不要低估直接和他们对话的价值。当然，焦点小组也可能有一些负面的影响。小组的情况会被一个强势的角色所主导，所以一对一的采访，尽管非常花时间，但却会更有效。你还应该意识到如果有人知道他们正在被测试或分

析，他们可能不会给出一个自然的反应。

加文：研究倾向于关注目标市场而不是客户的能力与名誉。设计师是不是应该在关注市场之前先关注内部？

杰玛：先关注内部的确是非常重要的。你需要了解关于客户的所有东西：研究他们之前的工作，理解委托人的动机、人力资源、行为采访以及与利益相关方的会议内容。我们还需要理解在消费者生活中，品牌不断演进的空间。这就意味着你在与目标市场对话之前，将更好地理解了客户的潜力。客户想要走到哪里，与目标市场事实上对他们的理解常常有巨大的差异，一旦将此汇报给了客户，这个差异就很容易被揭露。

研究是任何我们从事项目的一个关键元素，它帮助我们真正融入一个品牌当中。所以我们能够帮助客户同他们的受众建立更有效的联系。技术与它在如何能培养创造力方面，对我们也是非常重要。我们经常想去制造新的、令人兴奋的作品，所以我们需要理解创新。我们鼓励我们的团队与客户的工作保持一定的距离，站得远一些，去看看他们的周围发生了什么，不论是阅读博客和杂志，出席讲话和展览，体验有趣的零售环境，还或甚至是为了我们自己的见解而研究。你需要为灵感去了解最广泛的资源从而创造出新鲜的作品。我们的创新团队每周都要举办“展示与倾诉”的例会，这是由创意指导主持的，来展示他们看到的激发他们灵感的东西。这一举动后来在我们的四个工作室之间得以分享，从而进一步传播灵感。

加文：你是如何安排研究项目的结构的？

杰玛：我们的研究大体上会从与主要的利益相关方的研讨会开始。它会真正有助于将每个人都调整到同一个频率。如果是一个产品战略板块，我们可能需要搞清楚这个品牌为什么存在和他们的不同点在哪里，我们因而能够写一个创新的陈述，作为我们工作的起点。在准备这些会议的时候，我们将做一个品牌分析来回顾他们在市场上的位置，谁是他们的受众，他们的单位零售价格是多少，他们正在做什么现有的品牌和活动以及他们的主要挑战是什么。

如果是一个全面形成的视觉摘要，创意团队将撰写一份应对报告和创意建议书，在情绪板设计的支撑下，将它们精炼成大概三条路线。我们尝试着从尽可能广泛的资源中使用灵感和案例。我们从事的不变的研究意味着当任何项目开始的时候，我们都有一个非常广泛的资料库的资源和灵感去利用。

如果接手一个更大的研究项目，我们可能会从事基于设计的研究，利益相关方的采访，更大的研讨会或关注小组，然后分析形成我们创意工作的突破点。

加文：你为什么主持社交活动？这些活动是如何对你的创新作出贡献的？

杰玛：我们的认识和咕噜社交活动在建立一个创意联系网络方面已经是一个杰出的方式了，它允许我们与周围那些最有创意的人发展人际关系。我们每个季度为客户举办一次活动，联系行业领先的演讲者，这给我们激发创意的灵感带来了巨大的好处，同时也从积极的角度向我们的客户展示了我们自己。我们从不同的产业，从尖端的技术品牌，了解设计代理公司和制造商的发展趋势。在活动即将结束的时候，我们经常能与在活动中见到的某人建立合作。他们也会和我们一起离开办公室，喝点什么共度愉快的时光，这对于保持愉快的工作环境是非常重要的。

这些海报是由 Output 工作室为 BBC 的管弦乐队音乐会“Exstatic”和“H7steria”设计的。音乐会探索了极度情绪化的状态——一个为设计工作室设置的挑战型的研究话题。海报采用的是将人的肢体片段重叠起来以创造出抽象的插画效果。现场提供的解码眼镜遮住了红颜色，去掉了文字，使图像完全展现出来，从而反映出音乐中想要表达的主题，这个主题包括了几段对于精神疾病和对现实失去感知的体验的探索。活动的图像引导观众提出问题：他们通过一个光学错觉的创意看到了什么，例如当我们盯住同心圆时它就会慢慢转动。

拉韦涅与西恩福格斯设计公司的纳乔·拉韦涅关于“区别与设计的价值”的访谈

加文·安布罗斯（以下简称“加文”）：我想问的问题是关于创新进程的。许多市场现在是饱和的，所以设计不得不在品牌发展创造新产品和发展已有产品上扮演一个更加重要的角色。德尔海兹（Delbaize Vinoz）老酒的项目就是一个很好的例子（对页与后页中将展示图片），在一个非常拥挤而饱和的市场中，你发现了一个带有新鲜处理手法的新角度。

纳乔·拉韦涅（Nacho Lavernia）（以下简称“纳乔”）：我们一直尝试去发现一个原始的关注点，然后用一个奇特的形式分解它。大多数的时候，我们这样做是成功的，但也有不成功的时候。区别在于当下最看重的设计的价值。设计当然也提供了其他的价值，但是区分品牌和产品的需求在近几年来，正如你所说的在这个已经饱和的市场中，已经变成了一个增长趋势。这越来越困难，因为今天一个人在与整个世界竞争，因此，你需要从大量的品牌和产品中让自己脱颖而出。在这个过程中正在开始产生一些令人眩晕的东西。

加文：你是如何将一个价值注入设计中的？价值是一个常常与设计相联系的词，但是精确地定义它是什么会非常诡异。设计能否提供简单的货币价值？或者说它是否为我们的生活，世界的变迁，提供一个更加全面的改善？

纳乔：任何一个项目都有三个价值：使用（它的效用），交换（它的价格）和意义。它的意义是什么？它影响我们自己和我们的环境的能力。有一些事物增强了我们的自身，或者是帮助他人看到了我们希望他们看到的我们。我们摆出的事物是我们的经济和文化状况的映射。我们认为汽车或衣服具有的意义非常高。但是设计可以在任何这些方面增加事物和它的拥有者的价值——功能提升，价格提升和情感提升。

加文：你的很多作品都与人性密切相关的，就像红酒项目，通过叙事的方式，或通过其他的感官例如触摸其形状。设计的互动部分是你尝试去培养的好奇吗？

纳乔：这难道不是设计师的工作吗？我认为有一件区分设计师的事情就是经常做一些与事物和使用者相关的工作。换句话说，艺术家和工程师是两种极端的设计行为。前者关注他们自己，借助他们的表现能力；后者关注事物，着眼它于的功能性上。而正是设计师将用户作为他们的首要关注对象。

加文：你的环境影响你的工作方式吗？

纳乔：我认为工作环境是场所、气氛、团队，这是决定性的。但是我认为它也是每个人工作方式的结果。这是一个个人与环境相互作用的影响。环境是被创造出来的，或至少你可以转变它。我的合作伙伴阿尔贝托·西恩福格斯（Albetto Cienfuegos）和我经常这样认为，我们已经试着用我们的需求和愿望充实我们自己。

拉韦涅和西恩福格斯设计公司为德尔海兹老酒做的设计，通过非专业化和从红酒瓶中提取出来的拟人化的软木塞，建立了一个人性化的连接。各种各样葡萄生长的区域被众所周知的标示描绘出来，例如通过帽子联系具体的葡萄产地。意大利的罗马百人队队长的头盔和一个法国警察的帽子表示了意大利和法国出产的葡萄酒。而且其中还有明确的人物特征描述的用途，比如阿根廷足球运动员迭戈·马拉多纳（Diego Maradona）的想象。

区别在当下是设计最看重的价值……区分品牌和产品的需求在近几年来，在这个已经饱和的市

场中，已经变成了一个增长趋势……这个动态的过程中开始产生一些令人眩晕的东西。

严苛的任务书涌现创新思维

很多创作者都声明他们的客户提供给他们的制约条件，是帮助他们开启创新思维从而产生出富于想象力的结果的必要元素之一。这个可能听上去违反直觉，因为大多数人将创新的思考当作是关乎自由的过程。然而，看上去相反的情况实际经常发生。ImprovEdge的创始人和首席执行官卡伦·霍夫（Karen Hough），相信在创作中，边界是十分必要的，因为她觉得创新是一个进程，它要靠制约的驱动来限制资源和时间。“当它没有边界的时候，可能性看起来太大。这就是为什么一些伟大的艺术和创新都要来自于制约的情况。”她说[1]。制约要求人们更加灵活，而灵活有助于创新。

制约在刺激创新方面的价值体现在安娜·菲达尔戈（Anna Fidalgo）的作品中，这件作品是为坐落在伦敦北部的Zabludowicz艺术收藏品家乡的洛克比画廊的迈克尔·塞缪尔（Michael Samuels）的167个限量版雕塑创作的项目。塞缪尔使用了标准DIY工具和重新流行的现代的材料，例如霓虹灯有机玻璃和丽光板等大批量生产家具的部分零件。在这个作品中，塞缪尔做的雕塑使得他们可以被物品的拥有者组装起来或是被视作一些部件的集合。他唯一不确定的是它们如何展出。

设计摘要因为有限的预算和只制作了30个盒子这一事实而变得具有挑战性。摘要和预算的限制使得菲达尔戈为包装和展示想出了一个简单而又有双重目的的解决办法。因为雕塑是一件艺术品，它可能永远离不开盒子。在多种选择的探索之后，菲达尔戈发现了用褐色牛皮纸板制作的金丝盒子，它们非常结实，生产起来又很便宜。这些盒子上面有一个窗，用一个透明的塑料板封住，使得雕塑部件可以被看到，即使这个盒子永远不会被打开。这些盒子是平的，他们可以在被装配完成之前与设计一同进行丝网印刷。

这个设计是简单、概略的，它与在棚库里和车库墙上展示的东西具有同样的美感。在那里具体的空间被用来划分为具体的工具。为了重复这个，卡纸插入到冲切洞中加工，接着雕塑的部分用了塞缪尔的作品的DIY审美的装置，同时也使作品在合适的位置扎带。

项目的最后部分是与拥有者交流这些雕塑如何安装，所以技术绘图和安装说明被创作出来，并用黑色和荧光粉色打印。当将其折叠放入盒子中时，它们也成了这个装置的标题。

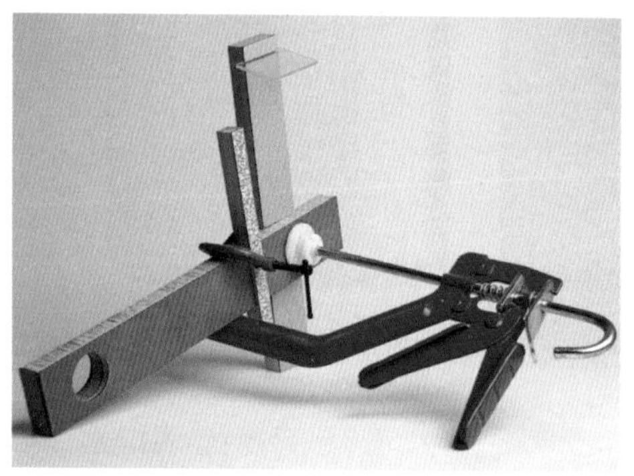

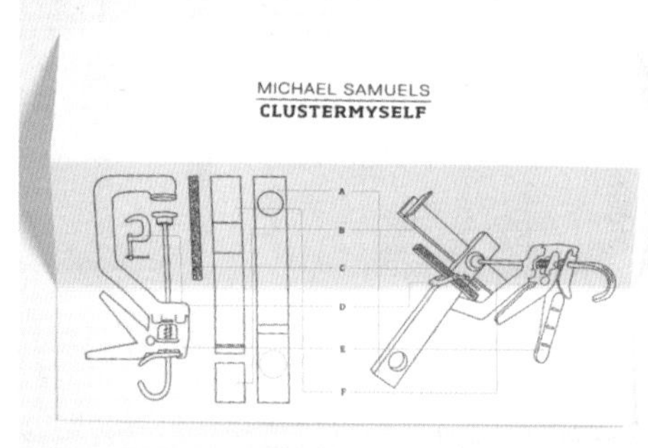

[1] <http://mashable.com/2011/03/02/creative-constraint-business/>

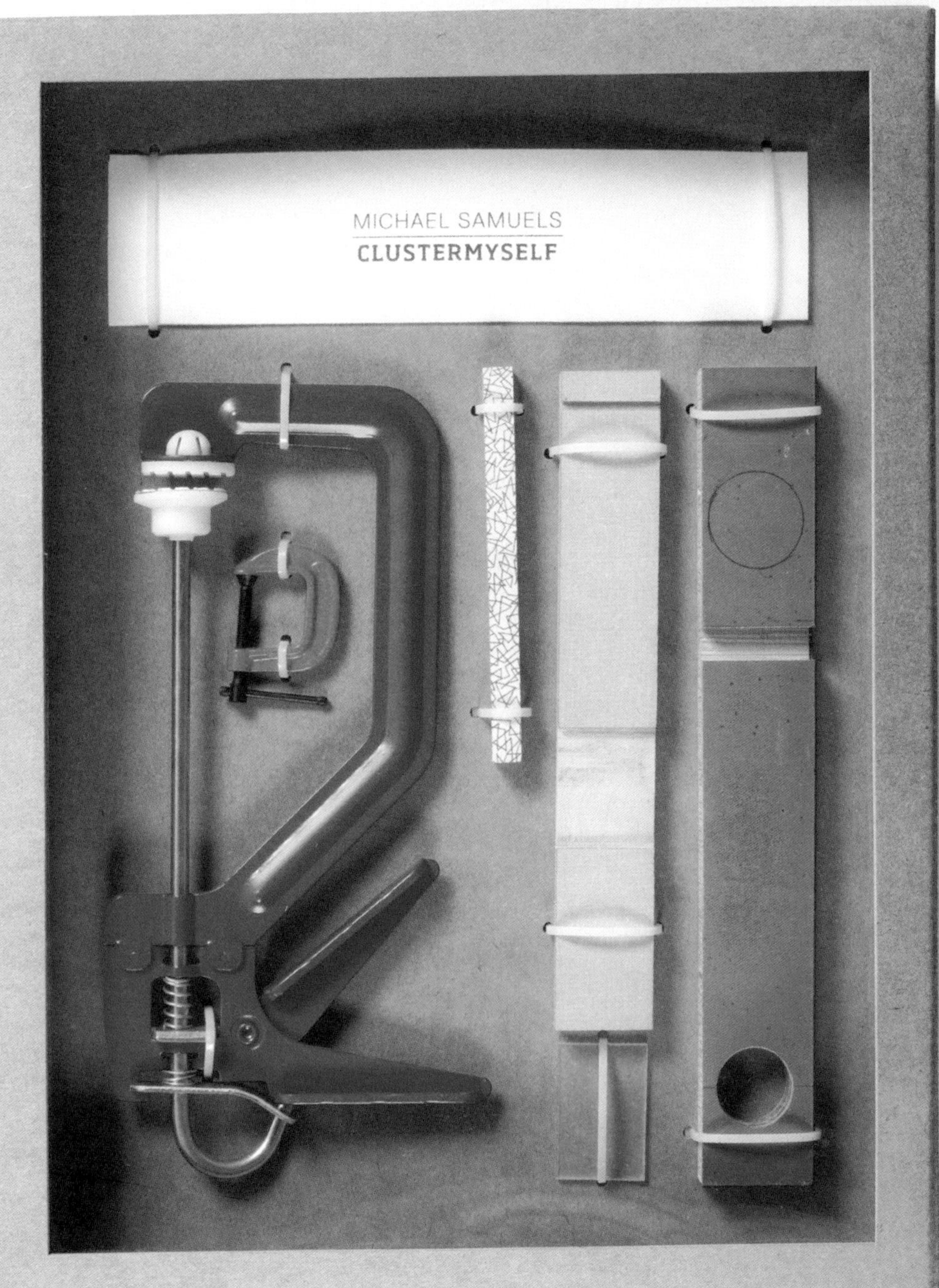
MICHAEL SAMUELS
CLUSTERMYSELF

法比奥·翁加拉托关于“设计工业与客户的要求正在如何变化”的访谈

保罗·哈里斯（以下简称“保罗”）：你是如何看待设计环境的改变的？是我们所定义的“设计”正在改变吗？

法比奥·翁加拉托（以下简称“法比奥”）：在许多方面，设计根本没有改变。它应该是这样的过程：创造性地解决问题；用高度概括的理解方式整理世界、经验或差别。对我们来说，设计一直是这个样子。我们相信设计是一个与媒介无关的文化联结与文化参与，也是一个情感与理智的对话。我们看待我们的设计师具有多重角色：设计师、编辑/管理者、艺术指导、建筑师和手工艺人。这个方式起源于一个设计师必须融入并熟悉文化和文化生产的所有方面，而不仅仅是平面设计。

保罗：客户的要求是如何改变的？在哪种程度上说，他们要求的不仅仅是一个吸引人的品牌或图像？

法比奥：在一个产品和服务都越来越趋同的饱和的世界，客户、受众和消费者正在要求新的体验、新的方式，使他们将品牌与商业通过非传统的方式与他们自身联系起来。他们正在寻找文化融入的体验，这些体验在每一个层面都能够被很好地设想出来；因此图像和商标只是整个构筑中的一个元件。

保罗：设计工作室现在常常是跨不同媒体和平台去工作。从什么程度上说设计现在是一个跨领域的活动？

法比奥：作为设计师，我们现在被要求对一个同样的设计问题在不同的方式上给出回应。为了处理审美疲劳和市场饱和，受众正在要求我们通过跨越一系列融汇点传递设想的多种体验，来利用更广泛和跨领域的技能和创新。我们工作室的设计团队非常多样化——建筑师、艺术指导、平面设计师和多媒体——我们在工作方式上变得越来越合作和广泛。

保罗：为了吸引和留住客户，一个设计工作室现在需要提供什么样的技能？

法比奥：他们需要一种跨越一系列多样化的兴趣；文化的融入；创新和有解决问题的办法，没有风格，有动力；对几乎所有学科及专业的好奇心。

保罗：有一些设计工作室正在变成他们客户的决策进程的一部分，参与到策略规划而不仅仅是在进程的最后给出问题的解决方案。你是如何看待设计师的这一角色改变和进化的？

法比奥：明确工作任务与问题，是任务完成的一半。合作就是定义一个策略和意愿的构架，这当然有助于我们去开拓平台和方法，从而让我们有能力去意识到一个清晰的不同点。更多的时候，我们发现我们自己在挑战目标和任务书；所以这个参与的进程允许我们定义关于事物的问题和策略。这能让我们帮助我们的客户引导到他们各自的领域并变得有影响力。

保罗：作为当今的设计师，什么是创新的主要挑战？

设计的根本没有改变。它应该是这样的过程：创造性地解决问题；用高度概括的理解方式整理世界、经验或差别。

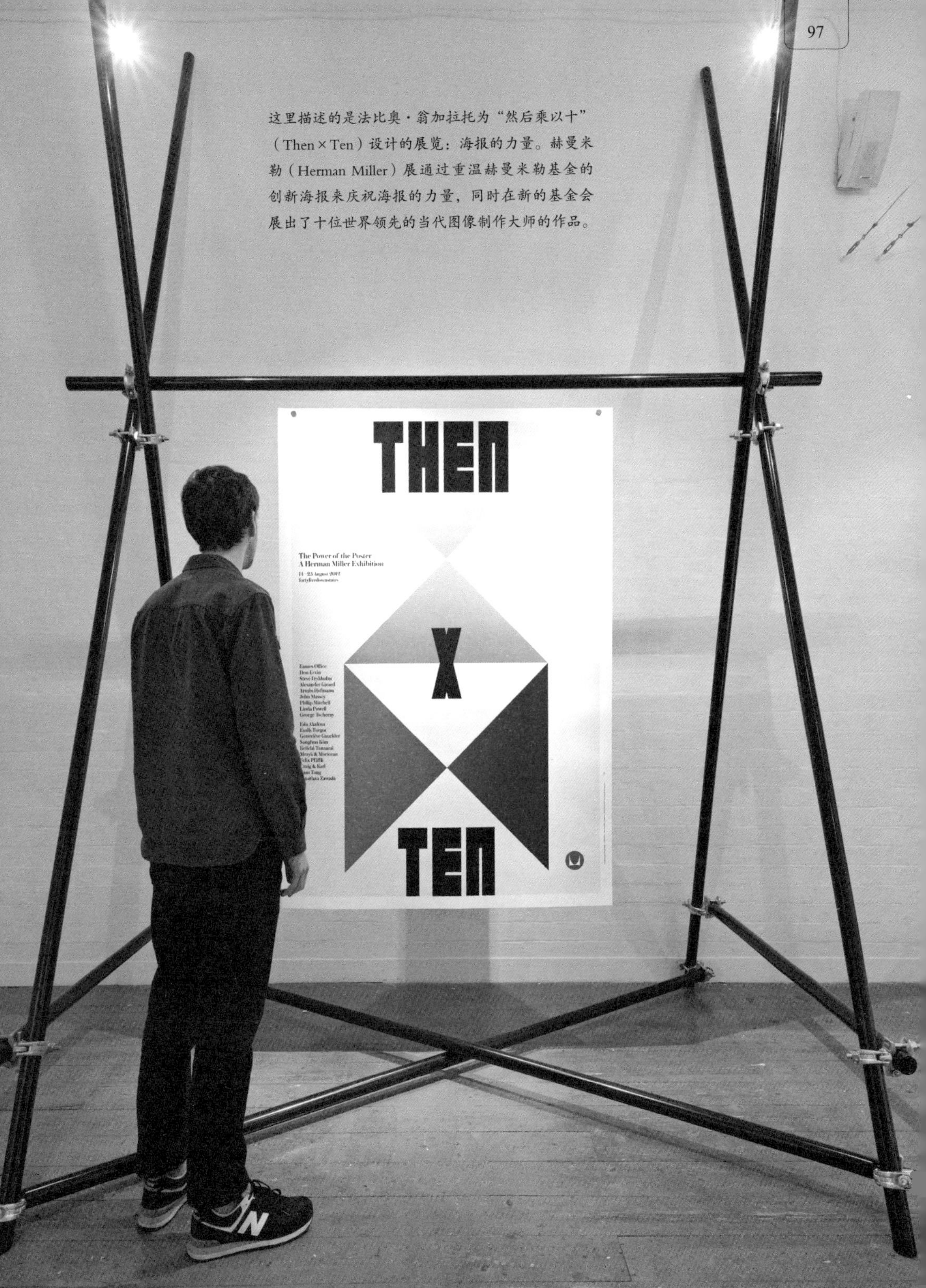

这里描述的是法比奥·翁加拉托为“然后乘以十”（Then × Ten）设计的展览：海报的力量。赫曼米勒（Herman Miller）展通过重温赫曼米勒基金的创新海报来庆祝海报的力量，同时在新的基金会展出了十位世界领先的当代图像制作大师的作品。

法比奥：创作好的设计依赖于直觉和智慧，对新的想法和旧的想法的探索和重新评估，并且声明一个真正的承诺去发展而不是对老生常谈的重复描述。你需要做好准备，走出你能看到或能接触到的范围之外。设计的语言是实验性的时候，就是最好的语言。我认为设计师有多重角色。这个方法起源于我的一个信仰，那就是一个设计师必须融入和熟悉文化以及文化生产涉及的所有方面。每个人都有他们的优势，在这其中他们更加舒适或更有见识，但是首先，这是对一个特定的手段和方法边界之外的批判性的思考。最后，你必须拥有驱动交流的想法和艺术指导。好的想法胜过任何媒介。

尽管我认为从印刷到数字通信的大规模的转变或多或少有一些夸大其词，但我相信正是这些改变了的工具和理应受到高度关注的交流方式导致了转变。平面设计在形式主义的意义上是在一个令人兴奋的变化状态中。我们的整个交流平台正在如此戏剧化地变化着，带着这样的变化，新的想法和机会随之涌现出来。

我一直保持着用小心谨慎的态度对待这个转变，那就是交流的质量向数量的转变。这是一些在我看来被大量的博客和自出版文字的驱动下的东西。大声说话，却什么也没有说。

法比奥·翁加拉托设计工作室为澳大利亚手艺最好的面包师基里科（Chirico）设计的识别图像。这项设计将悠久传统与工艺并列在一起进行表达。

客户、消费者和受众都是一样的。他们都要求新的体验，品牌应该被视为文化而不仅仅是一个图像、一个商标或一个商店。一个品牌在所有层面设想的整体的体验，从数码界面、活动、合作、包装、商店、视觉商品……好的客户会更有远见卓识，我们正在发展意味着在设计进程中更多地让他们参与进来，一种将他们的展望带入到生活中的方式。

技术正在改变我们相互交流的方式，也在改变着我们与我们居住的世界的交流方式，而设计的本质是一直不会改变的。没有人能够读到未来，但是作为设计师，我们将需要重新构想和创造那些从未创造的东西；更好地理解我们居住的世界，我们工作的市场和部门，还有我们如何更好地做到用户体验。

BAKER D. CHIRICO
78

BAKER D. CHIRICO

与博·巴斯蒂安斯的对话

你是如何看待设计角色的改变的?

在传统的插画背景下，我一直非常享受小尺度的项目工作。如同设计师，计算机从技术的角度改变了我的工作方式和在多样性方面可能性的范围。当我的活动从简单图像的设计发展到了在多种不同的媒体中的设计概念，好奇心让我对包装、空间设计、动画片和其他设计学科产生了兴趣。

在20世纪80和90年代，荷兰的平面设计因其与众不同的影响而被得到公认。它要求对于它的创建者的特征给予强烈的关注。我没有为这一趋势做太多事情，我的工作方式可以用图像驱动，根据直觉来更加清晰地表达。

在20世纪90年代中期，我有一个机会去为一个冰激凌连锁店和巧克力店发展其概念，从商标到包装再到室内蓝图的设计。在只有名称和一块空白的帆布上，我通过脱离了以往的陈词滥调的图像、类型和包装，开始建立一个视觉的语言。在为这个项目工作的时候，我甚至还不知道什么是“品牌”，因为这种具体类型的设计过去常常是代理商的独有领地，对设计和市场它有独立的部门。

在一个拥挤的市场环境中脱颖而出，设计到底有多重要?

牛仔裤市场理所当然是一个拥挤的市场。牛仔布是一个极度受欢迎的产品，因为所有极度受欢迎的产品，他们在具体和细节中相互既相似又有不同。久而久之，我被授权为这个具体的衣服品牌设计商标，范围从小尺度的品牌标记到设计牛仔裤，再到已建立的牛仔裤品牌。在某种程度上，这是在浪费时间做别人已做好的事。因为我非常享受在一个广泛的多样风格中工作，这很难，但也不是不可能。

首先，你需要关注一个项目带来什么、没有带来什么。如我曾经工作过的小的高档牛仔品牌之一，品牌预算非常紧张。我发现了发展一套创意的关键，将低技术和便宜的材料包装设计与品牌的特征捆绑在一起。优质的品牌得到了关注，并获得了品牌实力和包装设计的双重奖励。

瑞典的Denim Demon最近的一个新项目重新命名自己的品牌，它来自一个非常有热情的驱动力。萨米人是土生土长的斯堪的纳维亚人，他们居住在游牧民族社区。他们说自己的语言，放牧驯鹿和使用可以追溯到两千年以前的手工工艺，是他们的传统工作。

奥斯卡·索玛隆德（Oskar Sommarlund）和安东·奥尔森（Anton Olsson）兄弟成长在斯德哥尔摩。通过他们的父亲凯拉克（kjellake）——一个有着萨米（Sami）背景的人，他们与他们曾经离开的环境、萨米文化遗址以及他们居住在北部这个 20 英尺的品牌货物展示是由博·巴斯蒂安斯（Boy Bastiaens）为瑞典的 DENI DEMON 牛仔裤品牌设计的。它用四块胶合板拼插在一起，反映了萨米本土文化的元素的特征，例如萨米的纹路和文字 mijjenaerpesteiedtjemaadtjeme(带着来自我们的遗产的灵感)。

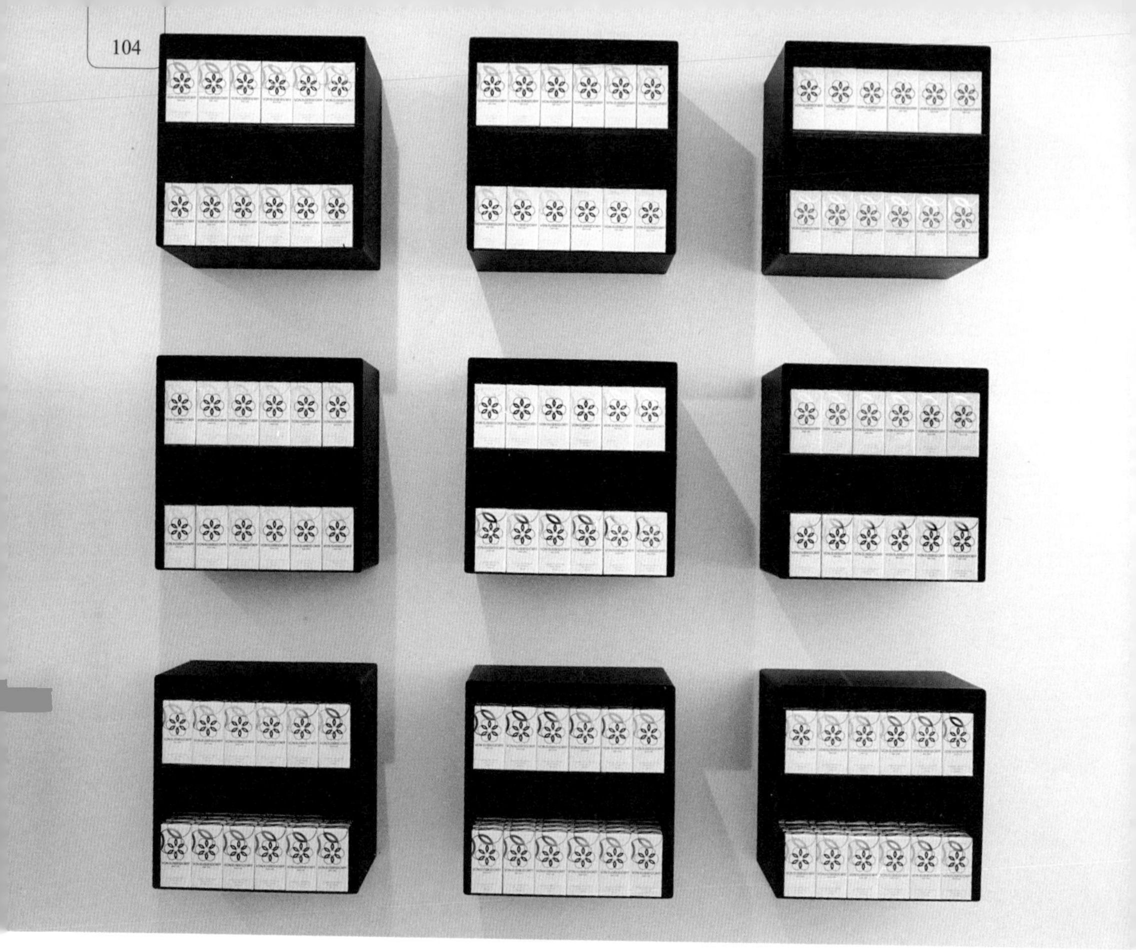

的亲人取得了联系。他们想要创造出自己的牛仔裤的梦想，来源于对自己根基的怀念的纠结和对他们家族过往的理解。

这个设计的方法结合了来自手写的萨米文化遗产（萨米语言、传统的图案，驯鹿的象征），这一灵感来源于早些年的美国广告。就像华丽的刻字和广告的吉祥物。DENIM DEMON的商标特点是一个想象与风趣的个人化的建立，用一种原初的方式推广“驯鹿人”的牛仔裤品牌。商标的特质来自于“乐观的时代”，它以它们唤起情感回馈的能力，深深地刻在我们的记忆中，而得以众所周知。兄弟俩将他们从斯德哥尔摩到“面包和黄油柏林销售展”记载为一个奇妙的旅程，这个旅程被他们发布在脸谱（网）和 Instagram上，引发了人们极大的兴趣。看到这些自然而然的事情的发生，真是棒极了。

利基芬芳公司的范·埃乌瑟斯多夫（Von Eusersdorff）也走回了草根，因为以它的商标发起人的祖先的名字得到了关注，一个有着良好技能的德国移民家庭，他们做药剂师将近三个世纪。正如最近我们才得知的，油、香草、辣椒和花瓣的手工艺的世界是香水工业的摇篮。

图片中是由博·巴斯蒂安斯为范·埃乌瑟斯多夫香水设计的品牌包装。他用一个几何形的花的标志将芳香带回了传统的装饰，唤起了 19 世纪末的植物设计。

形象思维

“一张图片的信息量相当于1000个词”，这是众所周知的陈词滥调。确实，图像对于交流来说起着至关重要的作用。这一章讨论如何操作和利用图像的优势来获得创新。

加文·安布罗斯（以下简称“加文”）：除了研究之外，你是否也花时间在每一个项目上，还是说看时间而定？

阿普丽尔·格雷曼（April Greiman）（以下简称“阿普丽尔”）：没有个人时间的投入，会产生真正伟大的艺术或设计吗？“个人投入”常常与一个想法、一件艺术作品或一个狭窄的审美表达的雷同与重复相混淆，这种“个人投入”当然不是我所要描述的。

我所指的是一种“审美”。对我来说，审美不仅仅是一个东西的样子或我的喜好，而是一整套价值体系。在一个项目中，为了表达想法，我会采取多种方式的研究、概念和探索。很明显，我没有特别喜欢的颜色、字体或排版。我喜欢设计的过程，有时候甚至多于产品本身，正是设计的过程和对设计的探索每天早晨唤我起床，重要的不是结果或静态的表达形式。

加文：当你接手一个项目的时候，你常常会研究色彩和符号学，这些研究是如何影响你在图像上的追求和创作方式的？

阿普丽尔：在做项目或设计艺术品的时候，我会尽可能地持续研究和调查。“项目”（艺术或设计）是过程的表现和最终表达，也是思考或观察的方式。所以，经历了超过25年的繁重研究，我不需要在每一个项目中都从事同样紧张的进程了，但是我最重要的和不断发展的知识，在我所有作品的下意识的选择和色彩的使用中都是完全存在的。

加文：你谈论的是经验的价值如何帮助你创作的问题。也许你可以描述一些具体的方式，它们是如何帮助你调剂创作进程的。是否可以这样理解，因为已有了成熟的研究，你的设计可以因此而做得更快？

阿普丽尔：我不想跟你说得太玄乎，这是现实的状态，而非~~正在做~~的事情。当我设计项目的时候，我不需要考虑太多的东西，因为它们已经是我的一部分了，或者说他们完全就是我了。在你的工作中，你研究得越多，你就越有能力让项目引导你，使你处在一种漂浮的状态，因此一个设计进程中的上百万个问题变成了“在做”或“在想”的元素构成的集合。我看着年轻人在挣扎，但是我提醒自己要有耐心。没有经历过寻找再寻找的过程，是看不到创作的方法的。从我的经验来看，这种寻找的过程与好的想法相结合，会产生伟大的产品。没有绕行，只能穿越！

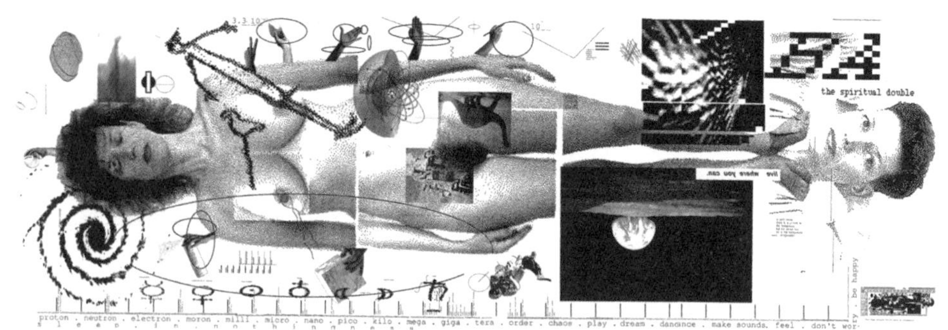

思考我们思考的……享受游泳或漂浮！

对阿普丽尔·格雷曼的采访

加文：你说过人们需要“思考我们思考什么”。这是如何得到体现的？

阿普丽尔：这句话不是说思考我思考什么，这是一句谚语，一个建议，是让我们都“思考我们思考什么。”具体到对于设计师，意思就是做研究，尝试一个想法的不同表达方式，然后代表客户的利益，更多地思考你正在思考的是什么。或在艺术上，思考一个观众将看到什么，之后会想到什么。这对我来说，暗示着利用直觉，这个将大脑与心灵合并的智慧的最高形式，作更深入的研究，享受游泳或漂浮的乐趣！

意识到你的意识，考虑你的概念，观察你的思考进程。你需要在这个进程中有一个对于“你”的认识。当我在概念的产生和作品的制作旅途中，我也尝试去清空我的头脑，不让愚蠢拖累以浪费我大脑的能量。我是一个冥想者，虽然我不会坐在那里几个小时，但当我潜心于项目的时候，我会意识到我的认知和关注。如果我在工作的时候不能保持清醒或冷静，我会停下来，等到自己重新回到清醒和冷静的状态了，再继续工作。作为一个头脑清醒者，我也是自然的粉丝。为什么我在沙漠里拥有一片绿洲绝非偶然。我从纽约搬走，因为我发现贴近自然的环境对我更好。

加文：在平面和图像装置中，你认为什么是强大的印刷样式？

阿普丽尔：~~这不仅仅是关于印刷样式~~——字体和外观，而是文字。钻研用更加有意义的方式使用文字的可能性，强调内容、根源、像考虑图像一样推敲文字。文字可以有效地、有时候甚至是敏锐地达到交流的效果，但它有太多没被挖掘的潜质。事物即是信息。信息也是事物。有效的内容中，这两者能分开么？意义就是存在，存在就是意义。

加文：是不是学生和年轻设计师读书太少了？

阿普丽尔：我喜欢阅读。年轻人不仅不阅读，他们甚至不会拼写，没有很大的词汇量，太依赖于“图像”。所以，目前关于“像图像一样的文字”的想法，就是为什么对口头和视觉的语言理解都很挑剔，于是在学校，我们越来越强调写作、研究、做记录和表达的重要性。我做这些全都是为了语言与交流的发展和改变，但是我也感觉到，理解文字的“根源”，并用尽可能多的方式使用它们，将它们整合到设计的视觉表达中是非常重要的。

~~结束~~

THE OBJECT IS THE MESSAGE. THE MESSAGE IS THE OBJECT. CAN ONE SEPARATE THIS, IF IT'S SUCCESSFUL? THE MEANING IS THE BEING, BEING THE MEANING.

事物即是信息。信息也是事物。有效的内容中，这两者能分开么？意义就是存在，存在就是意义。

记录

自从19世纪中叶，“有光的绘画”或摄影已经成为一种记录现实影像的手段。摄影像绘画一样，是一门艺术。构图，即将一个图像放在一个框架中，是至关重要的，因为它对事物给予了戏剧化与分量；领域的深度决定了聚焦（或不聚焦）的内容，曝光决定了所要记录的场景需要有多少光线。摄影师创造性地利用这些元素去捕捉不同情感基调的图像。

传统的摄影不会捕捉声音或情绪，现在一些智能手机则可以提供这样的功能。摄影的力量是它能够捕捉生活的持续的衰退和流动，这是其他的媒介所没有的。它展示给观众一个简单的、凝固的生活瞬间，带着它所有的痛苦、辉煌和人性。摄影师对于人们和人们的生活充满了好奇心，用不同方式创作图像，记录细节，也常常以不熟悉的方式向观众展示熟悉的世界。

摄影的历史

1839年，约翰·赫歇尔爵士（Sir John Herschel）被认为是第一个使用了“摄影”一词的人，该词起源于希腊语中意为“光”的“pho”（图像）或“photo（图像）”，以及意为“绘画或书写”的“graphe（图）”。摄影的发展来源于人们想要寻找一种可以固定、保存或记录影像的方式。于是暗箱被发明了，这是一个将周围的图像投影到一个屏幕上的光学设备。许多人通过创造一个可以固定的光学敏感材料，独立地创造解决这个问题的方法。法国的发明家尼埃普斯（Niepce）被认为在1826年或1827年，利用了附着沥青涂层的抛光铅锡锑合金碟，创造了最古老的保留永久相片的技术。随后尼埃普斯与路易斯·达盖尔（Louis Daguerre）一同改进了这个进程，但是直到尼埃普斯去世，达盖尔才开始对银有所偏爱。达盖尔用碘蒸气与银发生化学反应，形成了碘化银涂层，将其熏到一个覆盖银表面的器皿。达盖尔最终发现，短暂的曝光记录的模糊图像，可以通过水银蒸汽而完全可视化，这个图像可以被稳定或固定下来。最终，他于1839年向法国科学学院宣布了他的银版照相技术。

图像来自于1826年尼埃普斯在Le Gras拍摄的画面。这是利用暗箱拍摄的最早的一张自然景象的固定照片。

威廉·亨利·福克斯·塔尔伯特（William Hen Fox Talbot）于1835年成功创造了能够固定在纸上的照相底片，并于1839年通过创造一个有效的可以用来溶解银盐的定影剂,改进了之前的发明。塔尔伯特于1841年致力于一个叫做“光力照相法”的备选过程，该过程基于潜影的化学发展，意在减少曝光的时间。而后，乔治·伊斯门将塔尔伯特的方法重新定义，并于1884年发明了照相软片，这一技术被化学胶片相机使用，它为后来120年的摄影行业作出了巨大的贡献，直到1969年电荷耦合器件的发展，并在21世纪得以广泛应用，才替代了它的地位。

西欧登陆日那天，军队在奥马哈海边登陆。罗伯特·卡帕（Robert Capa）拍摄于1944年6月6日。

"拍摄一张照片就是参与了另一个人的死亡、脆弱与易变。恰恰是因为抓取了这一瞬间，将其凝固，所有的照片都品尝到了时间的无情的味道。"

苏珊·桑塔格❶

报告文学

报告文学是新闻工作或新闻摄影工作的一种形式，记者或摄影师是一个对于事件描述的目击者。在摄影中，这是关于捕捉揭露事件的图像，它暗示着摄影师必须出现在活动的最前线。从战地摄影师罗伯特·卡帕（Robert Capa），到枪声俱乐部报道了南非发生于1990年到1994年的镇区暴力事件的四个摄影记者，一直到今天，报告文学摄影具有非常深远的历史。卡帕曾经说过："如果你的图片不够好，那是因为你还没有足够靠近真实，"他用这句话来鞭策摄影师们更加接近他们要报道的事件，从而变得更有参与感，与事实更加亲密。

❶ 苏珊·桑塔格（Susan Sontag）（1933—2004）是英国的一位作家、政治活动家。她是一位国际文化和知识名人。她撰写了大量关于摄影、文化、媒体以及人权和政治方面的文章。她最著名的一些作品包括《论摄影》、《反对阐释》以及《我们现在的生活方式》。

亚历山大·辛格关于“摄影的未来”的访谈

在澳大利亚的时候，亚历山大·辛格（Alexander Singh）作为一个音乐、肖像和时尚摄影师，他建立了自己始终如一的黑白报告文学风格。他搬到纽约城之后，他的工作在摄影、雕塑、电影和声音等各个方面都得到了发展，他相信摄影的未来具有无限的延展性，可以超越一切媒体。

加文·安布罗斯（以下简称“加文”）：在过去的二十年中，一个事实得以被重申，那就是摄影是一个通过技术推进的媒介。摄影会走向何方？

亚历山大·辛格（以下简称“亚历山大”）：它会走到每一个角落。我们被带向一个模糊的地带，在那里，任何种类的障碍与阐释最终都会渐渐的不合时宜。取而代之的，阐释将仅仅适用于一个持续变化中的暂时状态。这就如同液体仅仅在被冷冻或加热至蒸发点之前，才是液体。

当摄影、视频和声频这样的创新型媒介分享同一种基础，即数码数据的时候，它们从本质上说开始趋同，或者说成了一种东西。

通过无处不在的可以摄影的手机，受欢迎的社交媒体，例如Instagram、Vine和Snapchat，以及即时和无成本的传输，我们也开始视摄影为一个新的交流形式。人类一直都更加容易接受那些更有效的交流方式，像我们之前提到的那样，我们看到的其实是对这种形式的同类重复。

在这个新的世界，一副摄影作品可以是即时的，而且还是运动的。它可以既是摄影，又是摄像。它还可以是媒体，也可以是字面的信息。

这张图片与以下的图片来自零纬度（Latitude Zero）的作品，它是一个进行中的荒谬主义者的旅行指南，它强调旅途重于目的地。

"相机让每个人成为他人现实生活中的游客，同时事实上也是自己生活中的游客。"

苏珊·桑塔格

平凡通过社交媒体大量繁殖，这就是伟大的意义。伟大不再有人去捕捉，而又被每个人从每一个可能的角度关注。这就是平凡。

加文：不断繁殖的出版工具和服务是如何影响摄影师的？

亚历山大：像Printed Matter、纽约和洛杉矶“书展活动”这样的组织，是包括照片书籍的艺术家出版物的有益的方式。我想象，翻译到海外的书籍、增长的客户和在印刷制品方面更广泛的文化兴趣也同样有益。

在印刷方面的生产成本已经持续走低，而与之相伴的是打印技术和数码平版印刷需求的增长。其自然的结果则是所有种类的自我制作的印刷品的显著增长。当经济成本降低之后，传统的保护出版的障碍与不合格的作品激增的情况都会越来越少，但是我觉得这才是最终的净收益。

加文：肖像、静物、报告文学和景观摄影的传统风格正在发生着怎样的改变？

亚历山大：就像我提到的，作为媒体的摄影正在让位，所以“摄影”风格的定义过去是从绘画中引申出来的。

克里斯多弗·施洛克（Christopher Schreck）在《静物新潮流》（The Still Life New Wave）中写了一篇论文探索像大卫·布兰登·葛雷婷（David Brandon Greeting）、卡森·菲斯克-维托（Carson Fisk-Vittori）和格兰特·科耐特（Grant Cornett）这样的摄影师们，是他们给厌倦的题材带来了新鲜的生命。

阿斯格尔·卡尔森（Asger Carlsen）将人的形式通过一大群匿名者改造为数码形式。山姆·福斯（Sam Falls）正在探索许多不同的交叉点；摄影与雕塑、摄影与绘画，通过自然（太阳，水）和人（世间）的交叉点创造非传统的黑影照片。

探索是空前广泛和深入的。所有的关于摄影的题材正在被完全重新定义，同时通过许多不同的工具（包括数码的和模拟的）进行探索。

如果我强迫自己不相干地练习画一些平行线从而安抚你的读者的话，我不得不说，相机的参与在减少，有时候甚至完全和相机无关。

加文：摄影师有意寻找用不熟悉的方式表达熟悉的东西还是让其自然发生？

亚历山大：我完全没有线索，但是我愿意分享一些想法。我觉得它都归结于摄影师和他们的个性。我猜想许多摄影记者都有一个误区，那就是他们认为他们可以当任务来临的时候或多或少地捕捉到世界的真相。如果是这样，他们将尽可能自然地努力捕捉。我对此持批判的观点，因为我认为摄影记者已经太古老了。

另一方面，不太关心传统和规范的摄影师是否对探索未知更有兴趣，我想对于已经被忽视或根本就没有被发现的“熟悉”有很多的方面的解读。

加文：在我们这个支离破碎的世界，每个人都在用相机，通过社交媒体可以发送照片，这会影响我们记录世界的方式吗？

亚历山大：平凡通过社交媒体大量繁殖，这就是伟大的意义。

伟大不再有人去捕捉，而又被每个人从每一个可能的角度关注。这就是平凡。

最终，我们同时能够看到在整个世界中我们的朋友和偶像身边发生着什么，尽管我们之间存在着实际的隔阂，但我们对这种隔阂视而不见。

激动人心的时代正朝着我们走来，正在朝着良性的目标发展，正在自我进化。

这一页，物理超越的研究，是一系列自画像之一，来尝试表达身体的辨识之外的人类形式。

草图本

创新思维往往要求我们分享对于一个整体概念表达的抽象思考。例如，为一辆汽车、一件服装或者一座建筑绘制一个想法，或绘制一个粗糙的示意图展示以一个流程，这种方法可以最终造就更精准的作品。创新型思考者常常通过摄影、手绘或笔记记录下他们每天生活中的所见所闻，记录下那些给予他们灵感的东西，以备不时之需。

一直以来艺术家都喜欢怀揣一个速写本，目的就是记录他们的想法。莱昂纳多·达·芬奇（Leonardo da Vinci）（1452-1519）通过他对美术和科学的研究，绘制了多于13000页的手绘图纸，帕布罗·毕加索（Pablo Picasso）（1881-1973）同样也有丰富的作品。法国的画家埃德加·德加（Edgar Degas）（1834-1917）因他关于舞蹈的绘画而众所周知，他经常花费很多时间在舞蹈室描绘舞者们的身姿，从而捕捉他们动作的精髓。数码技术和网络使许多艺术家和思想者的草图本（和日记），现在都可以在线欣赏。

草图本是为了收集想法、图像和参考资料，以及用任何一种能够帮你实现这些想法的方式去表达。这种将你的想法外化的方式可以刺激创新，并组织你的思考，这会促进可行性想法的孕育和发展。装一本速写本在身边，能够将你置身于你思考的中心，帮助你对事情保持关注，并与你有兴趣的事物建立联系。

传统的草图本用来绘画，而如今草图本已经进化成了人们利用多种多样的媒介，记录激发他们灵感和想法的本子，例如绘画、写笔记、从杂志上摘抄和拼贴、织物、照片、包装等等。人们慢慢地用电子的方式去记录想法，例如通过类似Tumblr的网页，它允许用户将多媒体和其他内容，上传到一个博客或智能手机和平板电脑的应用程序，然后允许用户在虚拟的布告板上，张贴电子照片、声音和视频剪辑、甚至是笔记。

摘自布赖恩·韦伯（Brian Webb）众多草图本中的一页。

布赖恩·韦伯关于“发现想法”的谈话

加文·安布罗斯（以下简称“加文”）：想法常常就是注意到了别人还没有注意到的东西，这是你有意追求的境界吗？

布赖恩·韦伯（Brian Webb）（以下简称“布赖恩”）：如何观察要求我们有一颗好奇心，并为看上去没有关系的东西建立联系。工作永远都不是线性的。如果你幸运的话，一加一等于五。如果它是线性的，你就已经知道答案了，但是它不是线性的，它是无法预期的，这也是让我感兴趣的地方。我发现坐在桌子前去解决一个问题是非常困难的。我必须出去走一走，收集一些信息，做一些调查研究，此时，问题就已经开始解冻了。走在回家路上的时候，常常有那么一个时间点，让你把你已经看了一整天并掉进到深渊的东西，建立了联系。这是一种工作方式，但你不能简单的包装和销售。你需要为这些想法观察、收集并允许时间的积累。

加文：你曾说过，有时候你有一些想法，但是却没有客户需要它，于是你必须把它们封存起来。这是否暗示着想法一直在那里，等待着被发现？

布赖恩：这是一个关于发现的故事。举一个例子，我们曾经做的一个燕子坐在电线杆上的片段。它听上去简直是疯了，但是我一直对此非常着迷，燕子随机排列的机理就像是乐谱。我后来给它们拍了些照片，将它们保存了起来，但却一直没有合适的项目能够利用到这个素材。几年以后，我们为英国电信做了一个作品，是关于毕业生招聘的，我们做的整个作品都是围绕着鸟儿坐在电线上。这一想法通过对简单的类似的概念的使用，发展出了一系列的文本和媒体。其中电线代表了交流，燕子代表了应聘者。

加文：听上去好像想法的存在与我们设计师无关，我们只不过是去发现他们。

布赖恩：的确是这样的。就是要去发现。我大学时学过的最好的东西是，我们被老师强迫着使用草图本当场进行绘画，这是我当时特别不喜欢做的事情。所以一到学期结束，我就开始焦虑，为了通过课程，我用垃圾填满了整个本子，而那些垃圾却没有任何价值，我也不理解我们为什么需要草图本。我在自己手头的东西上也画了很多草图，记录了很多笔记，比如在公交车票的背面，只是学期末没有必要上交这些东西。而这些是我开始收集的东西，是我收集和储存的想法，我至今还保留着一墙的本子，包含的都是这些东西。本质上说，这些想法正在等待着一个适合它们的目的。所以我现在理解我们为什么需要草图本了。当我们有一些什么想法的时候，我们可以为了日后的使用而将它们保存下来。这些本子带着所有你所有的小想法，延伸了你的记忆。

绘画比照相更有用。绘画的动作可以将其注入你的记忆中。这是一个手眼配合的过程。你一旦对事物或想法注意力很集中，它就会储存到你的记忆中，你甚至之后都不需要参考你的草图本。然而照片，也是一个手眼配合的过程，但是他忽略了大脑的参与。摄影可能帮助我们解决了图像或具体的任务，但是它们却无法像手绘一样为将来提供同样的效果。

绘画比照相更有用。绘画的动作可以将其注入你的记忆中。这是一个手眼配合的过程。你一旦对事物或想法注意力很集中，它就会储存到你的记忆中，你甚至之后都不需要参考你的草图本。

MON
STRE
FANTASTIQUE

威斯纳·帕西克关于插画与民间艺术的未来的访谈

保罗·哈里斯（以下简称“保罗”）：是什么让你成了一名插画家？你的作品有着兼收并蓄的影响，其中还有对拼贴画和民间艺术的引用。

威斯纳·帕西克（Vesna Pesic）（以下简称威斯纳）：我在学生时代学的是平面设计，那时我常常把我的设计做得很有装饰性。所以到我毕业的时候，由于许多其他的因素，我没有任何计划地渐渐陷入到了插画设计中。即使我发现在艺术史上像博施（Bosch），博鲁盖尔（Breughel）和巴斯奎特（Basquiat）这些人对我有巨大的影响，也还有一些别的东西触发着我的创意，鼓励我步入到了拼贴艺术中。作品《印错的字体》（Eduardo Recife）带给我一种将叙事绘画和复古运动相结合的完美混合，它对于质地、染料和手写注记的使用都非常自由。他的作品瞬间就带给了我灵感。之后，我又被许多艺术家和文化所影响，并通过电影和书籍视觉层面的东西发现了他们。即使我的风格在过去六、七年间发生了很大的变化，从传统的拼贴到数码拼贴，如今，我感觉到我需要对传统的绘画进行探索，从最基础的东西开始研究，探索不同的技术。

保罗：现在的世界是一个急速增长的全球化的世界，在这里，越来越多的文化正在被共享。这与今天的民间艺术和插画有何关联？它们是否有消失的危险？

威斯纳：我不认为它们有任何危险。插画将有它自己的位置，我看不到任何其他的媒体可以代替它。不论有多少技术被发展，或是数码艺术有多么先进，传统将一直是一个基础，一个我们随时可以回归的点。

作为应用艺术，插画可以更容易理解，也可以被更广泛的观众所接受。插画，特别是在商业用途中，必须是一种可能性；它在故事的讲述方面一定要清晰，它需要的内容远比一个装饰元素要多得多，同时也远比视觉说明更重要得多。插画和艺术是交流的工具，它们是否能成功，完全依赖于其创作者。

风格不应该是目标，最重要的东西是实验和学习所有的方法，因为我们需要丰富自己。

保罗：如何使插画具有有效地交流意义？

威斯纳：一个好的插画家需要用符号语言说话，其目的在于让他们的艺术作品更容易被大众理解，他的信息能够更容易被大众接收。当然，交流是一条双向路，因此，理解依赖于知识和交流者的技能。

自从我相信，美是一段旅途，而不是一个终点的时候，我只能说，艺术家应该寻找和探索，目的在于尽可能多地从他们的创意中提取有用的信息。风格不应该是目标，最重要的东西是实验和学习所有的方法，因为我们需要丰富自己。如果我们真诚地追求它，风格将用它自己最纯粹的形式，也是对我们来说最舒服的方式显露出来，我们甚至不需要去思考它。

a lot like yesterday, a lot like never.

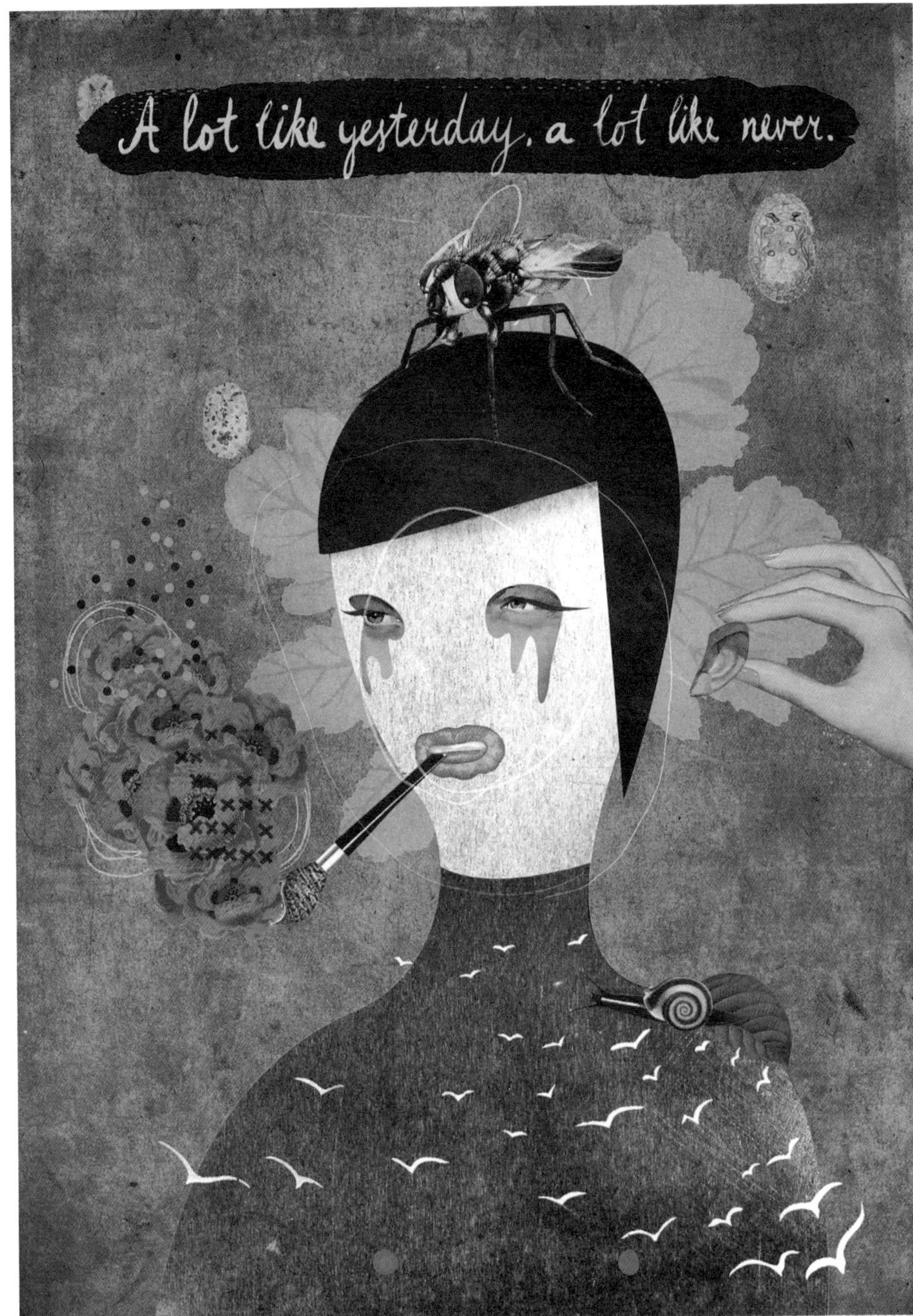
A lot like yesterday, a lot like never.

影像的力量

图像是有影响力的。它可以迅速地传达一个想法或一个概念。它们能够传达强烈的情绪，迫使人们采取行动。它们可以深入了解我们的渴望以及我们大多数人的感受，比如恐惧和共鸣。

图像可以交流非常广泛的想法，并用一种非常直接、发自肺腑的方式，这种能力意味着它们能够成为形成或改变想法的关键因子。黄幼公因拍摄了九岁的金福在南越南的一次汽油弹空袭之后，赤身裸体地跑在大街上的照片，而获得了1972年的普利策奖。马尔科姆·布朗因拍摄了越南西贡的僧侣释广德自焚的照片，而获得了1963年的普利策奖。这些照片都引发了震惊和愤怒，后来也使美国总统约翰·肯尼迪评价道："历史上没有哪个新闻图片像这个一样，能够产生全世界如此强烈的情绪。"

图像的交流可以有很多不同的方式。图像可以是一个字的例子，用来描述事物本身；或它可以涉及一种情绪，思想状态或其他形式的表达，这依据它是如何被把握的。图像可以有认知的和表征的双重意义，这往往源自文化的某一个方面。图像可以传达一个具体的意思，像特殊的人群通过使用符号、隐喻、并列或其他视觉装置。编排和展示图像可以强化或冲淡它的力量。一整版的流血的特写图像用尺度和显见的分量诉说着它的感受。

黄幼公因拍摄了九岁的金福在南越南的一次汽油弹空隙之后，赤身裸体的跑在大街上的照片，而获得了1972年的普利策奖。

以下图片来自帽子戏法为听觉损耗活动设计的“大声音乐活动（Loud Music Campain）”。它用鲜明的黑白照片来展示那些给自己耳朵穿孔的人的图像。这些图像暗示着大声的音乐对于人们听觉损坏的影响。该活动的结果使不断增加的慈善组织开始意识到这方面的问题。

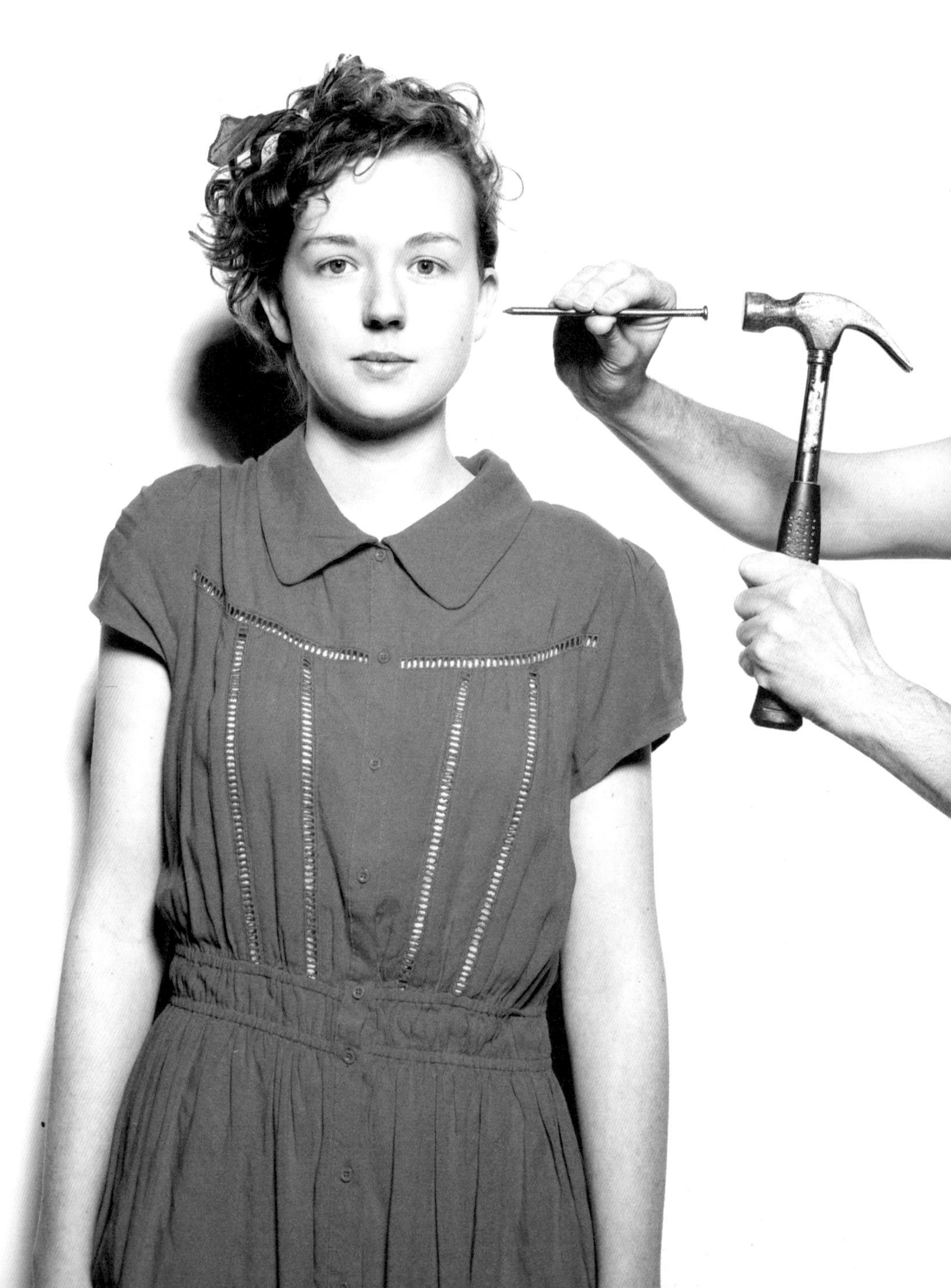

平凡

平凡常常因其单调乏味或没有趣味而被忽视，而社会常常关注那些闪光的、吸引人的和不寻常的东西。闪亮、真人秀、自我督促、浮夸和消费主义的文化将平凡放逐到了一个被遗忘的地下橱柜里。这是一个羞愧也是一个错误，花时间近距离地、细节地观察某个事情能够带来意想不到的惊喜。当我们在放大镜底下看的时候，结构、材质和羽毛的颜色、蝴蝶翅膀和花瓣可以给人留下深刻的印象和启示。这就是平庸中的美。

对于小细节的关注可以得到大量的有突破性的思考：简单的苹果掉落的景象帮助伊萨克·牛顿（Isacc Newton）阐释了他的引力理论，同时对于自然形式的比例的观察导致了黄金分割（the Golden Section）和斐波那契数（Fibonacci numbers）的发现，这些概念成了设计的基础。

平凡作为创新的来源之一，可能在维多利亚时代发展到了顶峰，那个时候平凡被当作是到达非凡和精彩的出发点。“非凡中的大多数元素来自于现实，”同时“平凡的事情发生在非凡的环境中就能创造精彩”，奥利维亚·哈丁（Olivia Harding[1]）说。她的话指的是维多利亚时代的作家刘易斯·卡罗尔（Lewis Carrdl），将平凡与非凡混合在一起，创造了精彩。观察细节是一种技能，这一技能可以普及到学习如何取景来捕捉一个场景中的精髓的摄影师之中。由于在一个快门的瞬间不可能捕捉到所有的东西，一个摄影师需要关注到具体的动作或细节。同样的，照片编辑要接近行为，从而让图像更戏剧化。

将元素从背景中提取出来，隔绝放置或与平凡的东西并置，是近距离观察它们的另一种方式。背景的缺乏，使我们被迫去关注他们的形式和特质。我们可能仔细观察并仰慕一个设计展中的一把椅子优美的结构，但是不会在某人的公寓中看到第二把同样的椅子。

蒂伦·舍皮奇（Tilen Sepic）是一位设计师，摄影师和电视录像制作人，他常常将平凡作为他作品的创作题材，例如一个到处可见的20世纪80年代的卡西欧（Casio）电子手表。

保罗·哈里斯（以下简称“保罗”）：为什么一位艺术家用不同于大多数人的方式看待世界是重要的？

蒂伦·舍皮奇（以下简称“蒂伦”）：这个能力帮助一个人成为艺术家，而且我觉得这个适用于许多不同的专业。对于创造新的想法或新的意向这是非常重要的。如果你的决定仅仅是基于大多数人的反馈，你可能会被套牢在一个循环里。如果你自己动手实验，更有可能是你将发现许多新的方法。

保罗：你是否认为在平凡和普通的东西中存在着美？

蒂伦：普通的东西是稳定和展示现实的必要。他们常常被众所周知，所以他们非常的舒服。你常常可以说出一点简单普通的东西，但是想要发生，却是难上加难。

保罗：一个人可以学会用不同的方式看待事物吗？

蒂伦：我不认为这是你能学的东西。如果你将其看作是进化优势，你就会开始用这种方式思考问题了。更加精准地观察周围，你会慢慢发现不仅仅只有一个现实。于是它提出了一个问题：难道不是每个人都有自己的角度和看待事物的不同方式吗？

[1] <www.victorianweb.org/genre/harding.html>

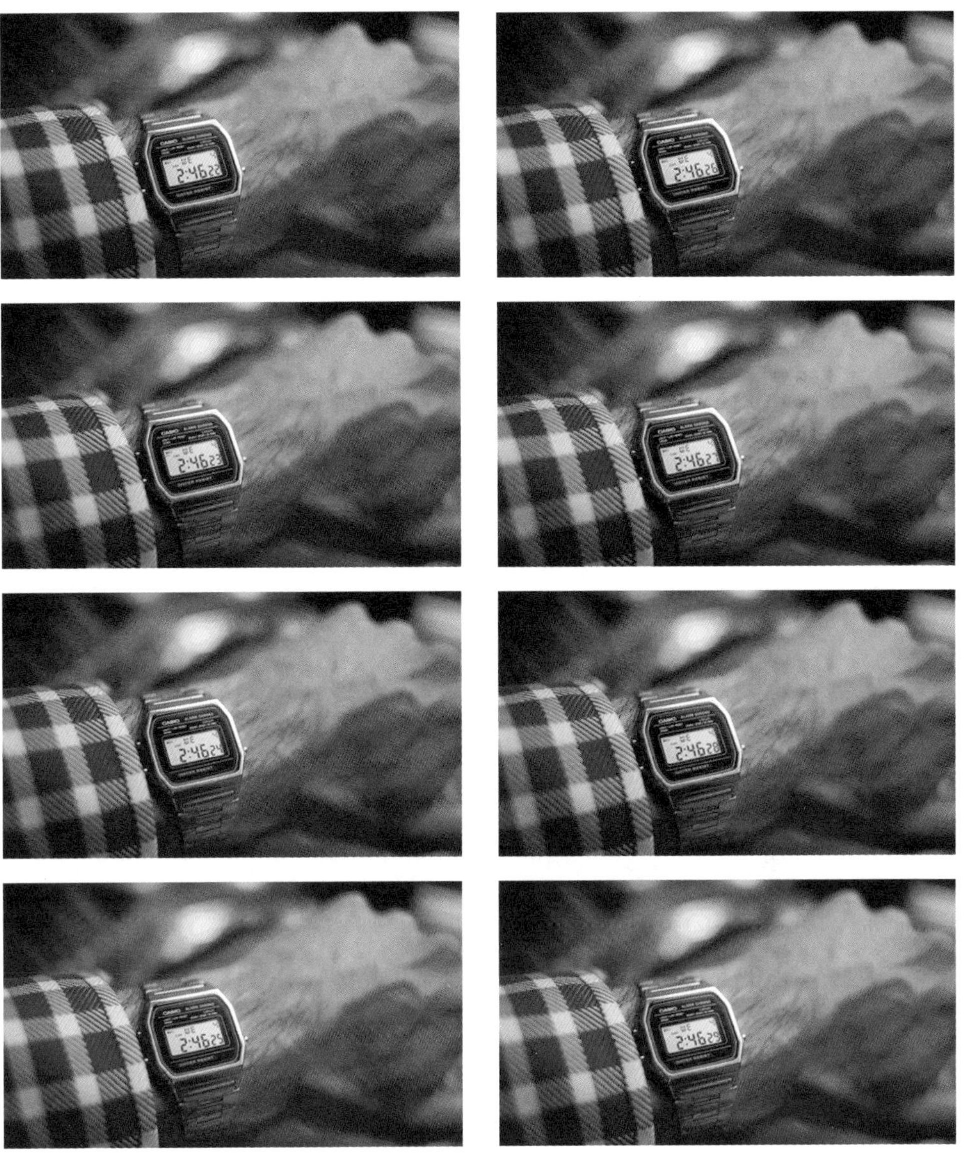

"小心思关注的是非凡，大想法关注的是平凡。"

——布莱兹·帕斯卡（Blaise Pascal）

记录与收集

“我们生活在一个空前变化的时代，我愿意成为记录它的一分子。”

——罗恩·福尼尔（Ron Fournier）

记录与收集是创新过程中的重要部分，收集、整理信息和事物的过程能够使自己开始获得对题材的理解。例如，作为一个项目最初的研究，记录和收集的过程可以使人们看到这个题材是如何随着时间演进的，它是如何存在于不同的区域、国家或文化中的，或它与其他的话题或生活方面有什么样的关系。

个人对物品的兴趣和学习的愿望可以激发收集行为。维多利亚时代的探索时期是对于知识渴求而收集的高峰时期，连同可靠的国际化旅游的发展一起，使得业余走向了世界，发现了它究竟是什么。自然历史和古代遗物是非常受欢迎的收藏主题，导致了大量的摹本和赝品的收藏，例如那些在芝加哥的自然历史博物馆或伦敦的大英博物馆或其他的东西。艺术对于收藏者来说是另一种爱好，就像纽约的弗里克（Frick）收藏或伦敦的考陶尔德（Courtauld）画廊，或伦敦福利特街旁边的圣布莱德（st Bride）图书馆，那里是英国印刷工业的历史发源地，在那里收藏着超过五万本关于印刷、排版、平面设计、书法及其他的书籍。

记录的行为迫使一个人做出关于信息和如何组织信息的决定。信息的组织可以改变你关于如何理解信息洞察力，或它意味着什么，以及它对于不同的受众意味着什么。罗伯·弗莱明（Rob Fleming），尼克·霍恩比（Nick Hornby）的小说《高度忠诚》（High Fidelity）中的主角，通过日期的记录、艺术家的字母排序、名称的字母排序、购买的日期来识别他的唱片收集，从而处理自己的生活危机。在文学作品和其他艺术形式中，你可以看到来自不同角度的作品，例如一个女权主义或女性的角度，一个种族、有色或文化的角度，或一个社会或经济或阶层的角度。

记录和整理的过程最终可以引导创新，收集可能为设计的方案提供灵感或提供对于题材的深刻的理解。许多创意者将他们的思考和想法写在本子上，成为他们做设计方案的时候的参考。

我们看过亚历山大·辛格（Alexander Singh）的摄影作品和威斯纳·帕西克（Vesna Pesic）的插画作品，他们具有的共性就是收集和记录的过程最终引导了他们的创新。这也能够从摄影师马里昂·高帝（Marion Gotti）和凯文·梅雷迪思（kevin Meredith）的作品中看得出，他们采用档案设备作为收集过程的一部分。

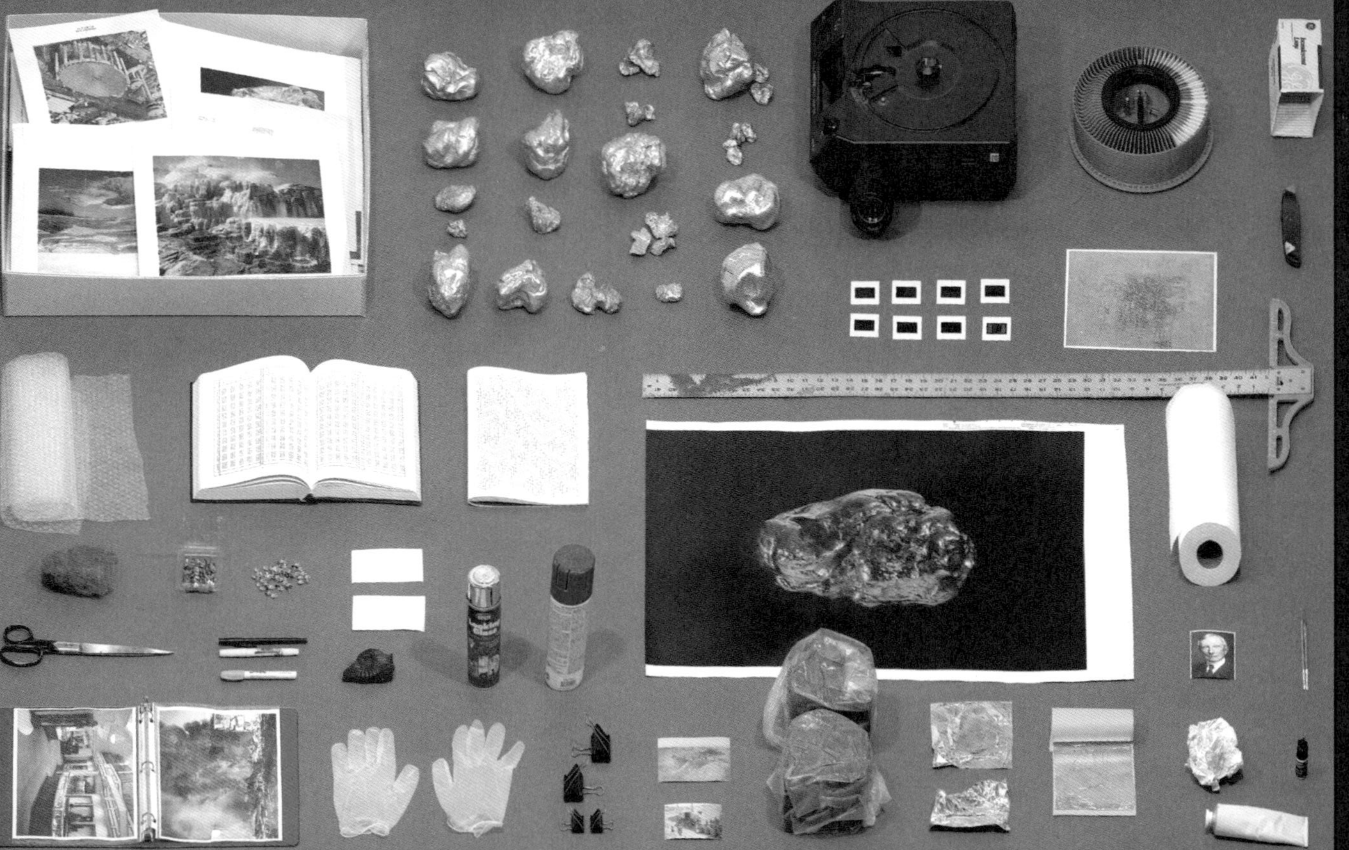

图片是丹尼尔·勒夫古2005年的作品《公共关系的发明》中的一个细节。该作品是一个摄影史展示的一部分。鲍勃·奥夫蒂施通过剪切勒夫古的图片为这一系列创作了扉页。

对摄影师马里昂·高帝关于保存历史的采访

马里昂·高帝（Marion Gotti）是一位摄影师，他的作品来源于新闻摄影工作，她追求那种不需要筹划的记录题材。高帝工作起来像一位昆虫学家，仔细地观察她题材中的每一个细节。

加文·安布罗斯（以下简称“加文”）：你的摄影作品常常关注记录瞬间和城市景观的地理特征。你能详细描述一下你在记录方面的兴趣吗？

马里昂·高帝（以下简称“马里昂”）：摄影在我看来是一种抓住我对空间的感觉或心灵中的一个即刻的状态的方式。我的项目不能仅仅被看作是记录。我用摄影或拍摄一段录像来表达在我生命中的一个特定时间或时刻的感受。它让我始终处在清醒的现实感与适度的迷幻之间，享受这种在中间状态的旅途的特别的兴趣。我的视频还有一个目的就是用自传或私人的方式保留或点亮每日生活中的平凡。这些孤独的小瞬间吸引着我。

在我生命中的一个特定时间或时刻的感受。它让我始终处造清醒的现实感与适度的连接之间

加文：你的肖像画和景观都非常的凄美。为什么你选择去描绘景观和社会的阴郁呢？

马里昂：美与阴郁之间的悖论影响了我在环境认知上的冲突。对我的第一个影响来自于我小时候，那时候我住在被大山环绕的小村庄。而且，我对建筑和城市的活动非常着迷，在那里我喜欢发现美的形状和建筑内部的移动的线条。同时，我的意识正在努力的寻找一个高墙之外的自由空间。

我被粗糙和毫无质量的城市社会生活困扰了。我住在巴黎超过了十年，清晰地记得这种像一个陌生人的感觉。

我的影响通过画家杰罗姆·博世（Jerome Bosch）到电影制作人英格玛·伯格曼（IngmarBergman）和大卫·林奇（David Lynch）而得到了繁殖。作为一个摄影师，我还从当我只有十三岁的时候看到的贝雷妮丝·阿伯特（Berenice Abbott）的照片中和近期看到的托马斯·迪芒德（Thomas Demand）的作品中获得了灵感。

今天，我质疑自己与每天的生活和我的环境的关系，这些是真实的还是想象的？远离我的家乡，我被迁离的眼花缭乱和独居在外乡、远离一切的状态所影响，然而，却又非常依附于这个瞬间、这里和周围的一切。抓住当下的瞬间，但又被精彩的世界吸引，我的视频描绘了来自我的想象力的，没有原始资料或故事的短篇小说。所有这一系列的内容造就了一个陌生的和令人不安的自传。这一系列的图像看起来是来自于另一个现实，没有普遍性，充满了粗糙，有时候吸引人，有时候又格外陌生。

并列现实和科幻小说，我的视觉探索都是陌生的梦境和富有诗意的寓言。这些图像探索了我们思维的移动的自然。它渴望融合和理解这两个现实之间的活力的信息或手机难以琢磨的思维运动。一个艺术的训练是抽象一部分现实中运动的内容。我的工作邀请观者与艺术家参加一个敏感而又亲密的座谈沟通，一个我想要分享的时刻。

照片是法国摄影师马里昂·高帝（Marion Gotti）的摄影作品。上面的来自于“印象系列”，下面的来自于在波兰华沙收集的一组照片，奥斯托亚（Ostoja）。

加文·安布罗斯（以下简称“加文”）：一个相机的质量是否会影响到记录的过程？

凯文·梅雷迪思（以下简称“凯文”）：我对照相机的使用非常广泛，从小胶片紧凑型相机到大型的专业数码单反相机。我绝对是看到人们不同的反应去拍照，这可以改变他们在镜头前展示自己的方式，也因此会改变生成的图像的心情。有时候，作为一个摄影师，你需要保持低调，在你想不被发现的安全的情况下拍照。在那种情况下，最好是用一个不显眼的小相机。

加文：摄影过程被可用的数码方式同化的危险是什么？

凯文：当摄影的时候，如果拍摄35毫米胶卷，你能拍摄36帧，如果是120卷胶卷，则是12帧。这就迫使你更加关注你拍摄的方式。我可能会花更多的时间来确定拍摄，等待合适的光线条件。当然也会有一些情况我不用胶片，因为在经济可行性上不足。而反过来说，用图片处理器photoshop和lightroom加上各种插件等工具模仿胶片的拍摄效果也是可能的。在我的经验中，数码胶片模仿工具永远都不会像在不同光线条件下拍摄出来的图片，有许多多余的、不自然要求。因为这个额外的时间，如果你知道要求的是“胶片”风格，那么从一开始就使用胶片是最简单的事情了。

加文：你的图像常常是在庆祝每一天，但是又带有华丽的感觉。你能详细描述一下你是如何看待摄影记录过程的吗？

凯文：我将我的摄影练习视为我生活中的一部分，我走到哪都带着相机，大多数时候是三个相机，两个胶片相机装有不同的胶片和一个少镜面数码相机（小单反相机）。因为相机手机的普及，这种情况现在并不少见了，但是在20世纪90年代末和世纪之交的时候，我是那些带着相机到处走的一小部分人中的一个。这就意味着我建立了一个很大的图片作品集库，因为我不会在特殊的场合拿出我的相机。我绝不容许让我用同样的方式去获得同样的臭名昭著，就像现在有些人毫无特色地拍他们的早餐或是自拍。

低端与高端文化

文化是广泛的、多样的，经常承载着关于它的美好与缺陷的主观判断。文化，不论是音乐、电影、视觉艺术、时尚、绘画或是建筑，都可以被分为高端或低端文化。

高端文化是那些承载着（被知识分子致以）最高的尊重的文化形式。它典型地特指艺术，例如古典音乐、芭蕾、雕塑和绘画，照此而论，高端文化经常被理智或学院派所独占。相反的，低端文化被定义为具有广泛吸引力却缺少理智，并唤起了我们低级的本能和情感的文化，例如厕所幽默。因此，低端文化常常用作贬义词。

低端，或流行文化，大量的出现因为它所展示的概念不要求你太费劲地去思考。根据陶艺艺术家格雷森·佩里（Grayson Perry）的说法，艺术是那种你需要投入地工作和理解，而不是给予本能的喜悦。

参考低端文化可能让作品与分享一大筐文化规范的大众相连接，而参考高端文化能够帮助设计吸引更高水平的观众。

“电视是文盲的文学，低俗的文化，贫瘠的财富，弱势群体的特权，排除大众的专属俱乐部。”

——里·洛文杰[1]（Lee Loevinger）

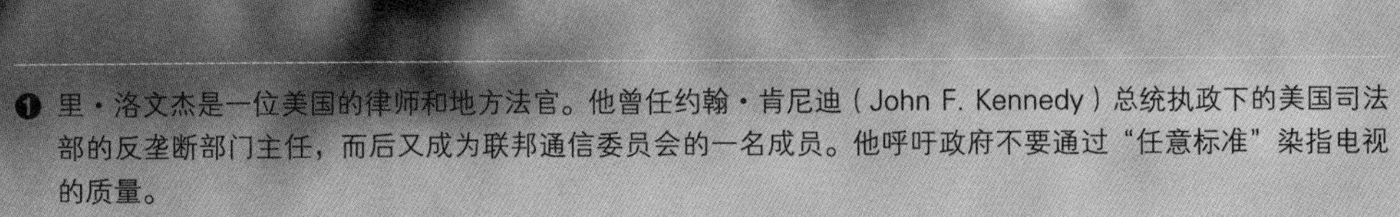

[1] 里·洛文杰是一位美国的律师和地方法官。他曾任约翰·肯尼迪（John F. Kennedy）总统执政下的美国司法部的反垄断部门主任，而后又成为联邦通信委员会的一名成员。他呼吁政府不要通过“任意标准”染指电视的质量。

本页与上一页上展示的图片是詹姆斯·康培（James kape）和布瑞登·史密斯（Briton Smith）创作的《公园生活》（Park life）的细节。

对詹姆斯·康培关于接受低端文化的价值的访谈

加文·安布罗斯（以下简称“加文”）： 在做设计的时候，对于一位设计师来说接纳低端文化而不是高端文化的价值是什么？

詹姆斯·康培（以下简称“詹姆斯”）： 视觉交流的目标是让信息更容易被传达和理解。因此，我觉得对于一个设计师来说，接纳低端文化的价值非常清晰——你的信息将要传递给大量的观众。

加文： 将高端和低端文化作一个区分是合适的还是说它们都叫“文化”就好了？

詹姆斯： 是的，是合适的。听古典音乐或观赏芭蕾舞与看电视的经验是完全不同的。一个好的设计师应该有能力区分这些不同并做适当的设计。

加文： 当你在做设计的时候，在什么程度上你研究“低端文化”？或者说这是人们仅仅为生活对这个社会提出的本能的要求？

詹姆斯： 低端文化的许多方面是本能。我认为公平地说，这是可能对较低的年龄段相当明显、对老一辈完全丧失的东西。因此，研究的必要完全取决于客户和你要创作的作品。

加文：“公园生活”这个作品包含了很多行为的元素，这些行为被社会称为猥琐。你是有意在其中注入幽默的吗？它们是社会实际情况吗？

詹姆斯： 这些怪诞的设定的构造为了注入可以与目标人群产生共鸣的幽默。当然，作品的一些方面可以被视为社会实际情况，当然这些场景中的大多数都有怪诞的夸张的意味。

民间风格与业余性

第20页的关于埃里克·凯塞尔斯（Erik kessells）的采访中提到了创意者和设计师常常对民间风格和业余性很感兴趣，利用这些作为灵感的来源。民间风格和业余性是更加学术的表达方式，用于描述非专业人士发展出来的有一点缺陷的事物。例如蔬菜水果商用画的标识来交流价格（业余）以及人们用来交流的大众方式（民间风格）。例如在书写文字的时候用符号表情等等。设计师看待人们的做法，就像他们在尝试理解交流是如何进化的和识别他们能够用于工作中的趋势。即使平面设计不是一个独立的学科，埃里克·凯塞尔斯可能还是会创新的人他们是如何做事情的时候，他们会感到有一点愧疚，因为他们没有真的做了什么，他们只是看到了一些东西，之后创新点就自行出现了。”

对设计感兴趣同时也是对技术的发展和进程感兴趣，对过去感兴趣。这种二元论的理念使设计师用他们的人性化，捕捉发展的优势和增加对现有事物的熟悉感，从而不断促进技术的进步与发展。例如，智能手机的使用速度是惊人的，手机允许它的使用者做非常广泛的事情，包括使用Instgram图片过滤器重造胶片美学。类型设计师快速的创造新的字体通过数码

摄影的模糊性，即褪色的图像、珍贵的打印照片、陈旧的技术——都是“怀旧触发器”。当不再回味遥远的过去的酸甜苦辣时，过去看起来基本上是相同的，会发生什么?

对人们做的什么、读了什么和抛弃了什么感兴趣。（正如对页中他的一系列民间风格作品）

平面设计不能在真空中存在。意识到什么包围着我们是创新过程和想法诞生的基础。设计师需要在大众文化的构造中看到涟漪，认出当前流行的思潮，例如颜色、材料和时尚剪裁的趋势，或是能够用来推动快速消费品的利好因素，以及衬线字体的流行。那些寻找流行风尚的人还能够从发包与承包产品的互动机理中看到这种趋势。苹果创始人之一的史蒂夫·乔布斯说“创新就是一个连接的事情。当你问及技术，也还会继续模仿打字机或印刷文本的字体创造新的类型。打印技术的精密度给予了我们精妙的颜色复制，从廉价的桌面打印、丝网印花法、书信复印器和其他的图片制作的类似方法已经再现了。

看上去一个固有的悖论是，我们越能够创造出更加精彩的东西，就越是渴望不完美的存在。不完美，它看上去属于人类，不完美的存在让我们感受到我们与周围世界的连接。

这些图像是埃里克·凯塞尔斯（Erik Kassels）作品《白话摄影》（Vernacular photography）系列中的部分。想要看更多的内容并阅读关于他的采访，请至第 20 页。

克里斯塔尔·舒尔特海斯关于数字与模拟之间的平衡的访谈

克里斯塔尔·舒尔特海斯（krystal Schultheiss）是一位澳大利亚漫画家。

加文·安布罗斯（以下简称“加文”）：你是如何看待将传统的手工艺，例如绘画转化到数字领域的？

克里斯塔尔·舒尔特海斯（以下简称“克里斯塔尔”）：将笔放在纸上对我来说像是一个有机的过程，是让我的想法飞出大脑、走进物质的世界的一个自然而又自由的方式。在我做插画或电影之前，我觉得我想知道我从哪里开始，到哪里结束，所以我会做很多种类的计划，不论它是情节串连图板还是草图。在这之间发生什么对我来说都是纯粹的创意。

将数字艺术制作考虑进我的工作中是一个相关的新的过程，你需要记住它从哪里来的。三维动画片来源于二维和单格拍摄动画片。动画片来源于对于电影的发现。电影来源于摄影，而摄影来源于绘画。对我来说非常有趣的事，即使传媒变了，驱动它们的原则依然存在，继续在发挥作用。从传统到数码工艺的转变对我来说仅仅是人们制作艺术方面对于新媒体的需求。对我来说更重要的是一个艺术家或设计师试图交流的是什么。有多种类型的艺术抓住了我的注意力，但是我发现我会觉得带有与我相关的艺术信息的类型更有趣。

加文：我喜欢你的动画模拟“沉浸的”自然（在对页和以下的页面中有所展开）。你能详细地描述一下创作和工艺的过程吗？

克里斯塔尔：“沉浸的”是一个关于“为自己做”的视频。手绘动画目的是赋予一种有机的审美。他们用视觉表达了角色思维中的记忆。图像也旨在创造一个故事和洞察到关于人物苦难的原因。这个作品的想法是想通过探索思维的认知进程而产生。那时候，我发现二维动画是在故事中详尽地表述情感的好方法。所以我感觉把视频与动画结合起来是一个在物质现实世界中展示思维的想法和其结果之间不同的好方法。

我以情节串连图板开始，然后在水箱下拍摄和编辑视频。在情节串连图板的帮助下，我拍摄了人们不同姿势的照片作为参考图片。这些参考图片帮助我创造了一个更加现实的绘画风格。我用参考图片作为每一个动作的开始和结束的指导。在每一个姿势之间的夸张的定格和手势是我觉得我有能力发挥创造力和进行表达的地方。

加文：图片带有特定的意义。你是不是试图搞明白它们都代表什么？

克里斯塔尔：我过去常常基于我想要表达的信息来创作艺术。最近，我探索着从一个设计审美出发，问自己它带给我什么情绪，和我为什么被它吸引。一旦我决心去探索，我就会尝试着找到表达这种文体的最好方式。就是带着这样的意愿，一个更加有机的图像制作过程形成了。我不会严格地让自己尝试去达到一个特别的样子，但是更需要用他作为更好地开发想法的起点。也就是说，我有一个想要交流给观众的特别的信息，我会独立去研究他们的语言，他们如何在自己的文化中得以交流和他们如何视觉上理解自己。带着这样的信息，我能够让它影响我的工作，创造

将笔放在纸上对我来说像是一个有机的过程，是让我的想法飞出大脑、走进物质的世界的一个自然而又自由的方式。

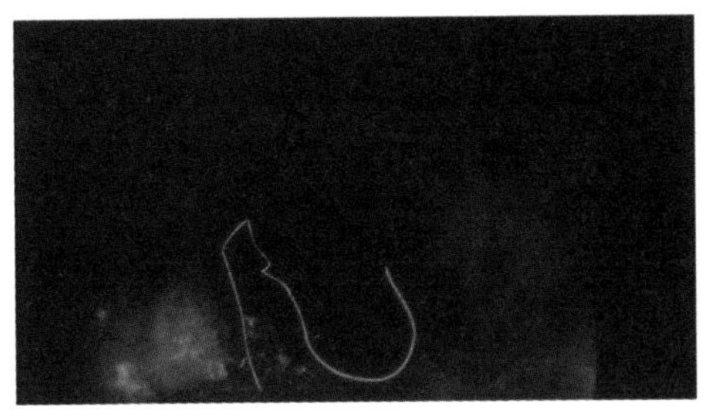

出新的东西。

加文：如果你工作的时候卡住了，你如何解决问题?

克里斯塔尔：在艺术和设计的工作进程中人是最好的工具。如果我不确定如何在技术上实现一个东西，我会和别人聊天。如果真人不能帮助我，我会用谷歌寻找答案。它丰富了社区，允许好的作品得以发展。我那些不做动漫和电影的朋友也非常的棒。有时候他们是能够和我一起讨论想法，这是一笔宝贵的财富，和他们在一起我不用忧虑如何制作动画和创造新想法，我可以一整天都在那里寻找和想象新的想法。

认知进程

图片是有力量的交流者，因为我们读到了情感的、文化的和真实的含义。图片如何表达也影响了信息如何被接受，就像图片能够有认知的和象征的双重含义，而我们对于一幅图片的阐释可以因其表达的变更而改变。例如背景、色彩或位置的变化。

视觉信号所指的东西是象征的意义。例如，“房子”让我们联想到建筑的象征，但是它也有认知的意义。房子的图片可能象征着一个家，一个你住的地方，但是也有例如家庭和安全的认知意义。认知是基于感知、学习和推理的理解、知道或诠释。

符号学是对标志的研究，它提供了关于我们如何阐释图像的解释。根据符号学的理论，一幅图像可以用三种方式交流含义：标志或它展示的东西，更大的系统的一部分和它被展示的背景。一个记号交流关于一个物体的信息。例如，一个词是一个记号——一系列字母或形状，我们知道它有一个含义。这个含义是记号要交流的对象或想法的所指。例如，字母：H、O、U、S、E形成了单词“房子”，它指的是建筑或家。这两个元素结合在一个创造了一个标志。

标志呈现三种类型：“符号”通过它表达的内容而不是它实际是什么来告诉我们，例如公共场所的厕所采用男人和女人的符号，即使他们看上去完全不像男人或女人；“图标”是一种图像元素，它展示了一个物体、一个人或一个想法，它是对物体的特征的缩减，而我们依然还是能够快速地认出它是什么，例如一个男人或女人简化的侧影；“指标”是创造了物体与标志之间的连接的符号。例如鞋子的符号可以成为人的指标。

玛莉卡·法夫尔与加文·安布罗斯、埃莉诺·弗兰西关于线条与情爱作品的美的访谈

玛莉卡·法夫尔（Malika Favre）是一位住在伦敦插画家，她的方法是尽可能地削减事物。法夫尔设法通过尽可能少的线条和颜色的使用来展示题材的本质。用一个极简主义去表达核心的想法，创作了显著的插画。

加文·安布罗斯（以下简称“加文”）：我能否问一下你的作品的总体处理手法是什么？

玛莉卡·法夫尔（以下简称“玛莉卡”）：我做的事情都是极简主义的，但是最大的影响会是我花在Airside[1]工作室的时间，这也给我在插画上的工作带来了很大的影响。因为我拥有一个单纯的设计背景，但是在Airside工作室我们会在所有的方面开展工作，包括设计和插画。“插画”不是我过去学习的插画，但是我还是个孩子的时候就开始画画，做“正规”设计首先引导我带着设计方法去做插画。所以我是带着解决设计问题的心态去做插画的。例如，你怎么能说用尽可能少的线设计一个标识？你怎么能够削减到无处可藏的地步，直到那个直率的点？

而且这个问题还牵扯到我的爱好，我喜欢曲线、直线和鲜明的颜色。我喜欢花几个小时去处理一个简单的线条，研究并让它完美。“性爱宝典”系列作品就是用的这样的方式。固定线条，留出空间，尽管在纸张剩余的部分是开放的图示。考虑设计的方式或者考虑一个简单的标志和考虑插画的方式是一样的。这就像是一个游戏，是我喜欢做的事情。

加文：你用了一个词“无处可藏”。这是说你在你的作品中试图发现纯粹么？

玛莉卡：是的，这是我在艺术学校学到的真正让我为难的事情。我的写生老师是非常不好对付的。我还是孩子的时候就开始画画，因此我的绘画技术很好，但是我从来不知道何时应该停下来。有时候，他会在我将要完成的时候，走到我身后，把纸撕掉对我说：“已经画完了!”。这的确教会了我什么时候该停笔，同时也告诉我需要给观众留有空间。你不需要画出每一条线，你需要给观者留点什么。眼睛可以填充空白，眼睛可以创作。

加文：“性爱宝典”系列作品是如何产生的？

玛莉卡：这是我得第一个兼职项目，但是它来自于我刚刚发现自己作为一个插画家而存在的时候。当我还在Airside工作室的时候，我们常常做个人的项目也做商业项目。我做的第一个项目是“阿尔法兔子”（为壁纸杂志），一个裸体的兔子的字母。这是我第一次将商业训练，创作鲜明简单的图像，融入性爱的兴趣中，我的草图本上全都画满了下流的裸体姑娘。对他们来说有一点日本动漫的感觉——简单鲜明的形式和颜色。

这关系到插画中的削减问题，探索你要或不要表达什么。壁纸杂志后来又委托了另一个字母项目，我基于人的形态和性爱来做的，这给了我一个机会从非常女性的视角完成它，也是“性爱宝典”系列的开始。它不是粗俗或剥削，它是性感、有趣、甚至俏皮。当我成为自由职业者之后，美国的企鹅出版社联系了我，他们想做一系列将经典小说和当代设计师和插画师相结合的东西。对于“性爱宝典”的再发行，他们想要我发展一套字母。他们喜欢经典的限量版，而不是常常关注商业。在这本书的委托下（这其中设计了“性爱宝典”需要拼写使用的七个字母），最后我又通过了两年的时间设计了剩下的其他的字母，在一次展览中，达到了顶峰。

加文：这个系列捕捉了时代的精神？

---

[1] Airside（1998~2012）是在20世纪90年代后期的网络泡沫破灭中涌现出来的首批重要的数码工作室之一。

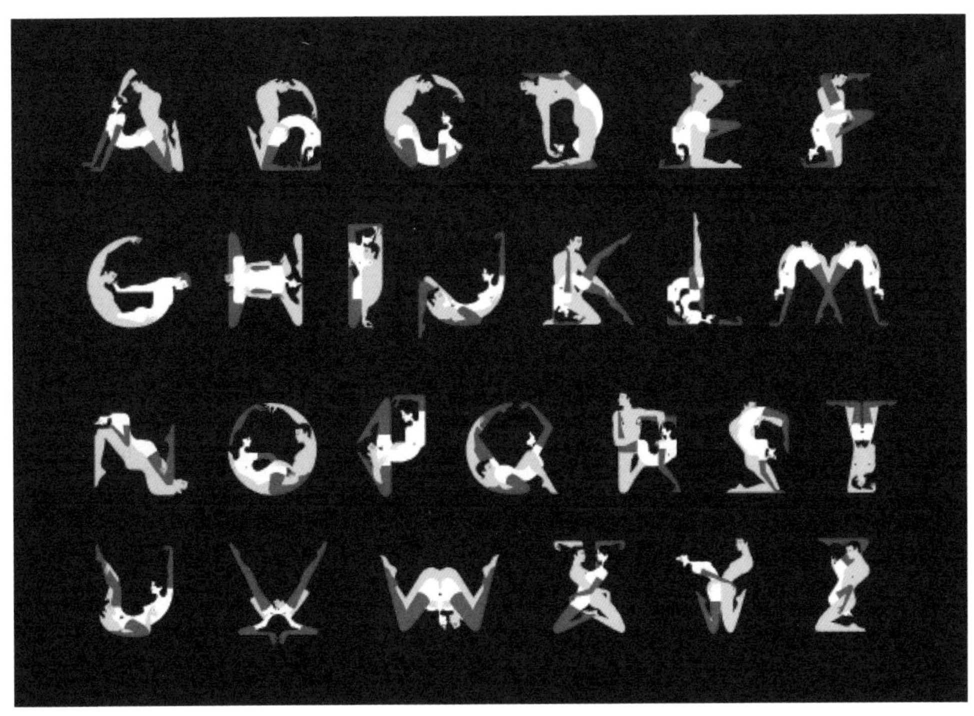

你不需要画出每一条线，你需要给观者留点什么——眼睛可以填充空白，眼睛可以创作。

玛莉卡：的确是这样的！但是是永久的精神。人们在未来五十年还会对它们感兴趣，就像他们五十年前感兴趣一样。有趣的是，当我为这个做研究的时候，我发现有趣的情爱方面的插画非常的少。这是一个巨大的普遍性的话题。它将永远捕捉想象力。我没有推倒重来；一个人体字母的想法已经做过一次又一次了。这更多的是关于发现一个审美的立场或方法，一个更加阴柔的方式去做事。

埃莉诺·弗兰西（以下简称“埃莉诺”）：我的确感受到了，从一个女性的视角，优雅与幽默都是非常重要的。

玛莉卡：的确是这样。这是件有趣的事情，而且这就是描述的方式。它不应该是严肃的。

埃莉诺：你是如何处理商业和非商业工作之间的不同的？

玛莉卡：我两种工作都做，而且我的确相信一种可以充实另一种。我不会想着只做我自己的那份工作，或是只做商业项目。商业委托可以帮助你成长，将你推向你的极限。我做的商业项目越多，我就越想做个人的项目。“性爱宝典”就是这样的一个例子，它处在多样化的平台，过去是委托项目的一部分，但是同时多年来也是以个人项目在进行的。甚至我之前做过的一个展览，“隐藏与发现”（在对页中展示），最一开始是服装品牌沃尔卡的一个委托项目。它基于对女孩和

百叶窗的一个简单的绘画。我持续着去做看看你能找到什么样的路，你能将其抽象到什么程度。对我来说商业与非商业常常是有关系的。个人的项目是重要的，因为它最终是展示你怎么做你想做的事。许多客户来找我是因为他们看到了他们喜欢的东西，而不是非要将你推向一个全新的领域。这一点在委托插画的时候的确是真的。"隐藏与发现"就是这样的一个例子，其中原来系列的插画发展成了一系列的展览，最终成为了一个商业委托项目。

埃莉诺：很清晰地，你通过图像和插画讲了很多故事。而"性爱宝典"本质上是字母。你一般是如何处理排版的?

玛莉卡：我完全没在这方面过多考虑。在这方面非常的差，你不会相信的。排版本身就是一种叙述，而我喜欢插图本身的纯粹。我没有觉得丢掉了什么。我觉得插画应该为自己说话，用尽可能单纯的方式。

当每个人都在安静的时候大声喧哗，当每个人喧哗的时候保持安静的帽子戏法

北美红雀咖啡的形象带着嬉戏的幽默感，但是同时也很容易给人留下深刻的印象。

加文·安布罗斯（以下简称“加文”）：在你的交流方式中是不是幽默和风趣是非常重要的？

吉姆·萨瑟兰（以下简称“吉姆”）：我们喜欢将幽默当作一种与别人建立联系的方式。我认为关键要看合适的时机是什么。有时候，我们使用风趣多过于哈哈大笑的幽默。重要的是用智慧和人性的方式使人们参与到其中。我觉得在创新的过程中，玩是非常重要的：实验、尝试事物、无拘无束地思考、切割纸片、乱写乱画、交流想法和无所事事。一个想法可能是严肃的，但是这个过程可以非常的有趣。当然，不是说就不努力工作。

加文：你是否感觉到幽默让你和你的观众建立了更加个人的联系？

吉姆：我的确认为风趣可以在作品中增加一些人性，但是我不认为这是你开始的起点。你需要开始于解决问题，考虑这是关于什么的问题，考虑这个问题中哪些信息需要交流。然后你开始探索操作手法。很多时候，风趣可以像胶棒一样使想法有黏性。你想制作一个让人记得住、觉得智慧、有参与感的东西，这会给人们的生活增加快乐。我们想要做一些能够让这个社会变得更好的事情，即使这个事情的尺度很小。我们有机会让人们思考或微笑、质疑或学习。

加文：是不是直率而真诚的设计是让人们留意的最有效的方式？

吉姆：的确需要真诚的设计。如果你对自己不展现真实的一面，没有人会用任何有意义的方式倾听你或与你互动。在直率方面，我觉得这依赖于观众和信息。如果你想脱颖而出，那就在大家都安静的时候大声喧哗，在大家都吵闹的时候保持安静。

加文：品牌与商标设计通常被认为是严肃而又受到控制的领域，但是常常成功的品牌有着非常个人化的感受。你认为这是能够带给品牌价值和不同点的东西吗？

吉姆：我认为个人化是一个关键，有太多平淡无奇的设计都长得一样。有太多“我也是”的商标带着无尽的抽象标志设计、形状和颜色，却毫无深度、意义甚至技艺。品

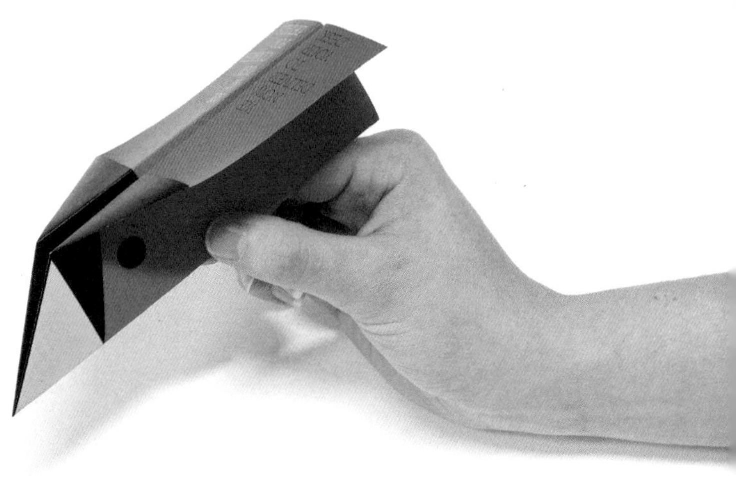

牌设计的核心点在于让你自己用一个合适的方式脱颖而出。这是一个严肃的话题，值得努力而复杂地工作，但解决问题的方案可以非常个人和生活化。

加文：你的作品的成功常常依赖于建立新的视觉联系和并列的想法。《圣经》中有“太阳底下没有新鲜事”的说法。你会觉得其实本质上所有的想法都以某种方式循环存在吗?

吉姆：我们都是视觉动物，但问题是我们需要通过一些东西得到灵感，而不是窃取。想法的背景和运用可以让它变得奇特。你绝对是要为一个新想法的诞生而付出努力的。我觉得你应该一直保持真诚并开放你所有的资源。永远不要拒绝别人，如果那样的话，你就低估了你自己。你应该尝试着让自己做的东西打动自己，如果这样，你就会更有机会打动别人。

加文：设计师常常谈论“经验老到”的想法，并以不同的方式看世界。你觉得你能被教会如何创新的思考吗?

吉姆：我觉得两者都可以。很明显的，直觉和运气扮演着重要的角色，但是我也觉得——引述一个比我聪明的人的话——你工作越努力，你就越幸运。努力工作是基础。你尝试做那些看上去很简单的工作，但是能够达到你想要达到的目标永远都不是容易的事情。你的环境需要尽可能地富于灵感，但这只能对你有一定辅助。重要的是带着灵感去做事，仅仅做一个被动的观察者是远远不够的。做是关键。

加文：你是否在设计世界的冒险中得到了灵感?

吉姆：的确。我喜欢各种类型的设计，看看我们的圈子以外是很重要的方式。参观艺术画廊、看电影、听音乐、去酒吧、画画、散步、参观建筑、与非设计师聊天和吃好吃的。被你周围的一切所感染。我觉得我们的思维像一个陌生的机器：你需要喂给它大量的灵感。有一个关于大脑和海绵很可爱的描述，我不记得了，但是你明白我的意思。

帽子戏法设计（Hat-trick design）通过用新的方式使用含有网球赛意味的图标为温布尔登（Wimbledon） 公开赛创造了一种新的商标。

与香港出生的艺术家轩的对话

加文·安布罗斯（以下简称“加文”）：你的作品是媒体和题材的一种折中，你是从哪里得到的想法？

轩（Hin）：这就像是在丛林中幸存。有些人选择躲在一个安全的地方得到救援。有些人仅仅是疯了，而另一些人则尝试着理解和学习周边的环境，即兴发挥和利用所有的东西让他们走出困境，甚至在这个过程中还非常的享受。我的意思是，只是看看你的周围，和别人聊天并倾听，保持好奇和开放的心。在你的经验和记忆中学习。带着知识，伴随着勇气与淡淡的愚蠢的混合，我们能够远远地将自己推到我们的极限——甚至连我们自己都没有想到的极限。一个好的想法可能存在于任何地方，它不一定是理智或完整的。你仅仅是需要好好地执行它。

加文：你学的是平面设计和插画，但是却决定不做这些了。你会觉得它们约束了你的思考吗？

轩：事实上我一直还在用我的平面设计和插画的技术，它们对我来说是重要的工具。我仅仅是试图避免给自己设立一个工作称号，仅此而已。将这两件事作为事业不足够满足大多数人。因为事实上，有一些所谓的艺术指导，只能授你一点肤浅的常识。他们觉得什么是好的，大多事后证明不是很有创意，没有很好的品鉴价值。我相信人们必须用他们的技术和创造力去做他们有热情的事，否则他们会一直很沮丧。如果你的热情是去玩乐高，那就去做吧。如果你用你的想象力，思考并更努力去尝试，你会追求到一些不同的东西。

美丽的妈妈

非凡玛丽亚

轩：“矛盾艺术”是我为我创造的矛盾风格起的名字。基本上，这是一个混合体，它包括被黑白细节控制的绘画和意味深长的几乎是失去控制的天真的彩色的绘画。这是一个矛盾体因为你实践得越多，难度就越大。你基本上是最大限度地延伸自己的能力。你在使用你大脑的不同部分。我大多数时候用我们左手画天真烂漫的画，用我的右手画细节，这是一个奇怪的过程。

细节的绘画展示的是逻辑、实用和秩序。这同我们的左脑功能相同，是我们需要保持的东西。儿童画常常展示的是感觉、梦幻和想象，创作它用的是右脑，是我认为我们需要维持活力的东西。它们通常是矛盾的。如果我说得简单些，那几乎就是感受和思考的一场战斗。我的目的就是在其中寻求和谐，我认为这也是对所有人的要求，即发现我们内心的孩子和成人之间的平衡。

看你在开心的时候能有多漂亮

我认为人们必须用他们的技能与创造力做他们真正有热情的事。否则，他们会一直很沮丧。

沃特·弗林格尔关于设计与摄影的关系的访谈

从人类社会开始，游牧民族就在地球上游荡，为了寻找食物，喂养他们的家畜，寻找存在感与自由，生活在荒野、大山、沙漠、苔原和寒冷的地带，在它们和自然之间仅有一层薄薄的布料或皮肤。21世纪的地球是一个拥挤的地方，道路和城市无处不在。然而，游牧民族或多或少地保持着传统，走回了人类文明最初的状态。图片是吉容·特伊尔肯（Jeroen Toirkens）创作的，沃特·弗林格尔（Wout de Vringer）设计的图片记录，它展示了不同的游牧社会中存在的挣扎。

加文·安布罗斯（以下简称“加文”）：摄影师与设计师的关系是什么？

沃特·弗林格尔（以下简称“沃特”）：摄影师与设计师的关系基于信任。这个特殊的例子还涉及摄影师与设计师长期的关系，所以人们要完全开放和专业地对待彼此。当然摄影师和设计师之间也有激烈的讨论，但是所有这些讨论和争执都让这本书的水平得以提升。

在这个项目开始的时候，在成书之前大约两年的时间，摄影师和设计师开始对图片进行选择，尝试着去创造一条故事线。他们提出的想法是在某些段落中使用彩色照片而在更大的段落中去使用黑白照片。这本书被分成了四个主要的章节，每个章节都是有16页彩色片段和48页的黑白片段组成的。一整套彩色片段打印在更白的纸上。所有的造纸原料都来源于同一个范畴。每一个章节开始于一整套彩色的片段之后接着一个更大的黑白片段。

摄影师与设计师都对这个设置非常的满意，他们非常努力地编辑照片。融入并熟悉这些照片。他们不能找到一个新鲜和令人兴奋的故事线，所以摄影师决定找一位图片书籍和展览的专业编辑。他的名字叫马克·布鲁斯特（Marc Prüst），是住在巴黎的荷兰人。与摄影师一起，他做出了一套非常令人兴奋、很少见的故事线，为每一个故事线延伸出了选好的照片。现在，设计师要把版式做得振奋人心和具有挑战性，并采用正确的叙事方式。

所以总的来说，这是一个非常需要合作的过程，甚至出版社在这个过程的最初也给我们提供了非常多有用的建议。

加文：什么时候你会让插画介入而什么时候你仅仅就是让题材存在那里？

沃特：为摄影师或艺术家设计一本书是非常难的任务，书的设计本身不应该引起太多注意，书的内容才应该是最重要的方面。我曾经说过，这不意味着设计师的角色不重要。他们的任务是把各个零件统一地组织在一起。这本书中的大多数部分是题材之间的对话。这几乎是任何图像无法干预的，甚至文字说明也不能取代题材本身。但是在书的最后部分，在索引和世界地图部分，设计师的作用就更加明显了。在制作这个书的过程中，妥协永远都不是选择。曾经在所有参与者中间有过长久的讨论，但到最后，每个人都觉得这就是最好的结果。

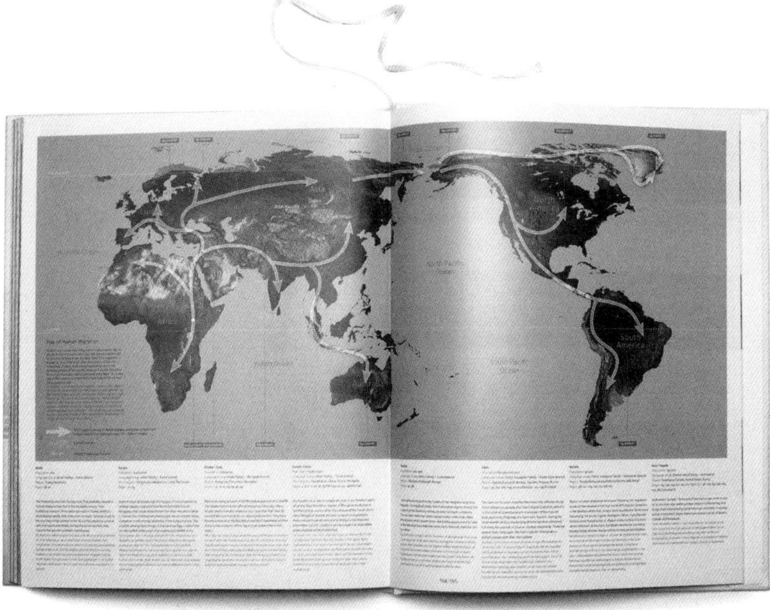

PARALLEL COLLISIONS
PARALLEL COLLISIONS
PARALLEL COLLISIONS

平行碰撞（Parallel Collisions）是商标和出版物，它是由法比奥·翁加托（Fabio Ongarto）为第 12 届澳大利亚阿德莱德（Adelaide Biennial）双年艺术展设计的。它探索了组成思想的四个关键词：时间、平行、碰撞和罪过。

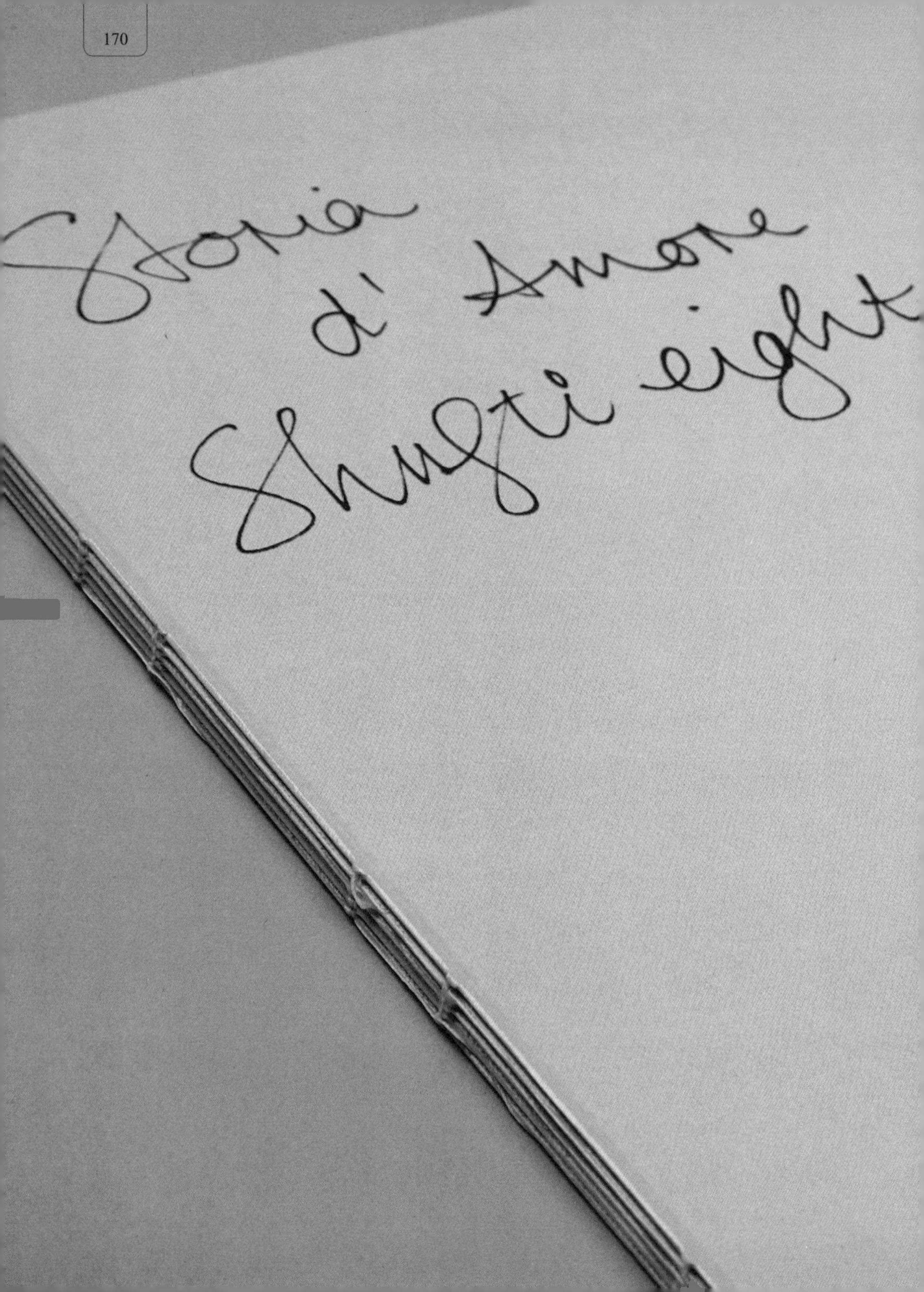

Storia
d' Amore
Shufti eight

菲尔·莫里森的纯粹与形式的美

加文·安布罗斯（以下简称“加文”）：有时候感觉单纯地享受创新的表达是一种勉强。下一页上所展示的“掠影”演示了图像形式可以如何美丽又简单。你是否发现很难在你的艺术方向上保持这样？

菲尔·莫里森（Phil Morrison）（以下简称“菲尔”）：我猜一个简短的答案是“是的”。然而，我们在“掠影”中的主要目标是创造简单的震撼和美的图片来捕捉瞬间。当艺术指引我们按下快门的时候，我们是有意识地像考虑排版的元素一样考虑构图、颜色和格式。这些都是最终作品中的固有部分。

有某种强大和有趣的方式可以让简单的图像占据舞台中心的位置。将设计拉回到它的基本元素上，这样带来的自信比一个读者努力寻找页面的焦点更有影响力。有一句谚语说：“少即是多”是非常真实的颂歌，即使有时候我们不得不为了保持那种方式而努力地与客户斗争。

加文：你是如何看待在不久的将来的这些既收敛又抽离的不同原则。例如，摄影与设计会越来越有紧密的联系吗？传统的“艺术方向”未来会是什么样子？

菲尔：我觉得设计师都在接纳其他的创新领域，不管是摄影、建筑还是时尚。我相信，可以出现因合作项目而茁壮成长的设计师，传统领域之间的界限现在有时候已经非常模糊了。

艺术指导的角色这些年来已经进化成了需要接受更广泛多样的领域的角色，但是最终，我觉得结果是一样的。我觉得成功的艺术指导的关键在于将任务解构并创造清晰、有创意的图像的方式。

克里斯平·芬关于发展个人风格的访谈

加文·安布罗斯（以下简称“加文”）：你能不能谈一谈个人风格的发展过程？

克里斯平·芬（Crispin Finn）（以下简称“克里斯平”）：这是一个很有趣的问题，我将个人风格作为爱好和业余活动，这是一个借口，在这个借口下，我们可能做一些与日常工作不同的事。罗杰是一位画家，安娜是平面设计师。所以我们工作的方式源于一个开玩笑的合作方式，我们今天依然在沿用这样的方式。说到风格，我们从一开始就给自己设立了规则。出于印刷和实际原因，我们从一开始就在我们的作品中确定了一种三色规则，这后来成为我们编排图像的方式，它帮助我们发展出了清晰的和经济的审美方式。我们也试图以想法引导的方式工作，优先去考虑概念和实际元素，然后再让这些元素反过来影响视觉。

加文：插画和设计的过程可以紧密地联系某个特定过程，你能说说进程和想法之间的联系吗，它们是如何互相影响的？

克里斯平：我们开始就单纯地从事丝网印刷术工作，之后我们已经在创作阶段将印刷的过程放在心里，至今都是这样。除了丝网印刷的电影海报系列之外，在丝网印刷过程中，考虑到套印的参考点，我们试图让事情简单一点。我们的想法会受到“我们要怎么做？”这样的问题的影响——如果某些事情变得异常复杂，不是在一个憔悴的感觉中就是在一个物理进程中，然后我们会重新评估我们如何让它行得通，常常可以通过简化程序或是去掉一些元素来实现。作品时常从找出和丢掉不必要的东西而受益——这绝对是我们通过之前的版画复制经验学来的。

加文：在一个毫无疑问更加拥挤的世界里，插画和设计去向何方？我们是否期待更加多样化的设计，或是有没有可能变得均质化？

克里斯平：我们发现设计、插画和艺术之间的界限越来越模糊，越来越像战前的情况——你有了感受，之后艺术家来负责所有的事。创作的领域还没有细分，像埃里克·拉威利斯（Eric Ravilious）、勒·柯布西耶（Le Corbusier）和亚历山大·吉拉德（Alexandrer Girard）这样的人插手到很多的领域，但是他们所有的作品都无可否认带有他们各自的风格，尽管这些作品以不同的物理结果呈现。

如果某些事情变得异常复杂，不是在一个憔悴的感觉中就是在一个物理进程中，然后我们会重新评估我们如何让它行得通，通常可以通过简化程序或是去掉一些元素来实现。

Hell yes!

BREAKFAST AT TIFFANY'S
Blake Edwards
1961

THE SHINING

Stanley Kubrick

1980

文字与叙事

图像通常可以提供直接而有效的交流，但对于更复杂、更有说服力的交流来说，文字毫无疑问是更好的选择。文字比单独的图像更加容易展现复杂和具体的思想。

文字来自哪里，去向何方

“我宁愿用这珍贵的几秒钟玩会儿我的手机，也不愿意发一条忽略了单引号的短信；我宁愿吃力地一个字一个字键入，也不愿意发那种只有部分人能接受的、充满了近义词的短信……”

威尔·赛尔夫（Will Self）

写作、印刷和打字是分享想法的视觉形式。记录想法或语言的意义，依然是一个正在进化的过程，因为语言和“做标记”的技术还在持续发展。

字母，语言和印刷术随时间而发展变化。历史上，这个过程中的关键因素，在占主导地位的文明和权力中已经得以改变，这些文明和权力将其意愿在现存的形式中继承、更改、改编和使用。拉丁语由于罗马人的统治得以在欧洲普及；法语是商务和法律的语言，而现在的英语作为一个国际化的语言，也被广泛使用。

语言很像是有收集癖好的喜鹊，它从各种来源获得文字和符号。现代拉丁字母“A”最初是一个公牛头的象形图案，但因为腓尼基人从右往左书写的习惯，所以这个符号向一侧旋转。在希腊文明时期，这个字母又一次被旋转。最终，罗马人将该字母又转了回来，形成了我们今天认识的这个字母。英语，特别有从其他文化吸收文字的能力，可能是因为它被广泛地使用。

单词有不同的组成部分。音素是描述语言的声音或符号元素，这是区别不同单词的基本单元。例如音素“o”和“x”放在一起组成了“ox”。词素是音素的分组，而音素形成了含有语义解释的最小语言单位。单词可以被分解成一系列不同含义的词素。单词“discredited”有三个词素：“dis”，“credit”和“ed”。音节是包含单一、不间断的声音的口语单元。音节可能由元音、双元音、辅音音节独立形成，或是通过一个或多个辅音与任何这些音节共同形成。“Discredited”一词有四个音节。在字母书写系统中，字母是指示声音的标记或符号。

书面语言经历了周期性的动荡。例如，希腊人不用空格。罗马人发明了空格，但是·常常·将·一个·点·放在·单词·中间·作为·空格。短信和网络留言正在掀起另一场巨变，为了不懈追求精度和便捷，单词被缩短成特定的语素或音素。例如HRU是“你还好吗？（how are you?）”的意思。为实现交流的有效性，文字常常用特定的标点或单词组成像表情一样的符号，例如，:-p就是发消息者的一种心理状态。

短信并不完全遵从语法或拼写规则，这使得规则是否依旧重要，成了一个开放的讨论。如果书写的目的是为了交流想法，它已经很有效地做到了这一点，因此严格坚持语法是没有必要的。尽管语法的规则赋予语言结构，使它能够发展和合并出新的单词和形式。商业品牌正在频繁地出现不按语法逻辑行文和拼写错误的现象，这些现象产生了不同的思想，更具有视觉效果或更容易被传播，例如数字出版网站Issuu。

对页《和平与大笑》是让·朱利安对语言的一种童趣的设计作品。关于他的访谈见第186页。

PEACE
&
lol

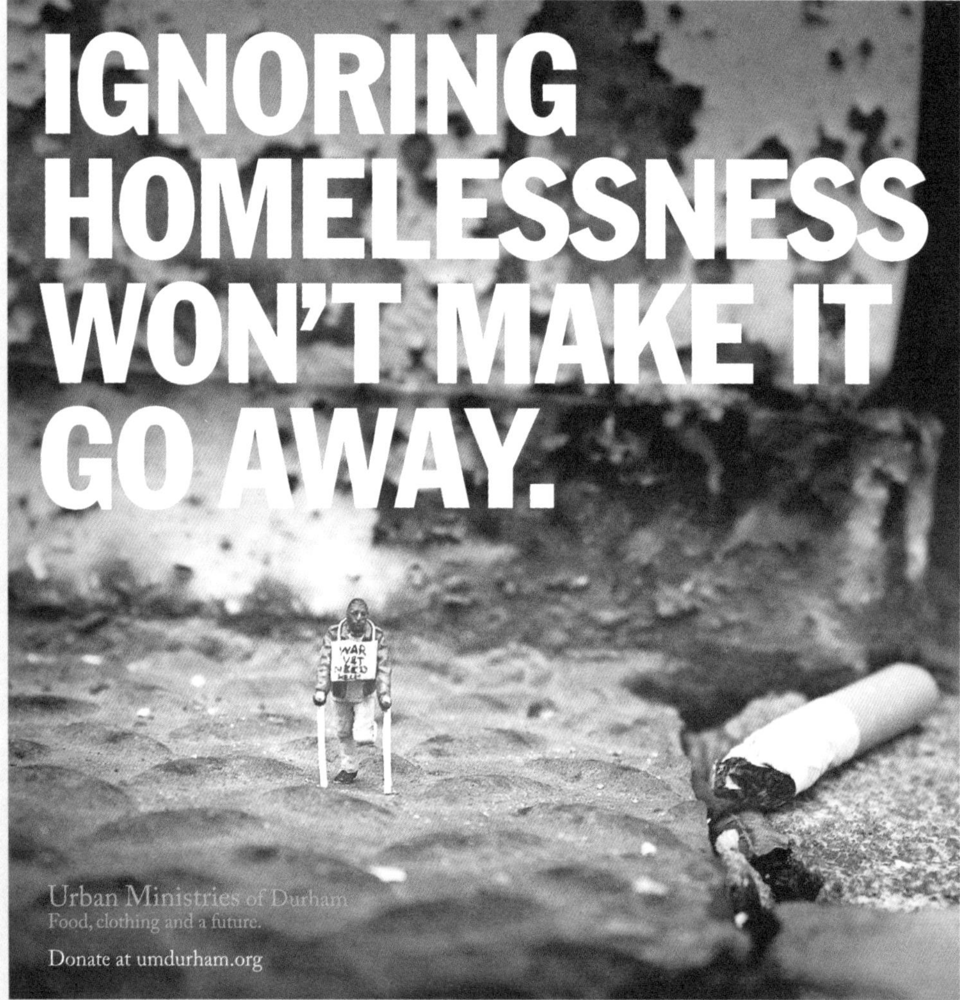
IGNORING HOMELESSNESS WON'T MAKE IT GO AWAY.
WAR VET NEED
Urban Ministries of Durham
Food, clothing and a future.
Donate at umdurham.org

文字的力量

文字是有力量的：它可以唤起强烈的情感，这样的情感会促进戏剧化的和果断的行动。文字可以有双重的含义，可以被误解并产生致命的后果。文字可以传达想法，帮助我们交流，润滑我们的生活，帮助我们用理性战胜暴力。

是什么让文字如此有力量？Kotodma或Kototama，日文意为“文字的灵感或灵魂”，指的是相信在文字和姓名中存在着神秘力量的信仰；这种力量听上去可以神奇的影响目标对象。

可能文字表达文化模因的能力，让文字成为了承载文化思想与符号的首选，也让文字成为一个人向另一个人通过书写、演讲、手势或其他可效仿的现象表达自己的基本方式。文化模因的概念是由进化生物学家理查德·道金斯（Richard Dawkins）在其1976年发表的《自私的基因》一书中首次提到的。道金斯相信进化依赖于自我复制单元的存在，例如基因，而人类的行为和文化的进化也用同样的方式逐渐演变出了自我复制单元，他将其称之为“文化模因”。

YOU CAN TURN
A BLIND EYE.
OR TURN A LIFE
AROUND.
Urban Ministries of Durham
Food, clothing and a future.
Donate at umdurham.org

正是语言的这种可以有效压缩概念或想法的能力让它如此有力量。当我们设法缩短文字字符的时候，文字变得更加强大。在维多利亚（Victorians）时代，人们总是给东西取很长的、有装饰性的名字，而现代社会则将这些名字的长度缩短，使它们表现得更有冲击力。英国作家查理斯・狄更斯（Charles Dickens）最著名的作品之一《大卫・科波菲尔（David Copperfield）》，在出版的时候名为《布兰德斯通贫民窟的青年，大卫・科波菲尔的个人历史，探险，经验与观察》。

作为专业化和媒体的平面设计行业，诸如杂志、海报、广告和电视的兴起，对于在规定的空间内使用文字，产生了更高效的、通常也更直率的需求，这些需求增强了文字的力量。标语和广告有时候以其自身的权利而成为模因。

在数码时代，文字的力量能够通过网络留言和其他缩略的交流形式持续增加吗？

达勒姆的都市（上图）

在这些海报中，设计代理机构麦金尼（Mckinney）证实了文字的力量，它通过强有力的信息击中要害。

语言的技巧

"如果你不知道你要去哪里，任何一条道路都可以行得通。"

刘易斯·卡罗尔（Lewis Carroll）

语言是美丽的。表达想法有许多方式，也有不少技巧，例如头韵、合成词、警句和其他方式，目的都是为了表达。在某种程度上，这些修辞功能因为可以有效地交流想法，而往往更容易被记住。

合成词

由两个（或更多）单词结合而形成的一个新词，例如"奶酪汉堡"来自于"奶酪"和"汉堡包"。合成词通过创造新词而让语言更有效，而这个新词比它的两个组成词更加简明地表达了想法或概念。广告和市场常试图创造合成词，以达到精炼和容易记忆的效果。许多品牌名也源于合成词，例如乐高（Lego），来自丹麦词组"leg godt"，意思是"玩得好"。

警句

警句简单、有趣、容易记忆，且表达一种惊讶或讽刺的态度。维多利亚时代的作家奥斯卡·王尔德（Oscar Wilde）在他的作品中不断地使用警句，其中的许多句子至今还在沿用，例如"除了诱惑，我什么都能抵抗"和"经验是每个人给他们的错误起的名字"。

回文

单词或词组从前往后念和从后往前念是一样的。例如简单的单词"Anna"或标语"A Toyota's a Toyota"。

头韵

头韵是首个韵音或声音的重复。声音的重复使头韵可以非常便于记忆，所以经常担当记忆的助手。品牌和广告公司使用头韵，是因为它们可以非常有黏着性而且好记。知名品牌用头韵的包括KitKat 和可口可乐（Coca-Cola）。

押韵

与头韵相同，押韵的特点是在一个或多个单词中对同一种声音的重复。诗与歌曲中经常使用押韵，广告歌曲中对此也常常使用。

新词

新词是刚刚开始被普遍使用，但是还没有成为主流语言的词汇。新词的出现或创造是为了更加精准地表达一个新的概念。数字通信时代有许多新词的出现，它们后来都被大众接受，例如互联网（internet）和社交媒体（social media）。有时候，产品营销商和品牌商创造的强大的品牌最终成为了新词。例如，推特（Twitter）就产生了动词"发微博（tweeting）"。

音节缩写

音节缩写是由多个单词的首音节组成的。国际刑警组织（Interpol）是"国际（International）"和"警察（police）"的音节缩写组成的。

首字母缩略词

首字母缩略词是由一个词组的首字母组成的。它们经常被用来表达更简单的形式，例如ATM（自动取款机）是automatic teller machine的首字母缩写，首字母缩略词的产生有效地表达了该事物的名字或名称。首字母缩略词因其有效性而被转化成新词，例如radar（雷达）是由radio detection and ranging（无线电定位系统）组成的。短信被认为是使用首字母缩略词最频繁的方式，例如，LoL是由laugh out loud（失声大笑）组成的，IMO是由in my opinion（在我看来）组成的。

对页：男人和电子邮件是由让·朱利安（Jean Jullien）设计的一个简短的文字游戏，他的采访在后页可以读到。

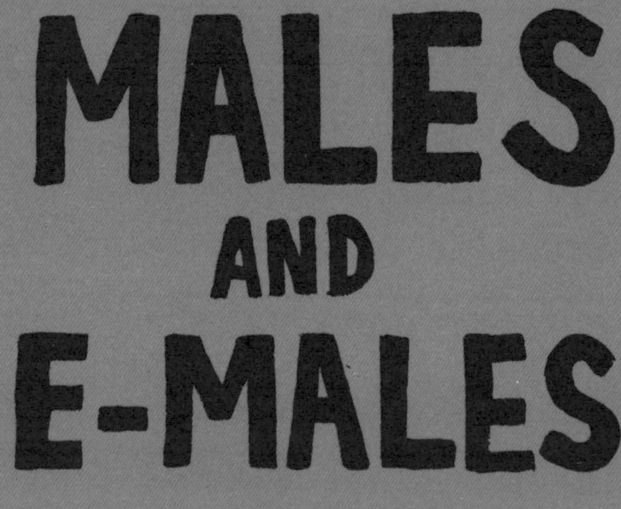
MALES
AND
E-MALES

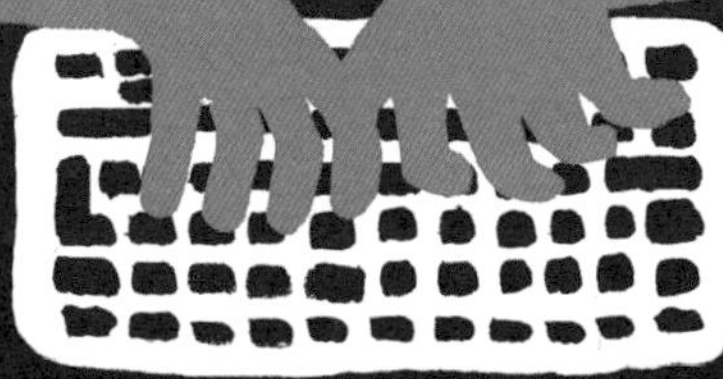

让·朱利安（Jean Jullien）是一个居住在伦敦的法国平面设计师，他2008年毕业于中央圣马丁艺术与设计学院，2010年毕业于皇家艺术学院。他的业务范围涉及从插画到摄影，从视频、剧装、装置艺术到海报和服装设计等众多领域。其作品常常基于周围的口号和大尺寸文字对信息的传达的影响。

问：你的设计风格是怎么来的？

答：我觉得它一直在进化。

问：你的作品常常简单却不过度简化。你认为这是你的设计能够取得成功的原因之一吗？

答：可能是的。

问：你的很多设计都是用一个日本笔刷画出来的。你为什么喜欢这种绘画工具？

答：有犯错的余地，它是有机的。

问：你的设计通常很幽默，玩文字游戏。你为什么认为这种交流方式很强大？

答：人们喜欢游戏。他们喜欢被挑战。

问：在设计中，什么是情趣与喜好？情趣与喜好有没有好坏之分？

答：没有。我不认为情趣与喜好有好坏之分。一些人的所谓坏情趣与喜好可能是另一些人的好情趣与喜好，这是相对的。我认为每个人都不会喜欢同样的东西，因此展示什么和欣赏什么，这个范畴非常多样。这是丰富和中立的。

I WANT
TO HAVE
TEXT
WITH
YOU

让·朱利安制作的海报是一个文字游戏，也是一条在《泰晤士》上的评论。

安东尼·博乐关于“缩短距离和限制选择的乐趣”的访谈

加文·安布罗斯（以下简称“加文”）：你印刷的警句清晰地抓住了公众的想象力。你能否描述一下你在这些方面的想法，它们是否又回归到了排版交流的最简单的形式？

安东尼·博乐（Anthony Burril）（以下简称“安东尼”）：我第一次做《努力工作，对人友善》的海报是在2004年，在那之前有很多基于文字的作品，但是我声明都不对此负责。我很早就开始做此类的东西，但都没有落地。所以可能这是我了解的东西。我有大量这类工作可以作为历史参考数据。❶ 我与亚当（Adams）在莱耶开始了工作，他们有一组木板字体可用。简单地说，你不能改变尺寸，它是用木头做的，这对你的决定、选择和设计有很大的限制条件。这些限制影响了作品，从某种程度上来说，是这些限制设计了作品。由于大众媒体的出现，例如博客，Tumblr等等，作品可以分享，这创造了一个有机的发展。它从来没有真正的被市场化或被推销，但它却在很多展览中被展示。

加文：你是在试图传递一种价值吗？

安东尼：随着时间的推移，我了解的或摸索的东西，是非常真诚的。我想要把我汲取的极少的教训分享出来，但不是用约定俗成的方式。我喜欢让文字和意义保持一个开放的结局和开放的解释。本质上说，不论你是一个刚刚开始学习的学生还是一位三个孩子的母亲，我表达的东西如果与你有关，它就与你产生共鸣并让你觉得有道理。总之，我希望我的作品在跟很多人对话。

我更多的是从事文字和抽象的工作，我发现图片太过饱和了。使用文字，你可以更简单地交流信息，因为它更加直接。我们看到的许多东西都缺乏背景，特别是在公众媒体上。它是一种与其他事物没有关联的漂浮物。它非常妩媚，通过简单的构图形式，却成为了视觉上毫无意义的陈词滥调。这是一项纯粹的关于想法的工作，将一些东西放在那里，看看人们是如何反应的。每个人现在都习惯于使用电脑，早在20世纪90年代中期，设计完全是图层化的操作，完全取决于你能用电脑做什么，而现在我们已经远远超越了这种状态。设计是关于想法的一件事，木板印刷的形式就是对此的表达。

@扎克·阿拉（Zac Ella）

@林赛·J·海恩斯（Lindsay J. Haynes），关于林赛（Lindsay）的采访在本书第52页

@凯文·梅雷迪斯（Kevin Meredith），关于凯文（Kevin）的采访在本书第138页

❶ 安东尼·博乐受到了二十世纪六十年代美国民权运动口号的影响，正如我们看到的欧内斯特·威瑟斯（Ernest Withers）的那些新闻摄影作品（见本书第285页）。

WORK
HARD
&
BE NICE
TO PEOPLE

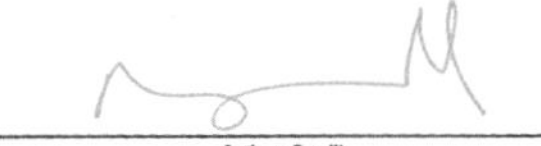

Anthony Burrill

ASK MORE
QUESTIONS

GET MORE ANSWERS

Anthony Burrill

EVERY DAY
BEAUTIFUL

Anthony Burrill

字母形式

符号与含义

我们认为任何图像、符号、文字和字体都有符号化和认知的双重含义。

符号（图像的文字含义）有明确的象征、指定或命名的力量
涵义（我们的联想）属于、关于、包含或有认知的。

如果你看到了一个十字形的符号，即使它只是个简单的形状，它也有认知的意味。它是一个基督教的符号。它有双重的含义：它是什么，我们可以通过联想从中学到什么。同样的，心的符号有爱的含义，鸽子代表和平，枪代表战争，等等。

同样的原则也适用于字体。如同名字暗示的，字体有其“外观”，我们精心地选择字体，因为它们让我们除了书写文字，还能讲故事。他们可以像人一样严肃、炫耀、滑稽、难以理解。

当我们看待印刷的时候，我们需要认真了解文字和语言是如何构成的，因为这与键入的单词息息相关，例如马克·特里布（Mark Trieb）最初在《AIGA平面设计杂志》1989年的第3期第7卷上发表的一篇文章中所描述的：

不论视觉语言想要表达什么，它都传递了声音和含义的双重信息。如果图片与它所指的对象充分相似，并且被使用的准则是明显的，那么，它与它所表达的想法之间将产生毫无障碍的联系。但是因为我们发展的平面系统所展示的更多是听觉而不是图像的想法，交流工具天生变得更加抽象，概念与其平面形式之间的鸿沟越来越宽。为弥合这条鸿沟，本土化的标志生产商和设计师共同创造了混合形式，我们不妨称之为“眼-可尼克（eye-konic）”；字母形式因其图像化而变得更加丰富。

——马克·特里布《图片，音素和印刷》

我们发现，这些口头上的标记和图片可以为平面所利用。在下面的篇幅中，我们将好好的讨论文字与字母形式如何纠缠在一起，从而讲述双重的故事。

字体不仅仅是形状，它们还有个性，他们讲述故事，因此我们需要精心地选择我们想要使用的字体进行表达。

布赖恩·雷阿关于“文字和图片”的访谈

加文·安布罗斯（以下简称“加文”）：你是如何看待印刷术和插画之间的联系的？我这样问是因为你的字体都非常有画面感。

布赖恩·雷阿（Brian Rea）（以下简称“布赖恩”）：我发现创作的作品在书写和插画之间存在着比字体和插画之间更紧密的关系。这种关系不仅仅是在制作这两个东西的方法上，还有在讲故事的方式上。当我着手一个项目的时候，我觉得用文字的内容比它如何展示要重要得多，而且我觉得这就是区别。排字工成为字形设计师，他们会考虑字母之间的关系以及它们如何以一组的形式，或在页面上与其他设计结合的形式得到展示。我是一个插画师，有时候我会使用文字或列表来讲故事，所以我会花大量的时间去考虑文字表达的内容，而不是每个单一字母的结构。

加文：你的工作方法是什么？在工作实践中，你有没有某种固定的元素来辅助创意？

布赖恩：我所有的项目都始于书写，大部分是列表。有时候列表就仅仅是列表，但也有时候，文字被发展成图片，然后变成正式的绘画。最近我每个早晨专心的画一个小时画。这些简单的图像都是基于我一整天没有落在纸上的见闻和思考。通过这种方式，我找到了对一些事物的回应和创作一些东西的机理，可能也清晰了我想要表达的东西。我曾经在工作室，试着专注于做一个没有文字或别的什么社会性的东西。然而我现在改变了很多，但是如果我做事很高效，第二天查看进度之后，我的精力会更充沛。当然，不工作的时候也是很重要的。一次远足，一顿美餐或一次冲浪常常能够帮助我解决一些问题。

加文：你觉得设计、插画和其他媒体将走向何处？它们正在聚合吗？我们变得更加相似，还是说设计领域正在变得更加多样？

布赖恩：我是进化论的崇拜者。如果设计和插画变得太过相似，民众会对其有所修复。当然，因为我们很容易能够从周遭世界发现图像和故事，视觉潮流来得快去得更快。这是件好事。它使得图片制作更加精炼，它将推动插画和实验性图片制作的许多新领域。现在的世界比50年前要视觉得多。这仅会使那些用各种形式制作图片的人更加受益。

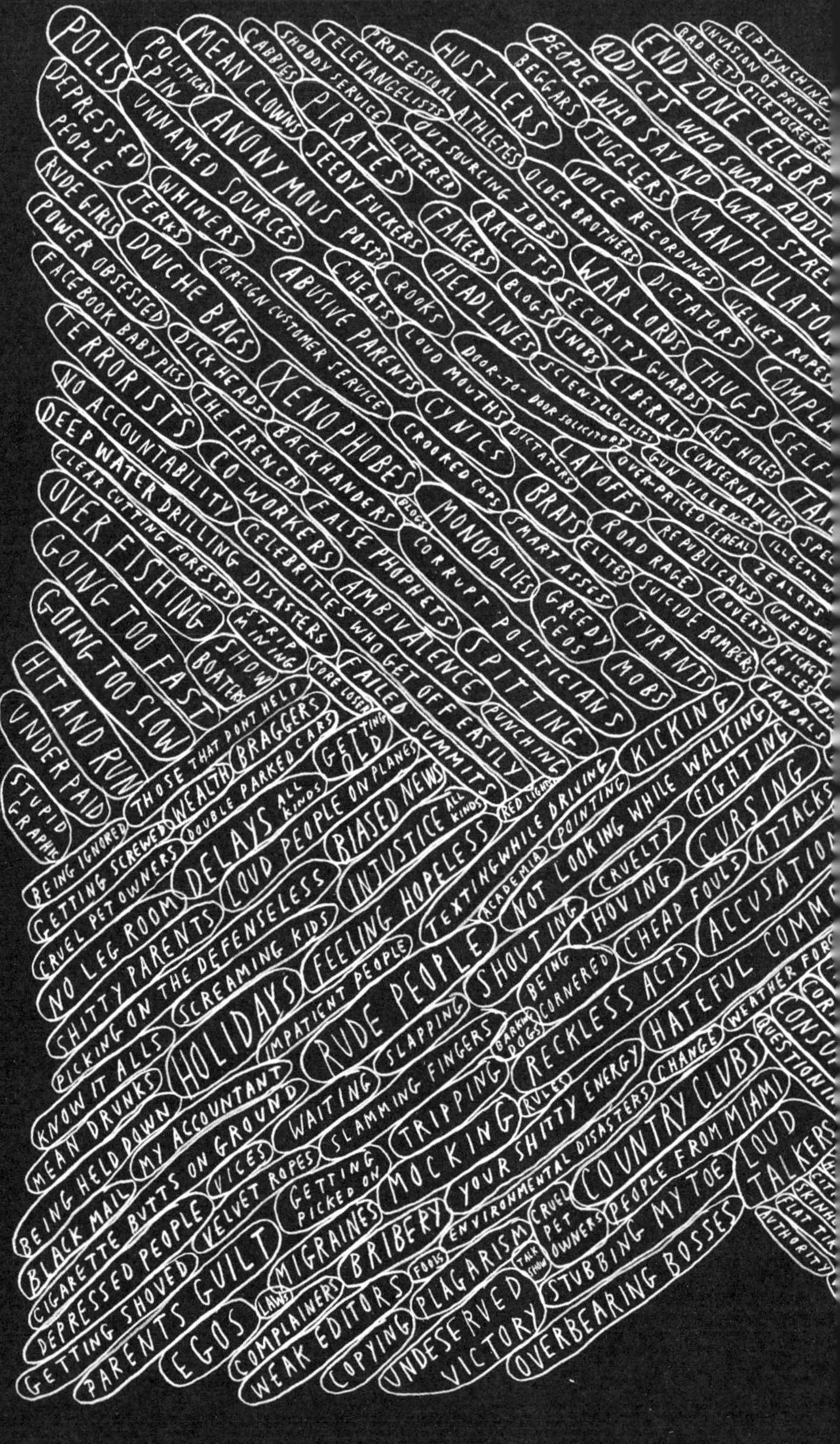
POLLS
POLITICAL SPIN
MEAN CLOWNS
CABBIES
SHODDY SERVICE
TELEVANGELISTS
PROFESSIONAL ATHLETES
HUSTLERS
BEGGARS
PEOPLE WHO SAY NO
ADDICTS WHO SWAP ADDICTIONS
END ZONE CELEBRATIONS
BAD BETS
INVASION OF PRIVACY
LIP SYNCHING
PICKPOCKETERS
DEPRESSED PEOPLE
UNNAMED SOURCES
ANONYMOUS POSTS
PIRATES
SEEDY FUCKERS
LITTERER
OUTSOURCING JOBS
OLDER BROTHERS
JUGGLERS
VOICE RECORDINGS
MANIPULATORS
WALL STREET
RUDE GIRLS
JERKS
WHINERS
FAKERS
RACISTS
POWER OBSESSED
DOUCHE BAGS
FOREIGN CUSTOMER SERVICE
ABUSIVE PARENTS
CHEATS
CROOKS
HEADLINES
BLOGS
SECURITY GUARDS
WAR LORDS
DICTATORS
VELVET ROPES
FACEBOOK BABY PICS
DICKHEADS
XENOPHOBES
LOUD MOUTHS
DOOR-TO-DOOR SOLICITORS
SCIENTOLOGISTS
SNOBS
LIBERALS
THUGS
TERRORISTS
THE FRENCH
BACKHANDERS
CYNICS
CROOKED COPS
DICTATORS
LAYOFFS
OVER-PRICED CEREAL
GUN VIOLENCE
CONSERVATIVES
ASSHOLES
NO ACCOUNTABILITY
CO-WORKERS
FALSE PROPHETS
MONOPOLIES
BLOGS
SMART ASSES
BRATS
ROAD RAGE
REPUBLICANS
DEEPWATER DRILLING
CELEBRITIES WHO GET OFFENDED EASILY
CORRUPT POLITICIANS
ELITES
SUICIDE BOMBERS
POVERTY
CLEAR CUTTING FORESTS
CELEBRITY DISASTERS
AMBIVALENCE
GREEDY CEOS
TYRANTS
OVER FISHING
STRIP MINING
SPITTING
MOBS
GOING TOO FAST
SHOW BOATERS
SORE LOSERS
FAILED SUMMITS
PUNCHING
KICKING
VANDALS
TICKET PRICES
GOING TOO SLOW
HIT AND RUN
UNDERPAID
STUPID GRAPHIC
THOSE THAT DONT HELP
WEALTH BRAGGERS
DOUBLE PARKED CARS
GETTING OLD
LOUD PEOPLE ON PLANES
BIASED NEWS
RED LIGHTS
TEXTING WHILE DRIVING
POINTING
NOT LOOKING WHILE WALKING
FIGHTING
BEING IGNORED
GETTING SCREWED
CRUEL PET OWNERS
DELAYS ALL KINDS
INJUSTICE ALL KINDS
FEELING HOPELESS
ACADEMIA
CRUELTY
CURSING
ATTACKS
NO LEG ROOM
SHITTY PARENTS
PICKING ON THE DEFENSELESS
SCREAMING KIDS
IMPATIENT PEOPLE
RUDE PEOPLE
SHOUTING
SHOVING
CHEAP FOULS
ACCUSATIONS
KNOW IT ALLS
HOLIDAYS
SLAPPING
BEING CORNERED
RECKLESS ACTS
HATEFUL COMMENTS
WEATHER
MEAN DRUNKS
MY ACCOUNTANT
WAITING
SLAMMING FINGERS
BARKING DOGS
RULES
YOUR SHITTY ENERGY
CLIMATE CHANGE
QUESTIONING
BEING HELD DOWN
CIGARETTE BUTTS ON GROUND
VICES
TRIPPING
MOCKING
ENVIRONMENTAL DISASTERS
COUNTRY CLUBS
PEOPLE FROM MIAMI
LOUD TALKERS
BLACK MAIL
DEPRESSED PEOPLE
VELVET ROPES
GETTING PICKED ON
MIGRAINES
BRIBERY
CRUEL PET OWNERS
STUBBING MY TOE
AUTHORITY
GETTING SHOVED
PARENTS GUILT
EGOS
LAWS
COMPLAINERS
WEAK EDITORS
FOOLS
PLAGARISM
TALK SHOW
COPYING
UNDESERVED VICTORY
OVERBEARING BOSSES

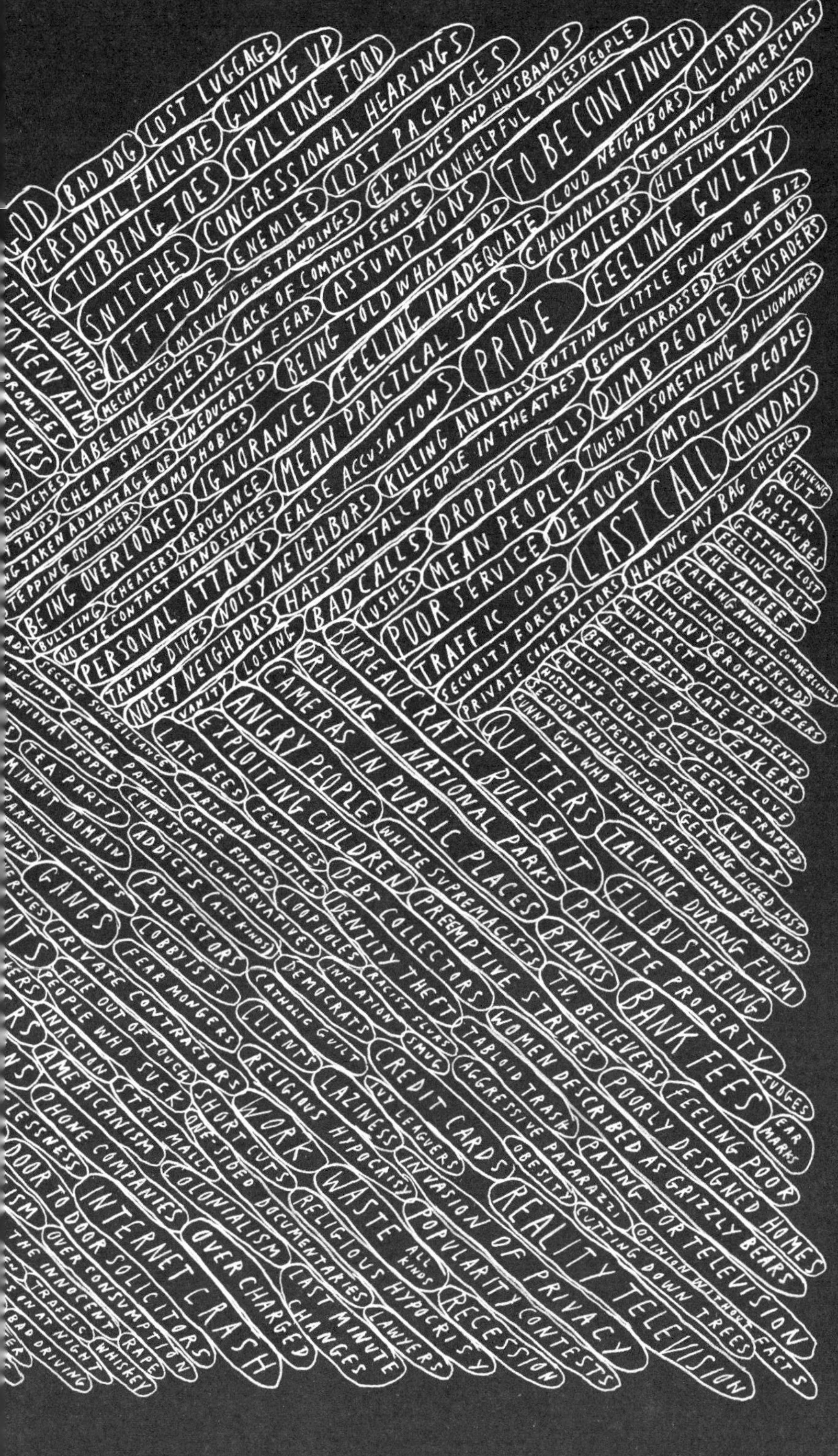

图片是布赖恩·雷阿为西班牙的巴塞罗那米罗基金会设计的名为《愿景与恐惧》壁画的最初草图。

THIS IS
CALIFORNIA
START ACTING
LIKE IT

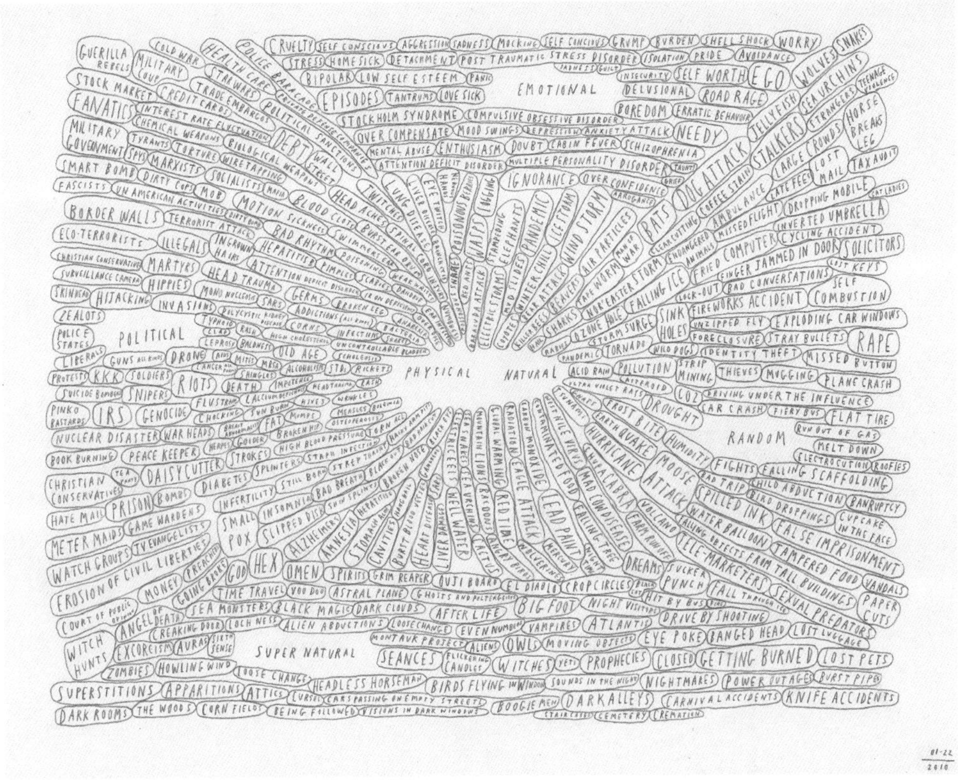

图片是布赖恩·雷阿用字体作为平面装置构成文字和信息的作品。《加利福尼亚》（左），《疼痛与愤怒》（右），《恐惧》的壁画草图（上右）。

ANNAKHAN

与加伯·帕洛太的对话

加文·安布罗斯（以下简称“加文”）：在整个的变化中，插画、印刷、甚至是设计扮演着什么样的角色？

加伯·帕洛太（Gabor Palotai）（以下简称“加伯”）：在过去的二十年中，设计的普及既是一个祝福也是一种诅咒。我们对于视觉交流重要性的理解正在增加，但同时，基于知识的设计减少了，其结果导致了快速时尚设计的过剩。

加文：你的作品有“手工艺”的元素，它很接近自然。这是你积极信奉的东西吗？

加伯：手工艺作为触觉交流非常重要，你可以以此将肉体渲染成骨架或是将一本书变成一个设计对象。

加文：你的作品经常有开玩笑和幽默的元素。你认为这是交流设计中的重要部分吗？

加伯：在这个有太多感官和荒谬的世界里，感受能力是非常重要的。我将想象力和情感当做视觉交流的肢体语言，用情感的钢琴，你几乎可以弹奏出所有你想要的曲调。

加文：是什么让交流和设计最有效？

加伯：持久的强烈视觉表现。

加伯·帕洛太为安娜·康设计的品牌（对页和上方）。

约翰·P·德赛瑞奥关于“文字，类型和语言”的访谈

约翰·P·德赛瑞奥（John P. Dessereau）是一个来自布鲁克林的艺术家，他的作品曾刊登于《L》和《并置》杂志上。他赢得了2012年举办的“一百个艺术家”的竞赛，在纽约的文化调试画廊（Culturefix Gallery），他展览了包括《我知道的男孩II》在内的一组展品。

加文·安布罗斯（以下简称“加文”）：我们的一些作品对文字的使用和排版样式非常清晰。例如《说谎者》是一个基于老式台球厅标志的绘画，背景的改变带来了双重含义。你可以详细的描述一下你的作品是如何与文字、语言、字体相联系的吗？

约翰·P·德赛瑞奥（以下简称“约翰”）：两年前，当我路过纽约城的联合广场附近的一个台球厅时，在台球厅标志上看到了单词“说谎者”，这是一个顿悟。我发现自己站在巨大的霓虹灯下发呆。我给这个标志拍了张照片，对其进行了思考。当天晚上我打印了那张照片，画了几张草图，试图探索我的感受和原因。这是一个隐喻，单词“说谎者”隐藏在单词“台球”中，就像是一个真正的说谎者藏在我们其中。这是一个警告，也是一个提醒。这也是双重含义的所在之处，单词有阐释的能力，即使它被放在另一个句子或短文里，以声明一个事实。然后我将最好的一张草图放到了大帆布上，打印了一份，然后思考我身边潜在的说谎者。

加文：你将你的作品描述成“现在的想法与受限的现实之间的碰撞”。你觉得文字与其含义是其中的一部分吗？

约翰：我的确这样认为。文字表现了这一点，而且当我应用这个想法的时候，有些文字让我畏惧。当新闻发言人说“通货膨胀”时，我发现这是一个冲突的单词，更多的是因为每个人周围没有足够的谎言，而不是没有足够的金钱丧失购买力。群众应该重新定义一些词来激发更大的改变。一个巨大的污染油公司的“财富”是什么？快餐大公司麦当劳所谓的“爱”是怎样的？

加文：你的作品具有颠覆性，让不重要的东西变得不朽，例如作品《LOL》。或是用同样的方式去展示一个大主题，例如作品《权力》。这是一种与文字相关的传统，特别是在像艾德·鲁舍（Ed Ruscha），芭芭拉·克鲁格(Barbara Kruger)和珍妮·霍尔泽（Jenny Holzer）等美国的艺术家中。你认为你的作品是这个运动的一部分吗？

约翰：如果我是这个运动的一部分，我会感到非常荣幸。我为我的所见所闻以及我从哪里来而感到特别。我的妈妈是我非常亲近的人，尽管我们很缺钱，但她一直都确保她的孩子接受教育：教育不是只在教室才进行，它存在于每天的日常生活中。尖锐的观察和详细的分析人们的文字，会让人做出伟大而又独特的结论。我试着把握单词并对它们爱不释手。我把简单的文字LOL进行采样，然后将其放大。我也尝试着去将“权力”还给人们。这个世界变化太快，想要抓住人们的注意力是很困难的，我希望尽可能快和简单的提供一种有意义的影响。

我希望尽可能快和简单的提供一种有意义的影响。

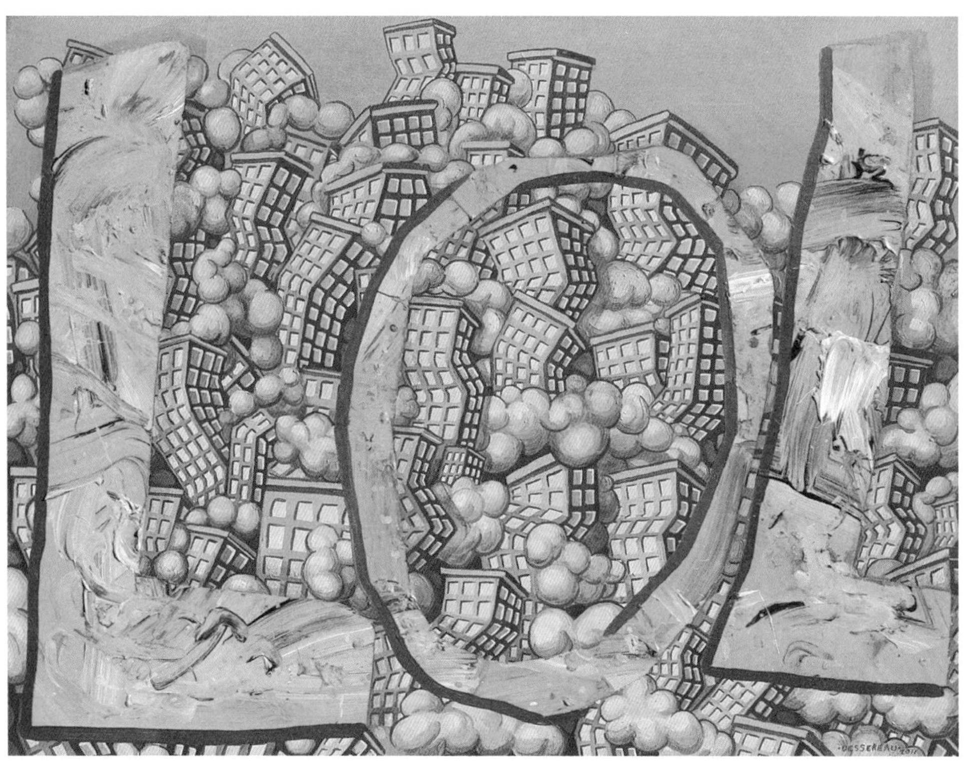

《LOL》，2011（24×18 吋），约翰·P·德赛瑞奥在木头上利用丙烯酸创作的作品。

《权力》，2011（72X72 吋），约翰·P·德赛瑞奥在帆布上利用丙烯酸创作的作品。

BLAH
BLAH
BLAH
BLAH
BLAH
BLAH
BLAH
BLAH

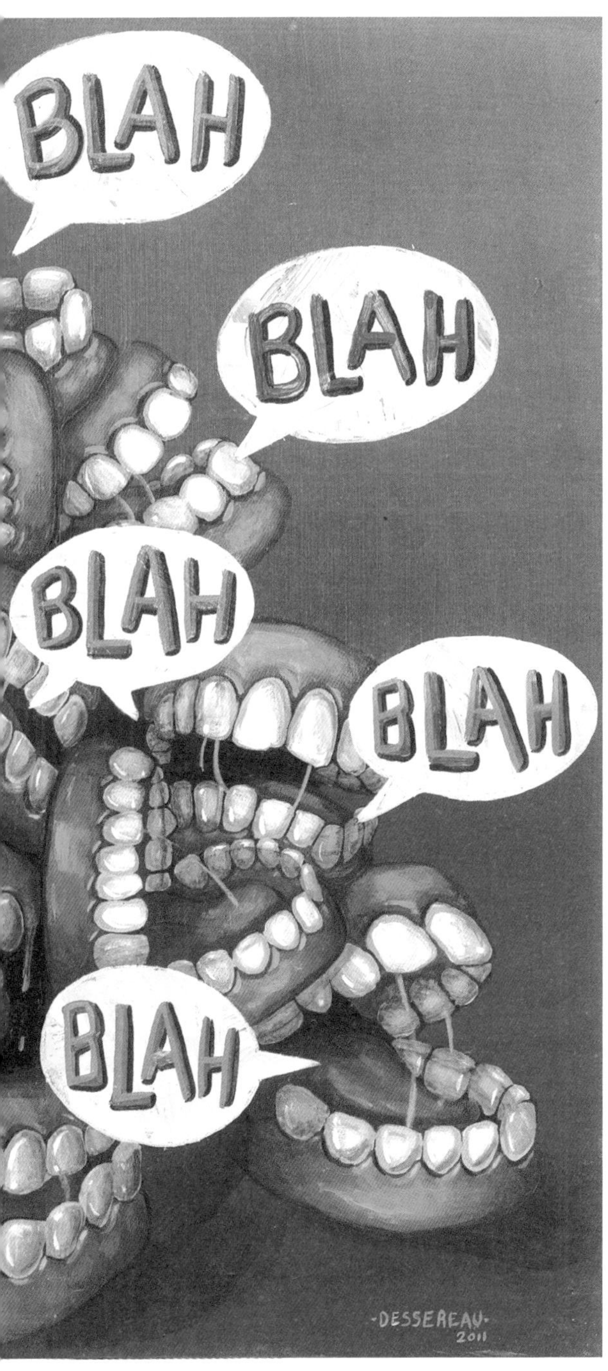

《说屁话》，2011（24×18 吋），约翰·P·德赛瑞奥在木头上利用丙烯酸创作的作品。

讲故事

"一个公司的品牌就像一个人的名誉。你通过努力做好困难的事而得到信誉"。

——杰夫·贝索斯（Jeff Bezos），亚马逊的发起人

品牌的发展以创造与众不同的商标来展示其特质，例如力量、质量、坚固、可靠、信任或风趣。现代品牌试图通过展示一个故事来表达一个品牌的特征。

讲故事在有历史或已经存在很久的品牌中很普遍。故事通常是讲述品牌的历史：谁是它的创始人，它是如何发展的，在过去的二十年中，该品牌是如何进化并再造，从而影响变化中的品味和时代精神的。

寿命的概念是品牌故事的中心，因为它暗示了质量、可靠和信任；一个品牌已经存在了很久，通常是因为其产品精益求精，并很好的表现了它背后的传统。

讲故事允许品牌拓宽信息目标，加强品牌信息的软信息，例如展示完成了奢侈品汽车室内空间的手工艺人或为很古老的威士忌或红酒箍桶的手工艺人。因此（古老的）生产过程中的不同阶段，变成了关于品牌质量与传统故事的插曲。

腔调

通常，我们表述一些东西的方式和我们说的内容一样具有影响力。这里所说的腔调，指的是图像的口音或重音。为一个项目寻找腔调，能够促进品牌或服务的交流。它有特定的文字表述方式：文字如何书写？标点如何使用？它一直是这样简短和干脆的，还是能有更多的细节？它也有特定的图像表述方式：它是否一直大写？颜色和字体的选择将很大程度的影响腔调的表达，它如何被诠释？

这里展示一个例子，设计机构To The Point为国际打印机News Printers做了一个项目，目的是传达以工人为荣的重要信息。

最终的装置平面既动人，又有幽默感，反映了打印机和他们所代表的客户的价值。它的腔调是严肃的，友好的，直接的，并且传达了一种自豪感，就像To The Point公司的西蒙·赫顿（Simon Hutton）解释道：

"我们为News Printer公司的项目做了一个内部研究，方法是走出去与团队对话，并做一些品牌的研讨会，从而建立对于品牌和核心价值的理解。我们发现，他们对自己做的事情的巨大的自豪感，是对我们的作品有用且关键的反馈。我们的目标因此由它们打印的出版物（太阳报，泰晤士报，世界新闻）的骄傲，转化成了它们对'新闻打印'业务的骄傲。"

文字元素一贯被用来展示语言学的特征（它们有同样数量的文字）和图像方面的表达（它们设置了三行字体与两种颜色）。文字与意象的并置形成了语言学上的结点，充满了乐趣。

以上的图片是来自设计机构 To The Point 为国际打印公司 News Printers 设计的装置，它传达了工作者对这份工作自豪感。平面直接、有参与感，并用双关语描绘了与客户业务相关的内容，从而展示了某种自由自在的感觉。例如，用牙齿大战玩具的图片展示会议室。文字元素简短犀利，与意象的并置，形成了友好而直接的视觉节点。

NB工作室的艾伦·戴关于“发展品牌个性和差异”的访谈

加文·安布罗斯（以下简称“加文”）：“为绅士制造”的概念从何而来？

艾伦·戴（Alan Dye）（以下简称“艾伦”）：皇家芝华士（Chivas Regal）是著名的醇酿苏格兰威士忌顶级品牌，它出口了大概一百多个国家，40~50年前就开始制作礼品罐，他们一直沿用同一种方法，那就是标准的银色铁罐。然而，一些商家会买进它们的产品，一些则不会，这完全依赖于设计。所以我们认为它需要一个更大的概念，一个故事，而不仅仅是简单地设计一个铁罐。于是我们提出了“为绅士制造”的概念，因为该产品面对的客户是百分之九十八的男性，以及将此产品当做礼物送给丈夫、男朋友或父亲的女性。这个概念的意思是：作为男人，你不能不喜欢它。紧接着，我们开始与手工艺人合作，因为做芝华士威士忌需要很多工艺。酿酒高手从美国的勃艮第或波本市场弄来酒桶，然后花很长时间去酿造威士忌。因为这是一个精细的工艺，我们想要在设计中反映它。第一年我们与蒂姆·利特尔（Tim Little）合作，他是经典皮革制造商葛朗松(Grenson)的所有人。这次合作非常成功，收效甚好，各地市场都买进了它。在之后的几年中，我们又与诺顿父子公司（Norton & Son）的帕特克·格兰特（Patrick Grant）合作，它是伦敦萨维尔街（London's Saville Row）最古老的裁缝铺。订购和市场买进证明了“为绅士制造”活动的成功，预定从大约两百万增长到三百万个单位，而且所有的市场都在运作这个活动。

加文：你在一个拥挤的市场环境中，成功地塑造了与众不同，这是品牌建立的关键吗？

艾伦：威士忌市场是一个非常平淡无奇的市场，其中许多都是奢侈品，所以你需要为它找一个不同点。客户喜欢用“破坏性”这个词来形容此事，所以如果你看到架子上有一听铁罐威士忌，它将马上进入你的视线。更重要的是，它包含一个故事，它有一个完整可靠的叙事或主题。皇家芝华士完全是关于风格和内容的品牌，所以我们会与有风格和有内容的人合作。这种工作方法也有很长的市场寿命。

加文：了解客户的产品究竟有多重要？

艾伦：威士忌市场和红酒市场一样，你必须理解它。在红酒中，因为土壤的不同，长在山的这一侧和另一侧的葡萄尝起来味道就不同。同样，你的威士忌制作工艺也会对它的口味产生巨大的影响。酿酒师会通过在特定的阶段停止蒸馏来获得特定的口味，甚至铜罐上的一个小小的残缺都会造成口味上的变化。在苏格兰的酿酒厂，虽然每个人都用同样的方法酿酒，但由于每个酿酒厂的铜罐的形状不同，就导致了口味上的不同。

在威士忌的世界里，故事非常重要。所有的威士忌都试图发掘典故，让各自的产品成为遗产。所以我想，故事的确很有用，人们也确实很看重此事。

客户喜欢用“破坏性”这个词来形容此事，所以如果你看到架子上有一听铁罐威士忌，它将马上进入你的视线。

GRENSON
ENGLAND 1866

2A
CHIVAS REGAL
3B
28/09-11
CHIVAS REGAL
SCOTCH
MADE FOR GENTLEMEN
LIMITED EDITION BY TIM LITTLE
DESIGNER AND SHOEMAKER
CHIVAS REGAL
BLENDED
AGED 12 YEARS
SCOTCH
WHISKY

“为绅士制造”

这些图像是 NB 工作室为威士忌品牌皇家芝华士所做的“为绅士制造”的活动提供的样本，其目的是为了增加 12 年限量威士忌的销售。芝华士 12 年（Chivas 12）是皇家芝华士最成功的威士忌。“为绅士制造”的概念将风格与包含着奢侈、热情与区别的内容结合在了一起，是对遗产、手工制造和定制的尊崇。

叙事

“我们需要叙事；它以特定的方式滋养着我们，在你真正的体验它之前，你需要彻底地解构它，我认为它让我们远离匮乏。”

——乔斯·温登（Joss Whedon）

叙事或故事是一系列连贯事件，这些事件的展示，按照顺序组建和发展了故事的主题。叙事可以使用在许多不同的媒体中，例如电影、书籍和绘画，也可能以并不明显的方式使用，例如网页、产品设计和建筑设计。

因为平面设计尝试着把秩序引入到相关不同的内容中，因此它也会使用叙事的方式例如将读者、使用者或观者从观点A引到观点B，比如是否购买，是否对某个信息感兴趣，以及是否使用产品。故事的讲述常常传达了复杂的信息，例如接种疫苗的重要性，或如何处理飞机上遇到的紧急事件。

一般情况下，叙事中的角色可以让观众产生联系，并在最有效的信息传达时间框架内，通过相关信息，用一个特定的节奏引导读者。流行音乐电视和广告有时候就是在分秒之间传达非常复杂的故事线。角色通常代表叙事的声音，而这个角色向目标观众展示了被赋予的特定属性、能力和特征。设计或写作风格将增强这种特征。例如，如果一个作品的目标群体是青少年、新父母或退休人群，可能会根据不同的人群，采用能够反映目标观众并与其产生共鸣的叙事，和适合观众的平面装置。

设计可能包含审美叙事，它唯一的功能是认识商品的本质。例如，汽车制造商正在制造与汽油动力汽车的性能特征接近的电动汽车。因为电动车引擎加速的时候不会产生轰鸣声，但由于发动机的长啸又是运动汽车购买者想要的叙事的一部分，因此制造商正在考虑借助气流机制或其他能够为电动汽车增加产生引擎“轰鸣”的人工装置。

故事的讲述方式有很多种。叙事的角度可以是第一人称、第二人称、第三人称（无所不能的叙事者）或交叉的。通过叙事，我们可以通过主角的眼睛看到事情的变化，而这位主角可能会有和我们相似的特征。

叙事也可以在杂志和商业中，以一种并不明显的设计方式，扮演重要的角色。产品通过叙事而设计。为婴儿和孩子设计的产品，需要带着抚养孩子的心态，例如，产品可能包括有助于刺激视觉的鲜明颜色；为了减缓握力而增大的扶手；为儿童安全考虑的帽子等等。

小巧的机械技术进化得更加直观，这激发了更广泛的大众诉求。早期的家用电脑要求客户掌握如何使用命令行。现在我们已经可以简单地在触摸屏上下载应用程序。

为什么讲故事对设计来说是重要的？叙事之所以重要是因为它提供了使目标观众鉴赏或理解设计的方法。这意味着，设计师不仅要考虑设计对观众的功能性，还要考虑它如何能够获得观众的认可和赞同。

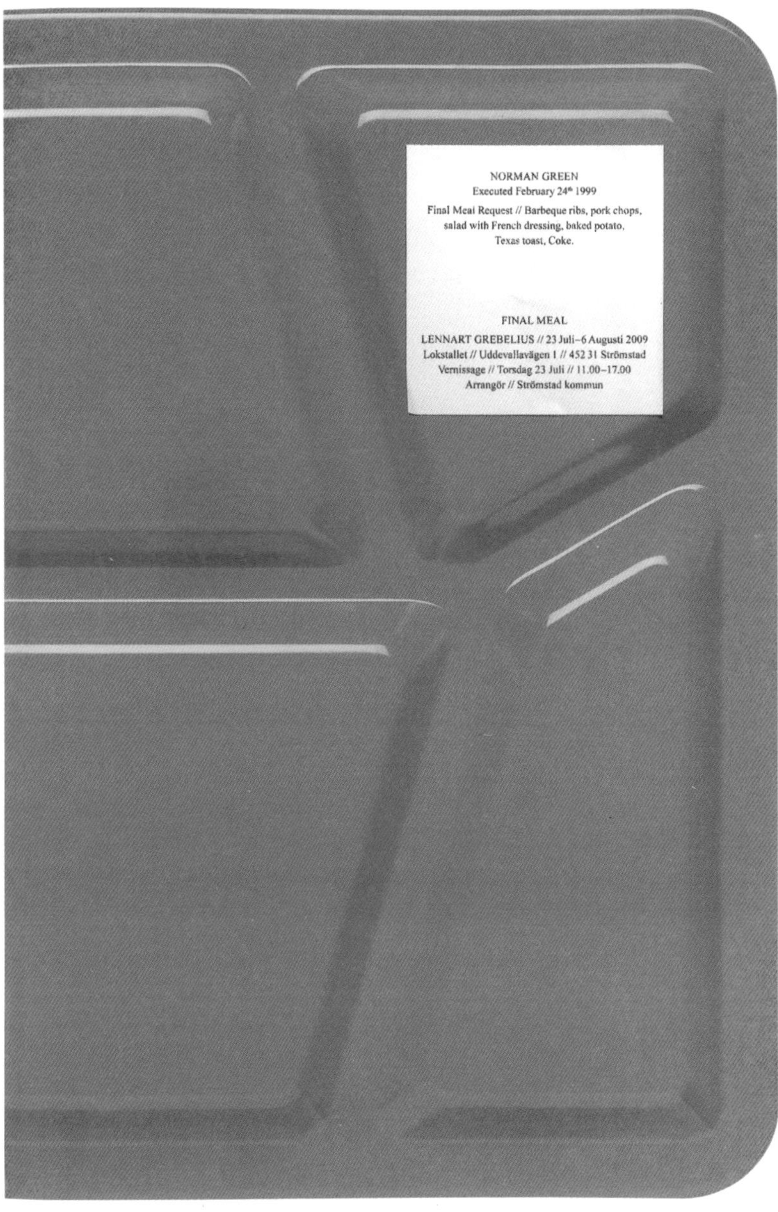

NORMAN GREEN
Executed February 24th 1999
Final Meal Request // Barbeque ribs, pork chops, salad with French dressing, baked potato, Texas toast, Coke.
FINAL MEAL
LENNART GREBELIUS // 23 Juli–6 Augusti 2009
Lokstallet // Uddevallavägen 1 // 452 31 Strömstad
Vernissage // Torsdag 23 Juli // 11.00–17.00
Arrangör // Strömstad kommun

此页和下一页的图片是伦纳特·加贝利厄斯（Lennart Gebelius）为一个画廊的揭幕邀请做的装置艺术《最后的晚餐》。它是对美国极刑的质问。这个设计讲述了一个真实的犯人的晚餐托盘和他最后的晚餐。设计扮演了一个提醒者的角色，提醒人们一个判处死刑的人所面对的荒诞。

“快乐F和B”工作室的安德烈亚斯·基特尔关于“故事如何等待被披露”的访谈

加文·安布罗斯（以下简称“加文”）：平面设计师是现代生活故事的讲述者，讲述一件产品、一项设计或一次服务的故事。那么讲述一个好故事有多重要？

安德烈亚斯·基特尔（Andreas Kittel）（以下简称“安德烈亚斯”）：一个好的故事，要有趣、要令人兴奋、要有娱乐性或启发性。它是建立成功品牌的关键，但是故事又不应该展露的太明显。我们读了不少讲述自豪的遗迹和古老技艺的文章，但有时候，故事仅仅是通过视觉的元素就可以达到有效的讲述。

加文：工作室是如何为一个品牌发展故事的？

安德烈亚斯：我们的大多数作品都是基于详尽的研究，例如田野调查、采访、研讨会和与长时间尘封的档案打交道。品牌和产品的故事就在那里，等待着被揭开，这样的情况不是少数。但是你不能仅仅要将生活放到那些老的奇闻逸事中——故事需要一定的真实性，要与客户有关，并且或多或少与我们今天的社会有关系。一切都是时机问题。

加文：平面设计在什么情况下是普世的？风格和特征是否跨越了区域，甚至国家？

安德烈亚斯：只要本质不被花哨的设计技巧或昙花一现的形式所淹没，好的想法和故事（几乎）通常都是普世的，这是一种趋势。我们一次一次的听到这样的话：“这在我们的市场是行不通的”，听到此话像被判了死刑。但是大多数时候，我们都证明预测者是错的。国际创新竞赛就是为了证明预测者是错的而存在的。

加文：你用了“强烈的想法”这个词组，是否是品牌在更加复杂和拥挤的世界脱颖而出的需要？

安德烈亚斯：绝对是的。

Xyandz 工作室的马克·利兹关于“空白空间”的对话

加文·安布罗斯（以下简称“加文”）：你在编辑设计方面很有声望。处理文字和图像是否有自己的“规则”或“方法”？

马克·利兹（Mark Leeds）（以下简称“马克”）：是的，我认为是的。特别是每日或每周的编辑设计是一个流动的过程，它对（意识和设计）的灵活性有要求，其中包含了故事和优先次序的改变，这种变化有时候非常快。这意味着，为了追求故事的有效讲述，文字、图片和设计要经过编辑、剪裁，有时候甚至要放弃一些题材而达到。我将文字与图片视为原始材料，也就是起点，它们只是为了符合出版的气质而被塑造出来的。它可以是一个合作的、有争论的和竞争的过程。投稿人有时候需要接力，或做更多的事情，是，读者需要相信他们看到的，是对发生的事情的准确展示。我们还要做出道德方面的决定，这些方面不能对所有的出版物和文化推而广之。你会为恐怖袭击配上可怕的图片吗？能不能用狗仔队拍摄照片？这些决定是否随着时间而改变？什么是公众的兴趣？这是一个灰色地带，在这里，出版界的思潮、事件的背景和个人经验影响着最终的决定。

加文：文字和图片都有吸引力和意义。你是否在写作和绘图时有特殊的偏爱或工作模式？你是被一个又一个的项目引导还是在每个项目中都有不同的方式？

马克：虽然每个项目都会有变化，我通常还是喜欢先阅读副本（或至少是一个简介），使我有机会思考什么样的视觉效果是最好的；在报告文学、肖像、图形、插画等形式中做出判断和选择。对于委托图像的项目，通过图像这个窗口，我可以判断出符合文章的最适合的选择。我认为艺术不能独立地往好的方向发展，你需要了解文章把握的评价角度。一旦做完了这一步，你就将它总结在一张图中，在这个过程中首先要考虑读者的理解程度。

版面空间在新闻出版中非常珍贵。对版面的竞争给新闻出版带来了紧迫感，而且需要努力去调整空白。

因为故事是发展的。在临近最后期限的时候，我们确定我们的决定，按照我们的思路重新定义设计和文字，使其每一步都能接近完美。我们把控运行的程序，考虑节奏、尺度、图像和整体的调子，最终给出版商一个令人满意的、跌宕起伏的故事。

《FT周末杂志》（FT Weekend Magazine）和彭博商业周刊（Bloomberg Businssweek）的许多封面都是基于这些想法而创作的。图片与印刷的并置目的在于传达一个独特的信息，如果做得成功，将比它们各部分的总和要好。对于没有图片的故事，或人们不希望被拍摄的故事，设计师需要自己创作，这种做法很必要，那就是频繁地使用文字和处理过的图像，以树立杂志的个性。（见《纽约》、《商务周刊》和FT）。

在纯粹的新闻文本中，我很在意图片的剪裁，我需要保留它们的意义，并避免用图片编辑器编辑。我觉得这是一个不成文的规定，那就

加文：你做过的一些设计立即就被认为是“有新闻价值的”，比如在《彭博商业周刊》上出版的那些。你是否会有意识地尝试和深入了解文字和图片的惯例和风格？作为读者和消费者，我们都很接受这些惯例。比如创造有报告文学色彩的黑白照片，或采用彰显权威的排版（通过粗细或颜色）。

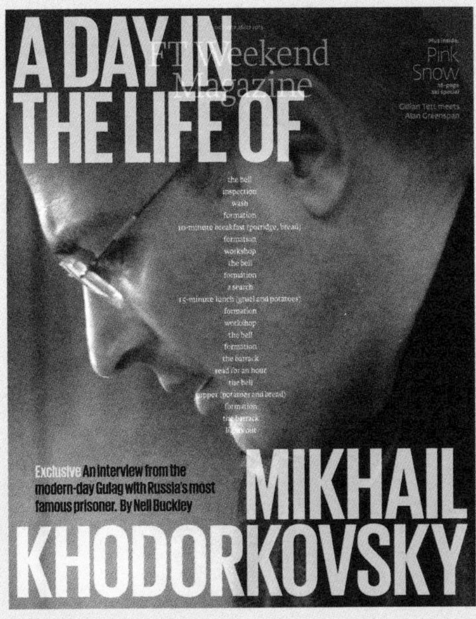

FT 周刊

创意顾问：马克·利兹

艺术指导：保罗·坦斯利

图片编辑：艾玛·鲍科特

彭博商务周刊

创意指导：理查德·特利

重新设计：理查德·特利，马克·利兹

马克：有时候这是一个下意识的决定。不是所有的项目都需要重新设计，改变方向，用常规的话语方式工作，意味着我们需要说同一种语言。设计师、读者和消费者都纠缠在设计历史中。我猜我们能做的就是改进这种语言，在边缘上做文章，推动边界。这是一个发展中的不变的规定，在影响视觉的更广阔的世界，蔓延社会的情绪、时尚，并改变技术，这些都有影响。即使读者可能没有能力用语言表达它，但它是视觉的文字，其中包括不同的内容（功能、新闻、专栏、报告文学）、不同的风格（时尚、简朴的、好玩的、八卦）、不同的图像（委托、线性粗细、图文并茂）、不同的排版（带衬线的、非衬线的、平静的、有活力的、居中的、介于左的、粗体的、谨慎的）和不同的色彩（传统的、锐利的、现代的等等），我们在所有这些类型之间挑选微妙的不同。我们建立了视觉语言之后，有兴趣颠覆它。

版面空间在新闻出版中非常珍贵。对版面的竞争给新闻出版带来了紧迫感，而且需要努力去调整空白。排版也必不可少，需要有效，要在小尺寸上做到易读。一切都需要进行编辑，我觉得这种精益求精的追求让整个出版业都非常紧张，反过来又给出版行业带来一种独特的设计语言。

产品进程也驱动了视觉语言。设计组件是成套出现的，能够由不同的人快速组装，但是依然保持着统一的外观。这就像是出版物的砖和砂浆，它们是最基本的步骤，下划线和上面的注释都是为了增加趣味。从草稿开始可以创作多少内容，这依赖个人的选择、人员和最后期限。

加文：作为一位设计师，你觉得你是否需要意识到对于消费者来说这意味着什么？这是否是思考与设计过程的一部分？

马克：这当然是有帮助的。如果你理解你的读者，你在想法上会和读者有更深入的联系。与读者建立一种关系是至关重要的，设计作品可以反映他们的兴趣，并在某种程度上反映他们的视觉文化。理想的情况是，你不仅仅是反映实际情况，你还带给他们新的想法，你迎接挑战并创造惊喜。读者可能已经接纳了出版物的历史和热情，所以你的努力之一就是维持这种关系和对话。令人兴奋的是，创新有时候是革命性的，我要将这些也带给读者。我的设计过程由问题形成：设计为谁而做？什么时候会遇到设计？它们是否已经托付了？（一位订阅者？）你是否抓住了他们所关注的？减少选择可以创造可应对的工作起点。我的意愿是快速的从一个正确的区域进入，从那里开始探索。

手段都是在寻找有效的解决办法。

我将钻研小的细节，细节可能会成为出版物的特定细节。有很多死胡同，但它们会在其他项目上提供思路。我会把方案按原大小打印出来，大大小小的，然后将它们裁减，放入其他的杂志中镜像观察，问那些对这个项目一无所知的人们，看他们觉得有什么新鲜的感受。我享受从宏观到微观的这个过程，试着从两个方向找到解决的答案。我鼓励设计师创造许多想法，看看哪个是最好的。合并、改进，直到我们的时间用尽。对于FT的封面，在后续的重新设计阶段，我暂时放下细节而去看整体的画面（像《商务周刊》）。那是完全的身临其境，这种方式创造了工具包，然后发展视觉语法，完全地了解语言，从一张图片的作者出发，一路向上考虑。

如果你理解你的读者，你在想法上会和读者有更深入的联系。与读者建立一种关系是至关重要的，设计作品可以反映他们的兴趣，并在某种程度上反映他们的视觉文化。

加文：当你在工作的时候，你能给你使用的过程一个指示吗？有些人选择草图，而其他人选择数据研究，或在把自己沉浸在某个环境中。

马克：我喜欢提前有一条简单的摘要，以便能让我通过背景考虑他们。一旦我开始了，我的工作非常的快，扔出不同的想法，将其混合在一起，并试着不要把它们弄得太过精细。我想象一个结束的点，想象对读者来说什么是视觉捷径？在这个阶段有即刻性和能量。常常会有一个好的想法的种子出现，即使需要一些时间让我发现曙光在那里。

对于一份新的出版物来说，封面是最后一项工作，因为它需要抓住内容的新特征，所以它在整个项目中的作用是创造理解的旗帜。给社论一个观点，提供一些建议，写出醒目的标题，这些

加文：设计是不是拿出来什么就放进去什么？

马克：所有的元素结合在一起，加强单一的想法，这是非常重要的。有很多很有力量的封面有很丰富的内容（像这个《纽约时报》的封面），也有一些封面是很间接的表达，但对它们的读者来说依然行得通。去掉不必要的元素，浓缩出一个想法，从而设计更加令人信服的封面，结果会很快地与读者建立联系。我们正在试着吸引读者参与到我们的杂志中，这不应该是一个很难的工作。

JULY 27/28 2013
FT Weekend Magazine
GRAPHICS
GRAPHICS SPECIAL ISSUE
A celebration of visual culture

FT 周刊

创意顾问：马克·利兹

封面艺术：胡立安·拉威和伊娃·杜哈明

形式与造型

作为设计师，理解形式和造型是十分关键的。有的理解事实上可以很理论，但有时候它来源于直觉或文化。

手工艺

“我们在未知的手工艺面前都是初学者。”

——厄涅斯特·海明威(Ernest Hemingway)，作家、记者

手工艺包含了使用传统技术和方法并在小规模生产中手工制作商品的技术行业。从前的印刷和分销行业中的技术人员，专业覆盖非常广泛，其中包括排字工、印刷工和装订工。曾经，陶器、印刷和服装加工方面的生产都是兴旺的手工艺，然而现在大部分却被大规模的、成本低廉的生产方式所替代。

但是当大规模生产大幅减少了技术人员以及手工艺的数量时，手工艺却依旧生机勃勃。在这个大规模生产不断增长的世界中，人们更重视小型手工艺品所蕴含的独特性、原初感和它的品质。人们追寻定制衬衫、鞋和西装、手工制作的陶盘以及皮革装订的书，并将其视为奢侈品，是因为其制作过程中高超的手工艺技术。这种手工艺来源于传统技术而非现代技术。1860～1910年间，由威廉姆·莫里斯（William Morris）[1]发起的国际设计运动——工艺美术运动，反映了人们对大规模生产对装饰艺术环境的摧残的对抗，它同时促进了传统手工艺的复兴。

工艺美术运动的精神依然留存于现在那些熟练使用传统工艺并制作独一无二的最高品质工艺品的设计师心中，本书中包含了很多他们的作品。

1890年在莫顿修道院（Merton Abbey）中，由威廉姆·莫里斯和约翰·亨利·戴尔（John Henry Dearle）设计的挂毯《果园》或《四季》，展示了四位身着浪漫中世纪服装的人物形象，他们象征着一年中的四季，这幅挂毯现在存放在伦敦维克多瑞亚·阿尔博特（Victoria & Albert）博物馆中。

❶ 威廉姆·莫里斯(1834–1896)是英国纺织品设计师、艺术家和作家，他在工艺美术运动中有重要地位。

图为温哥华的艺术家瑞秋·阿什 (Rachael Ashe) 利用变形书[1]制作的猫头鹰形象。

❶ 译者注：变形书（altered-books）是利用废旧图书改造、变形而创作的雕塑作品。

瑞秋·阿什对手工艺的歌颂

瑞秋·阿什是一位加拿大温哥华的视觉艺术家，她的工作领域涉及剪纸、多媒体变形书和摄影。

保罗·哈里斯（以下简称“保罗”）： 在当今设计领域中，手工艺或手工艺概念在今天的设计领域的意义是什么？为什么这种意义依然存在？

瑞秋·阿什（以下简称“瑞秋”）： 我认为关键在于理解如何徒手设计，如何保持设计之初用笔在纸面上完成设计，而非直接跳到用电脑设计。

保罗： 什么东西是那些超出了已经被制造的东西的范畴，又经过令人神往的精雕细琢的？

瑞秋： 我认为不是每个人都必须理解手工制品和机器制品的价值区别。这是一种需要去学习的区别和鉴赏能力，因为如今我们身边的物品大都是大规模生产制造出来的。手工制品有独一无二的价值，而且我认为，它赋予人们一种能力就是时常提醒自己，我们的双手可以多么的巧夺天工。这种吸引力来自手工艺者通过他们作品展现出的独特技艺，同时也来自于他们在精雕细琢时所倾注的时间。关于我的作品，我听到过的最多的问题就是，一个具体的作品需要花多少时间。

保罗： 你的剪纸设计都很精致，你是如何借助技术完成这些设计的？

瑞秋： 我的剪纸创作工作中完全缺乏与技术的联系。我的作品是纸张与裁纸刀简单的结合，它记录了我在这一刻创造出来的徒手作品的造型。如果说有联系的话，技术帮我将作品与全世界分享，同时又能与其他艺术家进行交流，并在保持我的积极性上起着关键的作用。

保罗： 如何让手工艺尽可能地扩展到现代材料和进程中？

瑞秋： 我认为它会根据媒介而改变。在某些情况下，我会使用技术手段，将单个的手工艺原作通过数字化来推广它，并在网上打印店出售一些复制品，如Society6，这种服务可特别用于复制作品，例如iphone手机壳、礼品卡和靠枕。我最近正在探索激光切割技术的工作进程，它绝对会进一步开拓我复制更大尺寸、更耐用材料的剪纸设计作品的可能性。我将原作品数字化，花几小时用Adobe Illustrator绘制出一个可以用于激光切割的矢量轮廓，我最近用这项技术在我的一个设计作品里做了个激光切割的竹子作品。

保罗： 你是如何看待手工技艺设计的前景的？

瑞秋： 我认为近几年技艺在设计界有所回暖。我注意到大多数作品都是与印刷术、手写以及活版印刷有关。有趣的是，设计界即将完成的一些工艺设计都是通过回归到过去普通的方法来完成的。

保罗： 科技和交流的发展意味着大批量生产的方法正在被一些有能力推销私人定制或定做的解决方式所取代，这种情况产生了上百万的市场需求，而每一个市场需求服务于非常少的人。设计领域的这种手工艺的更大的回潮能提供什么程度的机会？

瑞秋： 社交平台像推特、脸书和Instagram允许艺术家和手工艺者直接与观众交流，我们成为自己作品的看门人，而非让别人代理或用展览展

这些书籍是阿什在2009年制作的，他的灵感来源于他在读了盖柏·西尔（Gabe Cyr）的《变形书的新方向》一书后得来的。这本书唤醒了她长期以来用书制作三维拼贴的渴望。“制作变形书艺术是用我曾经创作的每件作品所使用过的材料做实验的过程”，阿什说。

示我们的作品，这种做事方式更可靠。

如果没有互联网就不会有工艺和DIY的复兴。这是因为，技术使人们突然有办法很轻松地与他人分享自己的作品，并教导人们如何做事情，以及进一步激励人们一起做事。已经有大量实例表明工艺和设计上的极大进步，是因为人们指尖一碰触键盘，从而能在互联网上找到无限的信息资源 。

保罗：设计师和客户尝试用手工艺解决问题时，最主要的挑战是什么？

瑞秋：手工制作比机械制造耗时更长，而且客户紧迫的时间要求总是不适合用手工制作的方式工作，手工制品也很难甚至不可能有任何修改。我曾经有过给一个大客户做工程的经验，用纸做10个原尺寸的乐器。为了展示，我必须在一周半的时间内完成工作，为的是与一个电影拍摄的截止日期衔接。我发现我不停地对已完成的作品进行修改以达到客户的期望，他们还渴望在有限的时间框架内增加更多的工作。

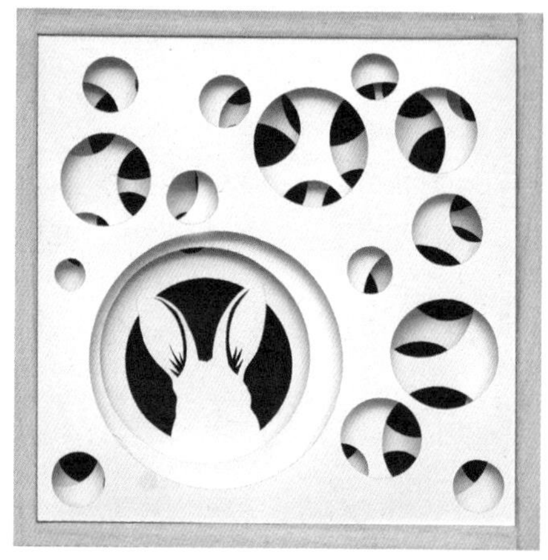

冰激凌（见下图）

瑞秋·阿什为高品质冰激凌的手工艺制作商奥涅丝特冰淇淋（Earnest Ice Cream）制作了这幅作品，为的是给它在加拿大温哥华的一家新店创作一个艺术品。阿什采用了一种现有的剪纸设计方法作为基础，从1/8英寸（约0.32厘米）厚的竹胶板上用激光切割出复杂的艺术作品。

白兔（见左和右图）

照片为瑞秋·阿什在不列颠哥伦比亚的首府维克多利亚的5050艺术品收藏活动（Fifty FiftyArts Collective）中为小组表演创作的以爱丽丝梦游仙境（Alice in Wonderland）为主题的剪纸插画。

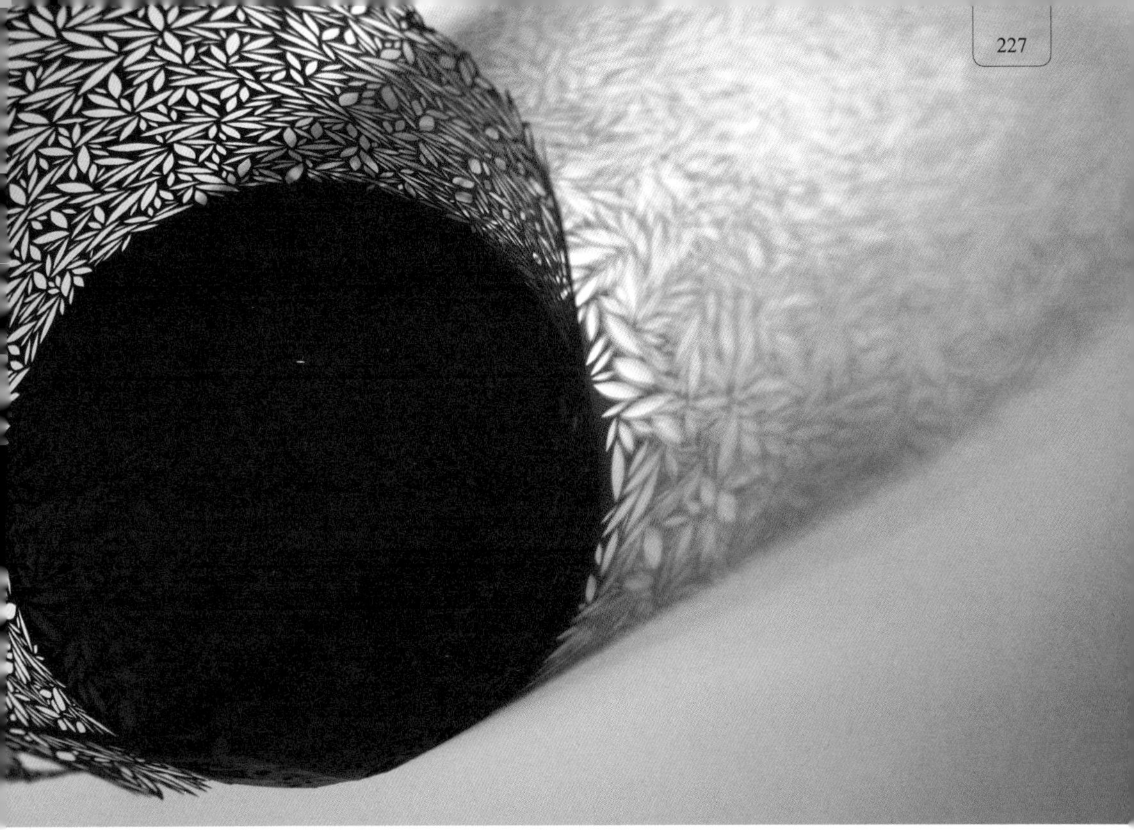

这些图片（右图和上图）是瑞秋·阿什通过剪纸创作的抽象设计的三维原型结构。

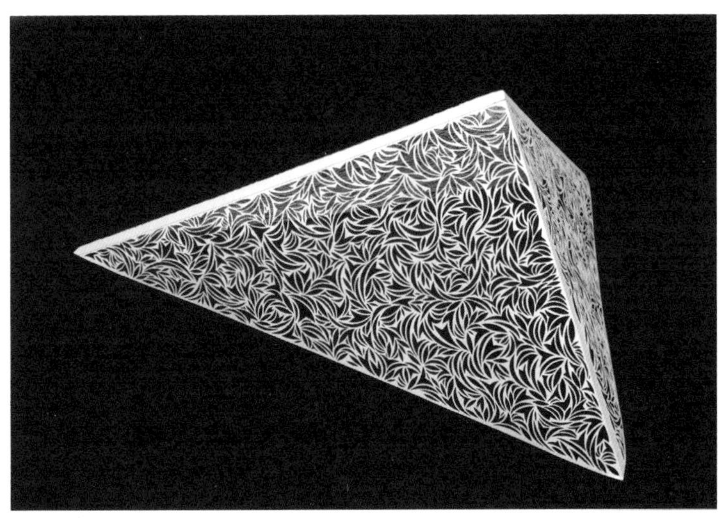

印刷工艺

"印刷术是一种令人类语言具有持久的视觉形式的工艺。"

——罗伯特·柏林赫斯特（Robert Bringhurst），印刷风格元素

（The Elements of Typographic Style）

为了使语言视觉化，对字体进行艺术与技术层面安排的印刷术，直到最近几年，都是由印刷工人掌握的一种规范、熟练的工艺。现在纯粹的印刷工人几乎没有了，因为电脑技术和基于电脑的设计工具的普及意味着印刷工艺已经成为了平面设计的一部分。

印刷术的工艺由平面设计师掌握，他们中的许多人在字体形式、字体大小、线型的度、字符行距、字间距、字距调整等很多方面的选择都投入了巨大的关注。除此之外，他们还会为特定的工作或客户创作定制字体。

电脑技术为字体的设计带来了一场革命，它戏剧性地加速了一套字符的创作与微调。字体设计师可以通过一个字符的设定，迅速地对不同的排字方式进行测试，而不再靠手工绘制或手工雕刻字块来完成这一过程了。尽管最终选定的字体可能已经没有传统的手工艺感，但是印刷术因此而得以繁荣，并越来越多样，越来越富于表达。

设计师们在他们的作品中仍然继续使用传统的印刷方式，不论是用活字印刷打印还是用木板印刷字块，目的都是将现代印刷术中没有的传统和真实性注入他们的作品中。字体印在纸张上的痕迹增加了印刷品的质感，同时模糊的墨迹也增加了印刷品的变化性和独特性。

图片反面是Webb& Webb为亚洲发展银行（ADB）制作的CD套装*Beyond*，它使用印刷术印刷，是一个包含了在菲律宾录制的音乐CD的包装的信息等级。通过Beyond的CD，传达出亚洲发展银行的目的：在处理发展中国家的机遇问题和丰富它的制度方面，提供一个非常私人化的视角。"我希望这能给你带来灵感，就像它激励我一样，用谦虚与热情来完成我们的工作。我祝贺并感谢所有的参与者，"亚洲发展银行行长黑田东彦（Haruhiko kuroda）说。

"你无法欺骗活字印刷。工艺是设计的关键。随着事物变得越来越数字化，我们想回到那些更有触感的东西上。我大学时的印刷术指导跟我说的第一件事是：字体不是软柿子，你不能为所欲为。"

Brian Webb

STORIES AND SONGS FROM THE ADB NETWORK

克里斯·比格关于“字体形式和音乐方面”的对话

克里斯·比格是英国的一位平面设计师，他为包括4AD这样的唱片公司的音乐包装制作了封面艺术。

保罗·哈里斯（Paul Harris）（以下简称“保罗”）：你如何描述今天印刷工艺的情形或现状？

克里斯·比格（Chris Bigg）（以下简称“克里斯”）：从整体上说，我觉得在过去的十年中，印刷工艺的标准下降了。当然也有一些个体的精英团队制作了一些好东西，但我觉得电脑使人变得懒惰了。当你注意印刷的细节的时候，你会发现在很多情况它是非常低劣的。当我们接近一个完全数字化的世界时，平面设计和印刷设计水平还可以，这是因为大多数的成果都是基于屏幕完成的。如今的设计变得令人感觉更加短暂，随时都可以被抛弃。世界上充满了糟糕的网站，因为绝大部分的网站是有由会编程的人创建的。编程和设计/印刷术是两个截然不同的专业门类，但是我感觉技术被当作一个借口。平面设计不再是一门神秘的艺术，它对大众是开放的，没有经过专业训练的群体做平面设计，就是降低其水准。

保罗：计算机技术如何改变了印刷工艺？积极的方面是什么？

克里斯：当然字体设计变得要容易的多了，但是世界是否真的需要另一种无用而又丑陋的字体呢？图片编辑器（Photoshop）的魔力很强大，但如果被错误地利用就是另外一回事了。我会定期的有一些课程，我发现让学生用黑白字体打印几乎是不可能的。印刷术的细节设计通过屏幕评价是很困难的事，你必须去感受它。曾经我用一只手术刀来绘制6磅字体的字距，并用德国红环绘图笔和法国曲线板画logo，如今的方式与过去相比，这是多大的改变啊！

保罗：为什么对印刷术来说，工艺方法仍然和设计有关？

克里斯：因为手工艺的方法非常的纯粹。我认为新一代的设计师可以从中有所收获。这件事本身就是一段非常重要的历史和历史发展的一部分，它在今天的重要性与过去相同。当我给学生们展示最初的艺术作品的时候，他们对这些作品的艺术价值印象深刻。

保罗：你是否愿意回到曾经工作过的印刷术的某个时代？

克里斯：我很享受我离开大学不久，创作非数字艺术作品的那个时期，那时候的工作要与排版工人沟通，详细地明版式，与原创作坊进行本质的对话。所有这些训练让每个人成为行业里样样精通同时又是样样稀松的人。这两种状态我都体验过，当我开始变老之后我发现我又回到了手工方式。我一直都很喜欢书法，并在适当的时候试图把它用在我的项目中，但是最近几年，我花了大量的时间从事丝网印刷术。我迷恋于在A1这种尽可能大尺寸的预制纸张上，用不寻常的造纸原料和材料进行打印。

保罗：你能详细介绍一下你是如何工作的吗？创造一件设计作品的过程是怎样的？

克里斯：我25年的职业生涯一直是植根于音乐行业的，而且我经历了巨大的改变。我的画布从12平方英寸（约0.008m^2）缩小到可怜的邮票大小的iTunes图片，我的工作完全基于图像和标识。我总是从手绘开始做起，因为这是我工作过程中的一个重要部分。从上大学开始，我每年用一个草图本作为视觉日记，同时它也是一个充满想法的本子。在创作的过程中，我经常回顾之前的本子，可以从中发现很多过去的好想法。大家都知道，我在开始一个新项目的时候，会回顾过去的这些好的想法。接下来的步骤则是选择摄影、标示、纹理或插画的图片。我喜欢展示多种多样的视觉感受。

自然中造型

约翰·康史泰博 (John Constable)，韦茅斯湾 (Weymouth Bay)：博威兹湾（Boweaze Cove）与约旦山 (Jordon Hill)（1816–1817）

JMW·特纳 (Turner)，加莱码头 (Calais Pier)：一个英国游轮正在登陆（1803）

创作的灵感可能来自许多方面，其中最关键的一个是自然世界。自然提供了大量的视觉、声音、色彩、材质和形态，这些都会激发创意。景观画作品中，从JMW·特纳的风起云涌的海边景观绘画到约翰·康史泰博的田园风光（上图是他1816年在韦茅斯湾的画作），都有种振奋精神的力量，充满了奇思妙想，因此大自然中充满了这样激发伟大创造性的能力不足为奇。

自然中的形态使几个世纪以来的数学家受到了启发，引导他们发现了基本的数学原理，这些原理之后成为设计中的基本素材，其中最著名的可能要数黄金分割[1]，这是对自然中植物的生长机理和某种动物躯壳比例的观察，这一比例接近8:13。自远古以来，这一比例一直被描绘成是无可辩驳的美的比例。黄金比例创造了这样一种关系，那就是较长部分与较短部分的比例同较长部分与整体的比例是一致的。

拥有黄金比例的事物自然会比较养眼。这一比例也在称为斐波那契数的一个系列中被发现，这是纸张尺寸和其他比值的基础，因为它们会给人和谐的感觉。

在艺术或设计中达到自然状态的比例，会帮助作品具有冲击力和及时性，因为它创造了秩序感和周密的思考感。这样的技术创造了画布中的事物和它相对应的实际尺寸之间的比例关系。这种考虑画面比例的构图方式奏效是因为人的意识会积极地搜寻形状，使用旋转等比例方法创造出正方形，这是容易被看到的基本形态。使用正方形（或其他容易识别的基本形状），来引导作品将一个空间关系注入多样的图像元素中。

为了创造画布中的正方形，矩形画布的短边旋转至长边的基线，从而创建出沿着边缘的点，这些点可以作为放置事物的基准点。之后，这些点可以提供更加复杂、多样的指导。

❶ 斐波那契（Fibonacci）（公元1170年～1250年），里昂那多·比萨诺·比格罗（Leonardo Pisano Bigollo）或斐波那契是意大利的数学家，他将印度阿拉伯数字系统传到欧洲，并且推出了以他名字命名的数序。

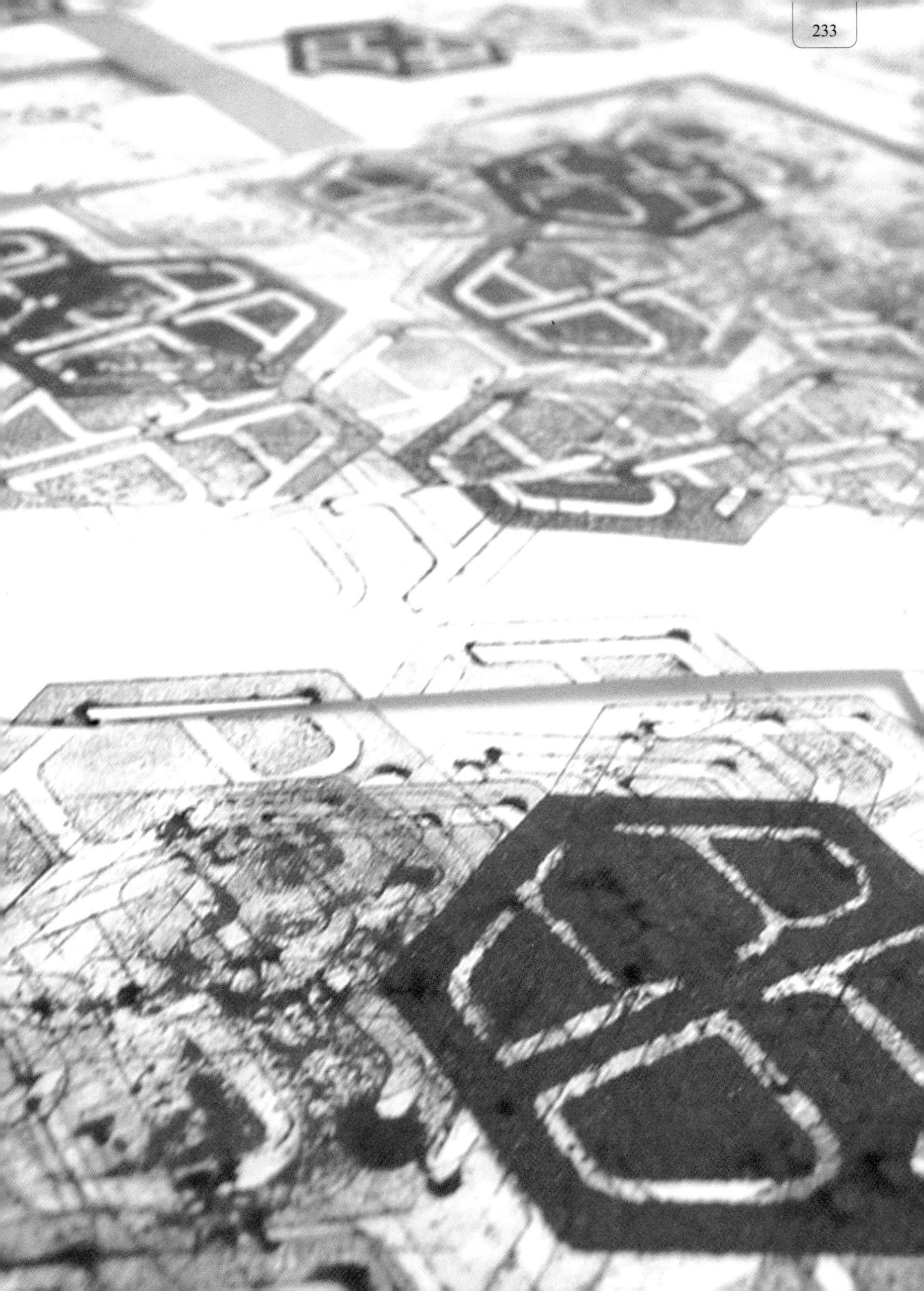

“深入观察自然，你就能更好地理解所有的事物”

与帕西菲卡关于“自然对设计的影响”的对话

帕西菲卡（Pacifica）是葡萄牙波尔图的一家独立的通讯工作室，它由佩德罗·塞拉奥(Pedro Serrao)、佩德罗·梅斯基塔(Pedro Mesquita)和费利佩·梅斯基塔(Filipe Mesquita)三人于2007年成立的。

保罗·哈里斯（以下简称“保罗”）：为什么说“自然是设计灵感的一个重要的参考点和来源”？

帕西菲卡：自然对一个具体问题的概念性解决方案的进程和决议方面，可能有着极大的重要性，但这个重要性不仅局限在设计领域，建筑、工程、医药领域也都在自然中找到了取之不尽、用之不竭的灵感来源。我们相信之所以如此，是因为它拥有我们试图解决的所有问题的答案。

约翰·歌德说：“**自然是唯一的一本提供了有价值内容的书籍，这些价值存在于它所有的叶片中。**”自然存在于我们之间，同时也存在于我们所做的事情中。

保罗：你在自然中发现了什么是与设计最有关系的？

帕西菲卡：亚里士多德说：“**大自然做任何事情都是有目的的。**”设计是一个试图理解和解决问题的领域，它发现在大自然中存在着一个功能构件，它在解决复杂问题方面处理得惊人的简单。我们对于大自然存有一种非常态的痴迷，因为我们试图在我们自己的创作过程中找到一些有机的感觉。

保罗：为什么你将自然的影响融合到你的作品中？你用什么方式实现这一想法？

帕西菲卡：对我们来说，这是一个自然的过程，不仅仅是个人化的东西，出处和概念设计的演化通常都来源于项目最本质的内涵。我们一直都在尝试创造一个产生于问题本性的解决方案。

保罗：你是如何从自然中获得灵感的？你会为了一个具体的工作而走到现实世界中寻找想法吗？还是说你仅仅就是在草图本或书籍中收集你认为有兴趣的想法？

帕西菲卡：秘诀是观察。我们的一个朋友说，问题通常不是开始于一张白纸，问题出现在你开始之前在同一页纸上被擦掉的大量事物当中。用风格化或是单独使用视觉化的方法提供项目的解决方案，通常给最终结果带来了情感上的空白。

我们为了项目的结果易于理解而寻找个性的定义。

保罗：你认为观察可以被教会吗？或者它仅仅是与生俱来的能力？

帕西菲卡：观察可以通过努力实现，就像有人与生俱来懂得观察一样。观察能力可以改进和提高，但这并不是最重要的。敏感、直觉与创造性本能不是能教会的品质，因为通过天然的形成，这些品质是差异化的并且永远保持新鲜，它们直接影响我们如何看到和如何察觉。

第 233 页与其之后的图片是由帕西菲卡为 RAAD 设计的商标，RAAD 是北爱尔兰巨人堤道的一个建筑与设计工作室，它在建筑与设计领域有双重的影响力。商标的灵感来源于冷却熔岩形成的玄武列的六边形形状。

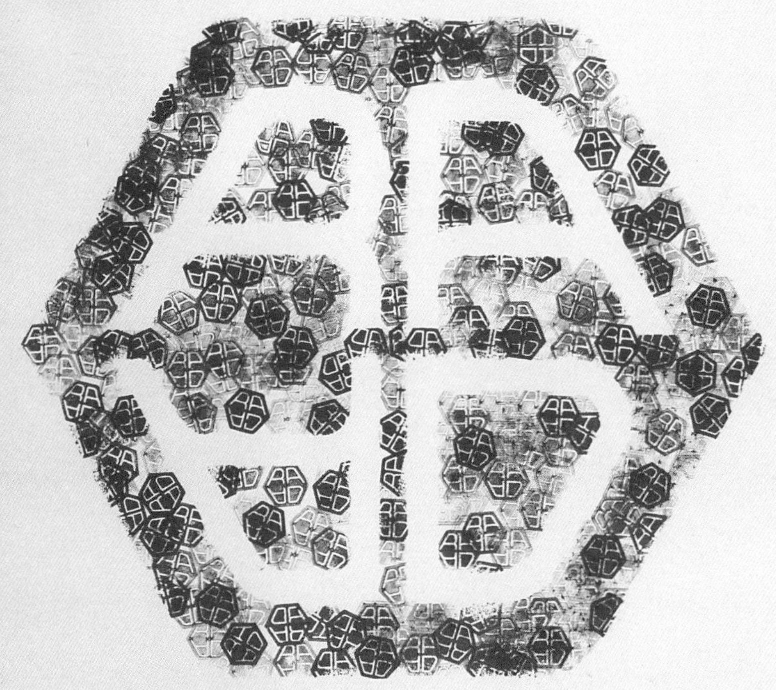

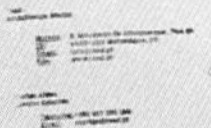

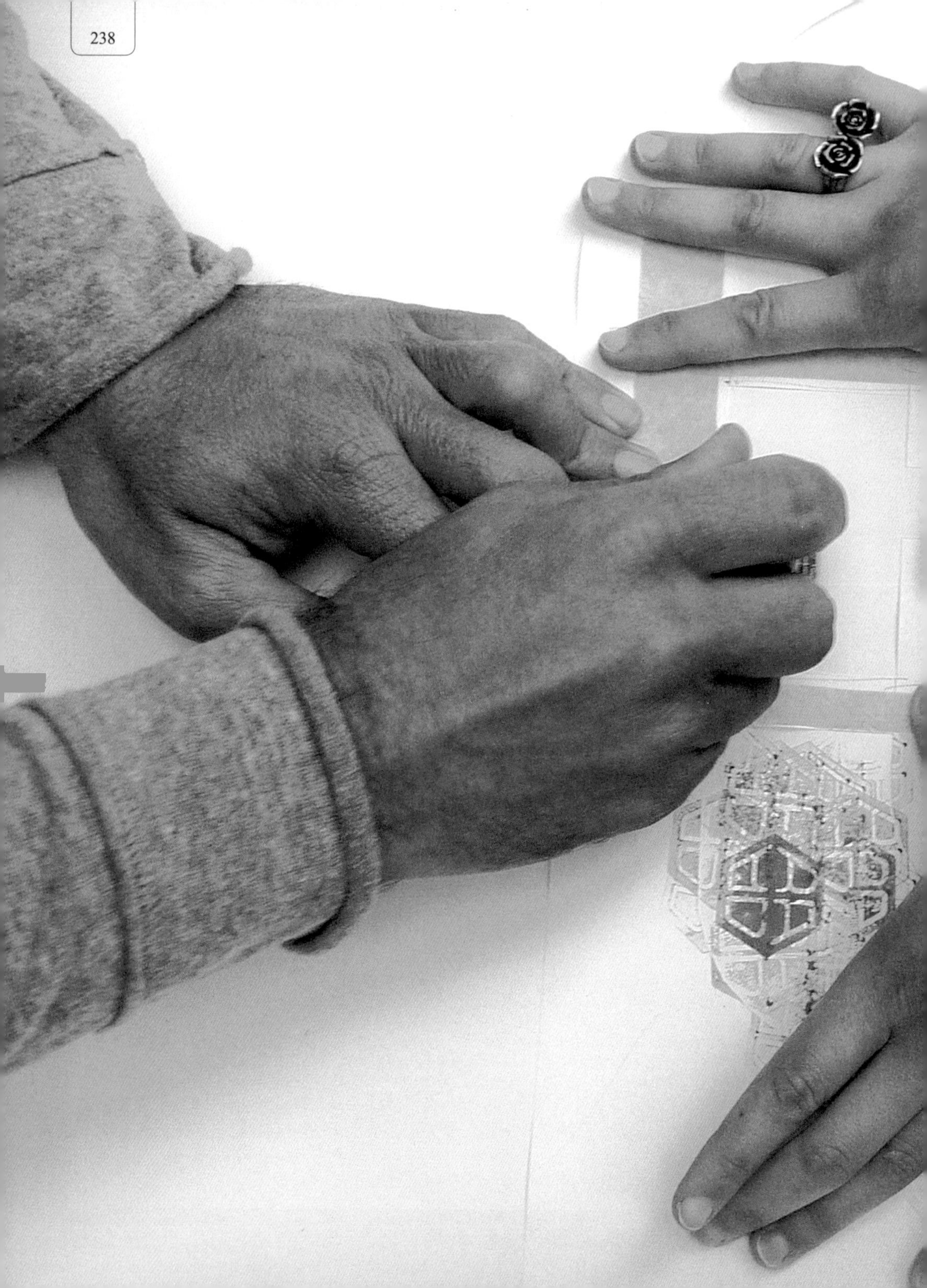

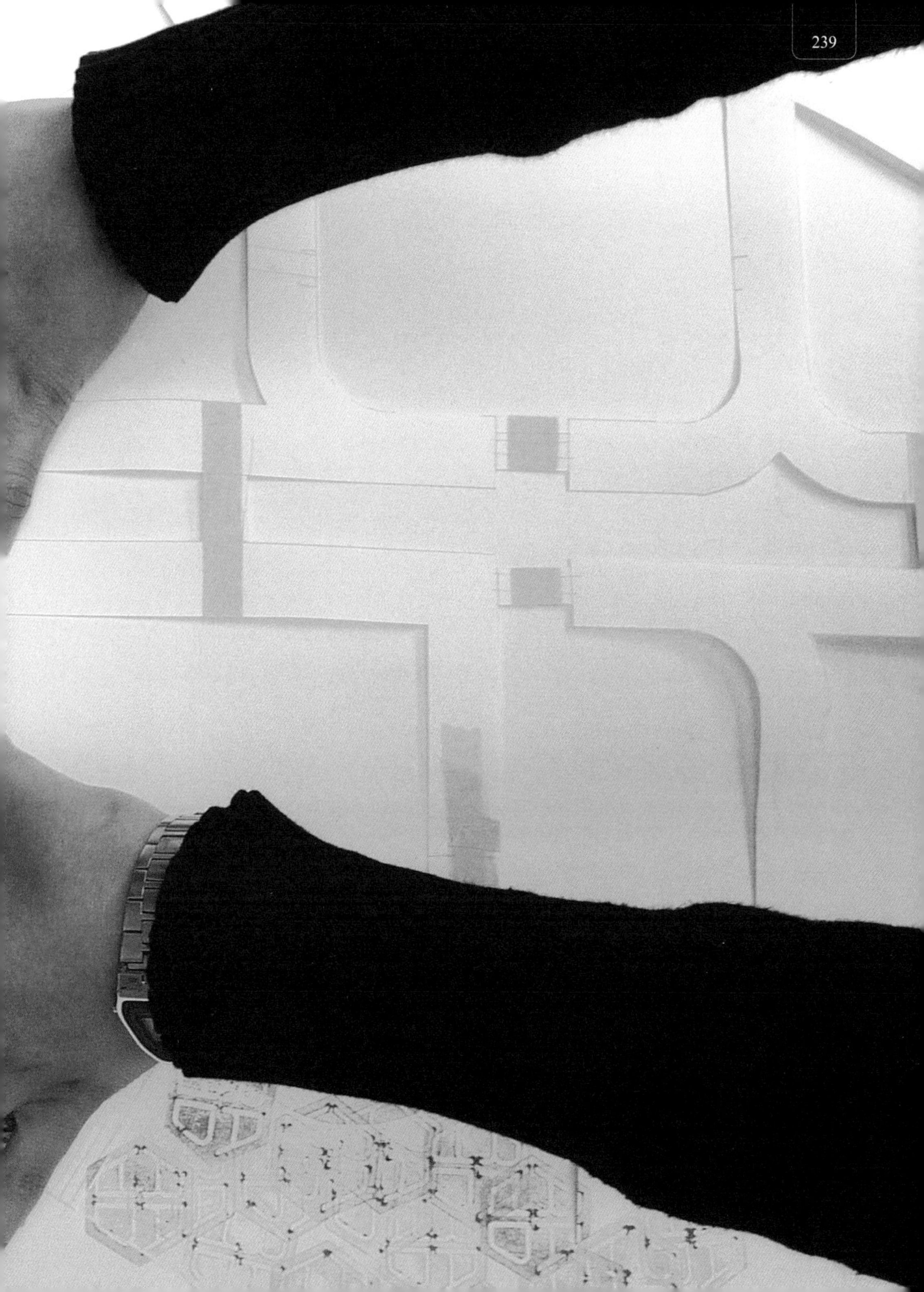

创造及再造

火焰喷射器的存在证明了有时候、有些地方、有些人对他们自己说：“你知道，我想把那些人放在火上烤，而且不需要凑得太近就能办到。”

乔治·卡林（George Carlin），幽默家，作家和社会批评家

设计通常是一个发明或者重新发明的过程，寻找确立的边界，重新思考并重新表达传播信息可以接受的方法，挑战既有的范式，拥抱新技术、新材料、新过程和新基础。

形式上，思考通常被持续的学习过程点燃，凭借这个过程设计者保持对其他领域发展的关注，总有一天这些领域会与设计过程相关。许多设计师沉浸在信息中，大量的信息来源包括新闻、设计出版物和其他领域的专业化书籍。通过注意世界上正在发生着什么，习惯性的学习者能更好地在他们的工作中将其他知识交叉运用。

新的发展成为设计方案的一部分，这个过程可以是缓慢的，也可能是突然实现的，这个过程是广泛长时间吸收信息的结果，它可以成为深思熟虑的流程的一部分，以便找到问题的解决方案，而现有的方法对这些问题无能为力。例如，数字芯片加入到信用卡和借记卡中是一项严谨的研究结论，这一方式实现了消除信用卡欺诈的目的。

在形式上，思想既是向前也是向后看的过程。拥抱新事物，偶然回顾人们在最近或遥远的过去用过的技术和方法，都会提供解决问题的思路。每一代人都会丢失一些特定的技巧，有时又发现它们可以成为其他问题的解决方案。重新发明是在重新利用本质上已经抛弃的技术。一个简单的例子是回归对凸版印刷的偏爱，这种偏爱给普及了的高质量彩色桌面打印的世界增加了更加匠心独运和真实可信的触感。

“我们必须连续跳过悬崖，并发展我们的翅膀以免下坠。”
库尔特·冯内古特（Kurt Vonnegut），作家

棱镜小屋（Prism Cabinet）（Swine 工作室制作，接受采访内容见后）

黄牌香槟为利物浦街凯悦酒店设计的小屋受到通过收藏品和信息展现微观世界的16世纪好奇小屋的灵感的激发。棱镜小屋包含一个位于伦敦维多利亚和阿尔伯特博物馆的180° 的全息展示的园惠松田棱镜装置。每幅全息影像都来自伦敦，包括泰晤士河潮水水平、当前自行车使用数量和首相官邸的耗能情况，这一切都被持续展示。

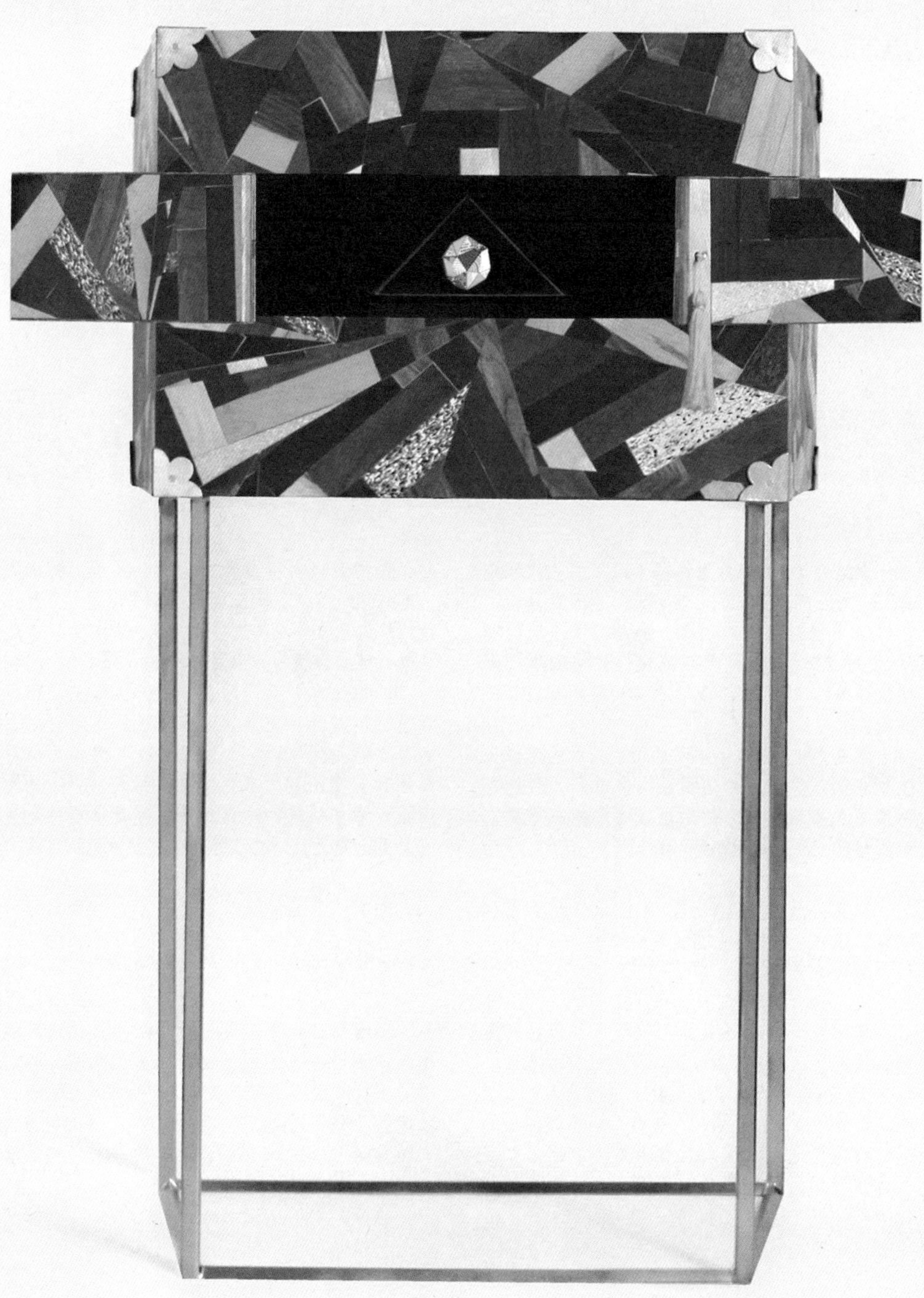

与思维音工作室的阿祖·木拉卡米和亚历山大·格莱福斯的对话

思维音工作室是阿祖·木拉卡米（Azusa Murakami）和亚历山大·格莱福斯（Alexander Groves）在英国伦敦和巴西圣保罗的合作的成果，这个工作室专注于材料的创造和美学探索设计，在设计、时尚和建筑领域有所涉猎。备受赞誉的思维音工作室相信，渴望是引领变化最伟大的力量。

加文·安布罗斯（以下简称“加文”）： 你们使用形式和材料的方法是什么？你们怎样选择工作中的材料？借用一个好问题来说——在你们的工作中，是材料追随功能还是功能服从材料？

思维音（Swine）工作室（以下简称“思维音”）： 对一些项目来说，我们从材料开始做起。我们必须找到正确的形式，例如“海洋椅”和“头发眼镜”。对其他项目来说，我们从形式开始，再去找到合适的材料，例如棱镜小屋或办公室项目。

但是“服从”这个词不应该是简单的逻辑。无论我们从材料开始还是从功能开始，我们都试图真正推动材料。转化过程的部分应该要么涉及材料，要么涉及形式。

加文： 形式设计的两个关键目标是审美和人体工程学。你们认为这些目标是共同起作用的还是相反的？

思维音： 这是一个复杂的问题。形式既微妙又狡猾，审美通常看起来像一些琐碎的东西，但审美通常非常功利甚至迟钝地忽略掉人体工程学，传统办公室白领们的领带就是一个好例子。

我愿意说，有些东西有审美价值却忽略了人体工程学，但有些东西能满足人体工程学却忽略审美。

加文： 社会对有效利用资源越来越关注，我们处在循环利用而不是发现新事物的年代。我们是在一个再造的年代而不是发明的年代吗？

思维音： 我认为发明等同于再造。我认为不可能创造一个真正全新的思想或形式，但是持续的反复想象和更新这些既有观念非常重要，这是避免陈腔滥调的好办法。

进化包含一系列的多样性，作为设计师你要尝试创建最伟大的新的多样性。作为历史上最著名的发明家之一，爱迪生是可以预见到潜在的和已存的技术并将其实现的人，而不是发明技术本身的人。这两种角色都是本质的。另一个类比是进化，持续对现存的设计进行改变。

加文： 爱迪生说，“为了发明，你需要好的想象力和一堆垃圾”。在这种情景下，你的“一堆垃圾”是什么？你从哪得到它们？

思维音： 我最享受沉浸在新的文化或环境中，挖掘被忽视的或是没人想要的材料。我们真的喜欢通过设计将垃圾转换为令人满意的东西的挑战，垃圾是我们的文化创造的丰富的材料的贬值，如大海中的塑料，人类的头发，建筑废物……

海洋椅

海洋椅是用覆盖了海面的塑料制作的，它寓意人类正将海洋变为垃圾场。之前太平洋涡流中的大面积的垃圾被发现大约有两个，当前又有五大块垃圾被发现。海洋中的塑料需要千年甚至上万年才能被几万立方米水流的压力沉入水底并消失降解为无数个小碎片。

在与KJ的合作中，SS制造了一种收集、处理海洋中的碎片使其变成一系列工具的设备。

现时主题

设计不是独立的存在；随着流行趋势、文化主题以及人们接受与管理信息的方式的持续变化，设计也发生着改变。

现实与超现实

“我正在创作一个超现实主义作品，所以我需要对现实进行夸张。这就是为什么我用闪光灯的一个原因：让作品离现实更遥远。我正在创作一个特殊场景，它是一个非常主观、非常个人化的阐述。即使作为纪实摄影师，我也试图在现实的世界里尽可能地扭曲现实。”

——马丁·帕尔（Martin Parr）

艺术的历史已经走向衰落，事物表达又重新从现实回归到了非现实。中世纪西方艺术表现为中古时代的拜占庭和哥特艺术（5~15世纪），这种艺术形式主要受到教会和圣经的影响，其中并不需要对物质世界的现实有所描述。文艺复兴时期（14~17世纪）的伟大变革将造型艺术向前推动了，它清晰地来源于真实的物质世界。在19世纪晚期，艺术又摆向了印象主义以及之后20世纪早期的现代主义与抽象主义。其他视觉艺术也经历了这样的摇摆，例如曼·雷（Man Ray）的抽象摄影到罗伯特·卡帕（Robert Capa）的纪实报道。平面设计也不例外地出现过这样的摇摆。

创作型思考者也试图通过对超现实的运用来强化现实，让现实看上去更加逼真。超现实是一种艺术风格，在某种程度上，它将真实与表现混合在一起，让人分不清它们之间的界限。超现实图像是“更好”或“更有说服力了”的现实的版本；其中的颜色可能更生动，它抹平瑕疵，去掉难看的元素，用想象力展现生活本来的面貌。高度写实主义学派绘画是从绘画的逼真风格中发展而来的，它看上去像是照片，表达了摄影方面更多不寻常的和刻板的细节，例如分形和景深、透视与对焦。诸如摄影师马丁·帕[1]（Martin Parr）也为增加现实感提出了自己的方法。

从更加哲学的层面来说，超现实被用来表述意识从模拟现实中区分现实的无能为力。技术的发展使得真实与虚幻无缝混合在一起。电脑游戏和人们在网络上花费的大量时间已经证明了，人们发现自己在超现实世界中更加协调、更有参与感，而对实体的物质世界缺乏必要的协调和参与感。虚拟现实设备的发展只会使这种情况愈演愈烈。

右图是由鲍勃·奥夫迪施（Bob Aufuldish）为罗伊·埃思里奇维 (Roe Ethridge) 的《真实到真实：特雷纳的摄影收藏》一书设计的封面《感恩 1984》。展览目的是对摄影作品的基本流动性和多样性的展示。

[1] 马丁·帕（生于 1952 年）是一位英国纪实摄影师、摄影记者和马格南（Magnum）图片社成员。他的作品通过亲密的、人类学的图像，运用环形闪光灯和高饱和度色彩，以批判的视角关注现代生活的各个方面，就像是将对象放到它们自身所处环境的“显微镜”下面。

REAL TO REAL

PHOTOGRAPHS FROM THE TRAINA COLLECTION

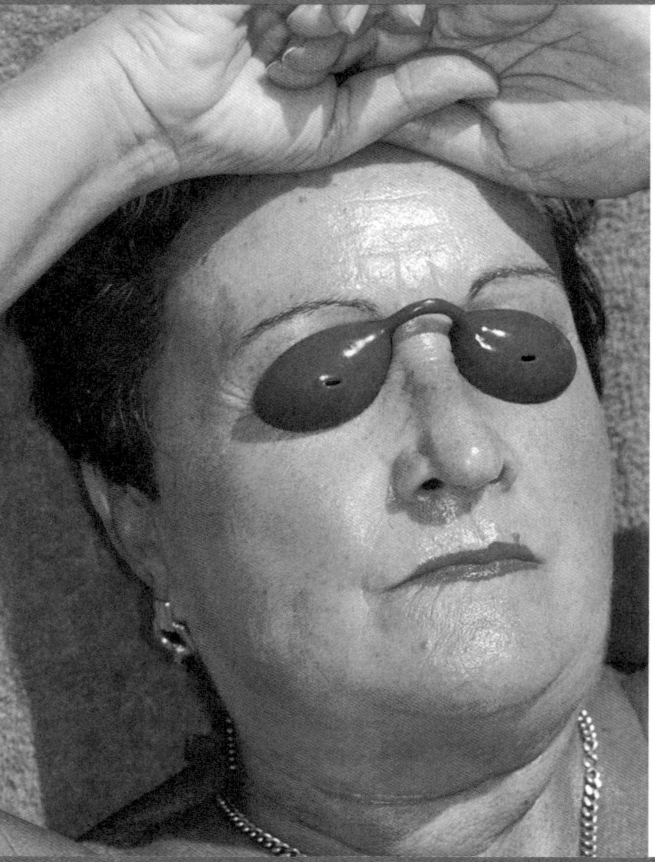

EVERYDAY　EXCESSES　SPECTACULAR　LOSSES

Martin Parr, Benidorm, Spain, 1997 (detail of pl. 34)

82 | 83

图片为《真实到真实：特雷纳的摄影收藏》中的展示，鲍勃·奥夫迪施为该展览设计了目录。

物质性

在五百多年前，印刷与发行行业就已经与材料紧密相关。材料的选择对设计的最终结果有重大的影响，为印刷增加了不同的元素，这些元素远比纸张上的设计更加重要。材料的选择也将影响最终成果的重量、感觉和质地。许多设计师只关注设计的视觉元素，而忘记了许多项目其实是一个可以被拿在手中的物理的存在。

数字印刷的革命让打印高质量的作品变得简单和廉价。有些人可能对此会有争议，认为数字印刷已经导致了印刷品的同一性，它们虽然制作精良，但缺少灵魂。随着数字媒体的繁殖，许多设计将不再被打印出来，所以材料的选择甚至可能已经不在计划之内。尽管一些悲观主义者可能听到了材料重要性在设计界的丧钟，但还有些人持有相反的观点。

仅仅在数字媒体中才会出现的现代四（或六）色平版印刷和设计，就已经在一些设计师中被广泛普及，他们以更加传统的手工艺为基础，使作品耳目一新，为客户提供额外的产品。凸版活字印刷、丝绢网印花法和其他低容量的打印方法因其不完美和制作出的产品之间存在的细微差异，而被用得恰到好处。因为设计师需要找到并提供不寻常的触感，传统的书籍装订和其他完成过程得到了再现。

尽管这方面在大众印刷市场上的作用，看上去仅是使用少量有光泽的涂布纸，但因为造纸业试图生产出，驱动设计师生产出不同作品的独特而又有特殊质量的纸张，纸质市场的多样性因此正在增加。现代物流意味着通过具体的纸质零售商的流通，使得来自世界各地的纸张广泛散布于各大城市，它们带着不同的感官和触觉的特性，给设计师提供了非常多样的材料选择。

托马斯曼斯与其公司工作室的恩丽卡·科尔扎尼关于“工艺与护理”的访谈

加文·安布罗斯（以下简称“加文”）： 你是如何与艺术家工作的？他们有没有自己的想法？

恩丽卡·科尔扎尼（Enrica Corzani）（以下简称“恩丽卡”）： 有时候他们等着我们提出想法，全权委托我们进行初始概念设计。你可以很快从他们的反应中看到我们是否理解了他们。对艺术家或建筑师来说，书籍和目录的作品是非常精美的，非常富有情感和个性化。一些艺术家的确不擅长表达他们的期望和需要。如果他们看到他们不喜欢的东西，他们只能告诉你他们不喜欢。他们不是设计师，所以你需要带他们走一段旅程，在这段旅程中包括了技术层面的引导，还包括向他们解释你打算如何讲述他们的故事。艺术家有属于他们自己的媒介，他们在其中可以为所欲为。对他们来说，把所有的东西都放到纸上是非常可怕的事情。

加文： 从情感上理解艺术家的作品是不是很重要？

恩丽卡： 可能是的，而且这些情感是不可避免的：你看过他们的所有作品，试着理解它们，然后与艺术家进行几次会面。情感的回应对作品和人都不可避免，建筑领域也有一样的情况。

当我们提到金旼贞（Minjung Kim）的展览，她是国际公认的艺术家，是一个非常古怪机敏的女人，她说她会把概念留给我们。我们看了她所有的艺术作品和她的工作方式，然后我们向她展示了几乎整个编辑策划方案，因为她的作品有强烈的触觉效果，非常立体和富于色彩，同时也能点燃人们的热情，所以我们还向她建议了材料的使用。

我们决定使用烫箔和红底黑字，因为在展览上展示的系列作品都与火有关。我们选择的纸非常厚重，但当你接触它的时候，会感觉像宣纸，这是她用于工作的主要材料。之后我们考虑采用对比强烈的颜色；而红色和橘色放在一起就很奇怪。比如说，你不会在穿着上同时使用这两个颜色，但在她的作品中总能看到这样的冲突风格。她将这样的颜色放在一起，看起来很漂亮。

我们因为内部材料用纸的选择起了很大争议，因为我们更喜欢无涂层的纸张，但是艺术家更喜欢看到带上涂层的鲜明的颜色。金旼贞希望图片看上去震撼人心，因为她在全世界合作过的画廊都将利用这次展览进行销售活动。我们发现带涂层的纸有非常自然的颜色和完美的表面，但也很笨重。展览必须看上去厚重，所以我们最终用了这种笨重的自然白色的纸张，每一个系列作品的介绍都是用的我们选择的注释，每个章节都是用的她使用的宣纸包裹，并从韩国直接发给了印刷商。

当她看到不同系列的介绍的时候，她完全信任了我们。你建立了这样一种关系，如果艺术家知道你理解了她，他们就会信任你。

加文： 在意大利，建筑与图像的关系不会像在英国分的这么开。

恩丽卡： 在意大利，建筑师觉得他们是艺术家，所以他们很少让设计师帮助自己讲述他们的故事。他们自己给自己的书排版，然后设计他们自己的标识，因为在意大利的建筑学院就是这样安排的。那里有很多关于平面设计和展示的考试。意大利历史上大部分时间，平面设计学院就诞生在建筑学校里的。

加文： 你做的很多工作都展现了手工艺的元素。你是否需要特别强势地让客户接受这一点？

恩丽卡： 有些材料，完成制作和装订技术可能非常昂贵，所以一些客户可能会说他们喜欢，但是问我们能不能有更便宜的版本。建筑师弗兰克·盖里（Frank O. Gehry）有一次说，他们非

制约是有帮助的，这就是为什么我们一开始尝试着认识问题并提出想法，这同时也是解决问题的策略。

常幸运能有合适的客户。我觉得到目前为止，我们也很幸运，我们吸引来的都是与我们志趣相投的客户。他们通常看了我们的工作之后认为，这就是他们想要的设计。我们几乎没有不关心材料的客户，我们的客户对材料最主流的理解是认为，材料就像文字和图像一样，也是一种媒介。

加文：你做了大量的艺术或文化的工作。如何让商业作品适应这些？

恩丽卡：这两者我们都喜欢做。你从商业项目中学到的东西，可以应用在艺术项目中。对于艺术和文化方面的客户，我们有这种类型的专业知识是非常重要的。这两个世界不是相互分离的，你从一个当中学到的和体验到的东西，对另一个会非常有用。这两个世界都有它们各自的约束，分别在我们工作的不同阶段出现。

加文：约束条件的存在强制你在更小的空间展开思考。有些设计师在没有制约的情况下什么也做不了。你是否也这样认为？

恩丽卡：当你允许设计师随便做什么都行的时候，他们常常就卡住了。制约是有帮助的，这就是为什么我们一开始尝试着认识问题并提出想法，这同时也是解决问题的策略。通过认识问题，你突然就有了所有的制约，结果你就知道你该怎么做了。如果你不能清晰的陈述问题，你可能会有很漂亮的收尾，但其中更多的是修饰而不是想法，而我们不是装饰师。

加文：你看起来是从技术方面来完成工作，比如从一个出版计划开始，因为要考虑到翻译成不同的语言，因此创意从这里开始了。

恩丽卡：技术方面是非常重要的。你首先要有一个好想法，然后你需要知道如何实现它。当你用英语、西班牙语和德语工作的时候，你不可避免地要考虑到文字的长度所带来的问题。你不能就这样开始，然后顺着你的工作往下走。你必须从一开始就知道如何处理这样的问题。我们有些客户来找我们，想和其他的设计师一起做一个项目，但是六个月以后什么都没有拿出来，预算花光了，他们不得不出版一本书。我知道要做什么。没有原则的创新不会产生任何结果。

图片是为韩国艺术家金旼貞做的一本专辑。她因其独特的“绘画”而家喻户晓，这些作品画在无数层的熨烫过的韩国宣纸上。这本专辑的制作同样关注了材料的细节，并使材料得到了最大化的发挥，其中包括艺术家通常用的法国的艺术纸张和意大利的自然封面。

鲍勃·奥夫迪施关于"材料的使用"的访谈

材料的选择可以有效地帮助一项作品表达它特有的品质，它可以用材料自身的物理属性，例如材质与重量装扮这个作品。"设计是文学的物理表现形式，"是肯尼思·菲茨杰拉德（Kenneth FitzGerald）在他发表于《移居者》杂志的论文《观察和阅读：读者对于周期性文字的指导》[1]中的观点，他试图以此搭建设计与文学之间的联系。在以下的采访中，设计师鲍勃·奥夫迪施（Bob Aufuldish）讨论了材料在补充和提升作品时发挥的重要作用。

保罗·哈里斯（以下简称"保罗"）：材料如何帮助作品表达故事？

鲍勃·奥夫迪施（以下简称"鲍勃"）：我觉得在一个项目中，材料一直都在帮助我们传递想法，它不仅发生在材料不同寻常或充足的时候。这种差别可以像涂层和非涂层的纸张之间的差别，或是像渐变与单色之间的差异一样简单和微妙。

保罗：在设计过程中，材料的选择有多大的影响？材料的选择激发了最终的设计还是设计决定了材料的选择？

鲍勃：这取决于具体情况。例如，在图书印刷的时候，纸张的选择常常非常有限，所以材料的决定非常直接。但是，比尔·史密斯（Bill Smith）的实验性音乐乐谱就复杂多了。材料作为设计过程的一部分加以确定，设计基于材料和成本发生变化。因为项目只制作25份乐谱，共计500页，用靛蓝纸进行数码打印是最有效的方法，这决定了纸张的大小和纸质的选择。需要表现的本质是乐谱需要让读者利用色带帮助浏览音乐家的说明。因为作曲家对卢西奥·丰塔纳（Lucio Fontana）和观念派艺术的热爱，因此我们选用了两层布料以表达这个情况，上层闪烁的金属布料，来衬托下层发亮的紫红色布料。每个事件都是独立的，这使得每本书都是独一无二的。而且与图书装订师约翰·带麦利特（John DeMerritt）从始至终的合作都是使作品成功的关键。

保罗：当你考虑何时选择材料的时候，对你来说什么是最重要的？是颜色、材质、成本还是材料所表达的内容？

鲍勃：我着手与材料如何与内容相关。客户需要对想法和成本都认可。

保罗：你用过的最不寻常的材料是什么？它是怎么实现的？

鲍勃：几年前，我为丹佛艺术博物馆设计过一个系列，这个展览叫《雷达》，它具有用丝绢网印花法制作的半透明塑料书套。书中第一个和最后一个签名用半透明的合成纸打印的，这种纸是塑料纸的代替品。书籍从左翻开。这些表达方式基于馆长的一篇论文中的一个想法，我对自己能在早期参与这个项目的设计感到非常幸运。

[1] www.emigre.com/Editorial.php?sect=3&id=7

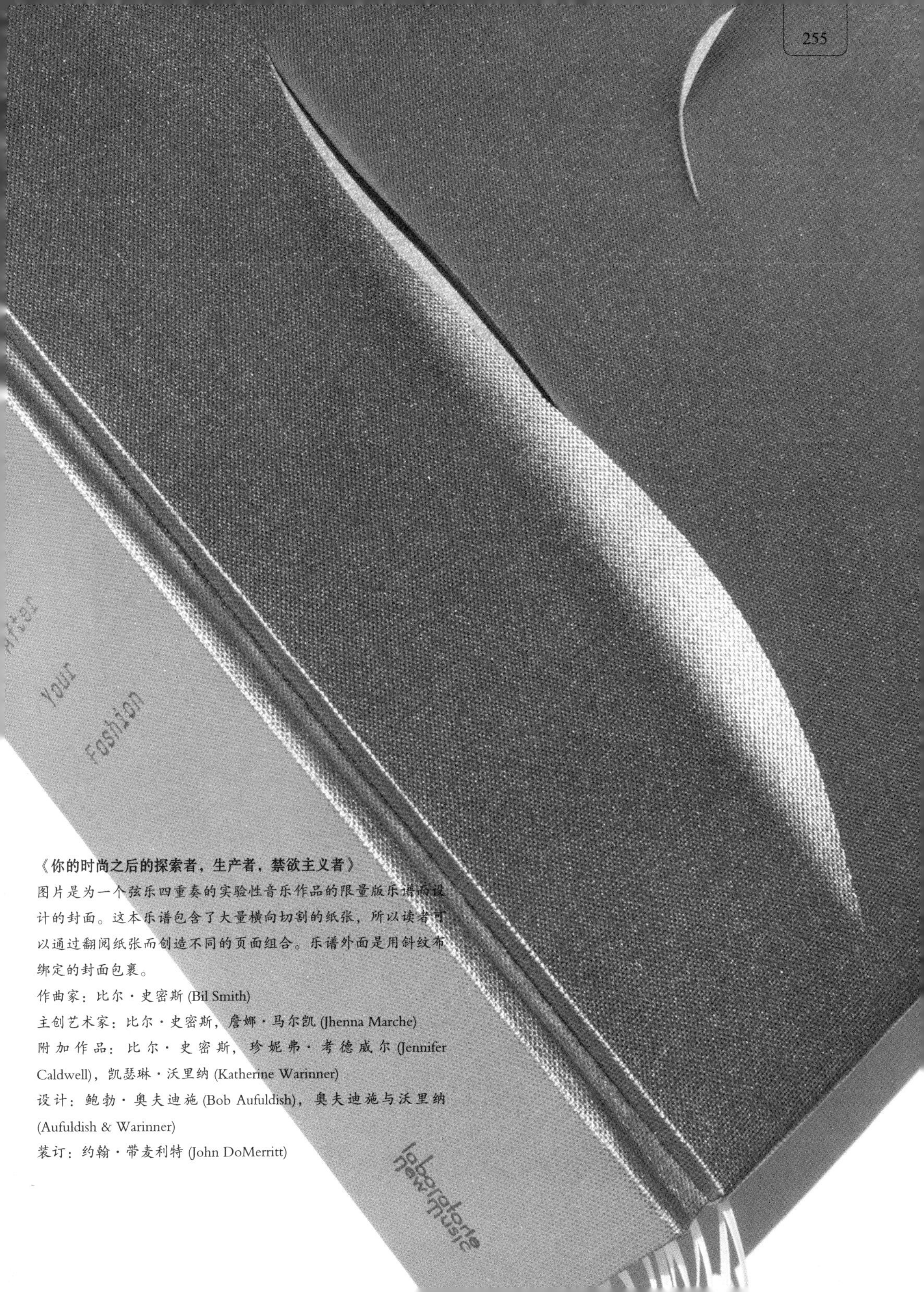

《你的时尚之后的探索者，生产者，禁欲主义者》

图片是为一个弦乐四重奏的实验性音乐作品的限量版乐谱而设计的封面。这本乐谱包含了大量横向切割的纸张，所以读者可以通过翻阅纸张而创造不同的页面组合。乐谱外面是用斜纹布绑定的封面包裹。

作曲家：比尔·史密斯 (Bil Smith)

主创艺术家：比尔·史密斯，詹娜·马尔凯 (Jhenna Marche)

附加作品：比尔·史密斯，珍妮弗·考德威尔 (Jennifer Caldwell)，凯瑟琳·沃里纳 (Katherine Warinner)

设计：鲍勃·奥夫迪施 (Bob Aufuldish)，奥夫迪施与沃里纳 (Aufuldish & Warinner)

装订：约翰·带麦利特 (John DoMerritt)

体验

所有的事情都是经历——不论它是物理的、印刷的、还是环境的。我们设计的任何东西都在试图对感官产生吸引与刺激。我们离开了“平面设计”领域，因为平面设计是与印刷的时代相关的行业——它是考虑在页面上放置图片的问题。其中涉及的方面包括形状、摄影、印刷等类型，但是最根本的是，它与交流有关。这是一场设计思考与制作领域的转变。我们依旧认为自己身处“平面设计”的行业，但是现在要考虑的内容远多于“平面设计”。比如说，这里有策略、数码、环境设计、建筑、产品和广告。

这些主题是通过“平面设计师”的革新从商业艺术的过程带来的结果，现在它不是指某个具体的媒介，而是关于如何产生思想。这样才能创造真正的多样性，才足够强大。理解是很关键的事情——你在与谁对话？谁是目标观众？故事是什么？信息是什么？你想让他们感受和思考什么？

你常常需要有一个策略的定位和目的。我们所做的更多的，是关于设计思考与制作方面的内容。

——文斯·弗罗斯特（Vince Frost）

ActewAGLOssolites（对页与下页展示的内容）

图片是芬克公司的罗伯特·福斯特（Robert Foster）与 Frost* 合作为 ActewAGL 在澳大利亚堪培拉的总部基地大厅设计的一个雕塑灯。以《旅程》命名的装置，由三十七个长牙状的雕塑组成，以 Ossolites 命名的由灯光充满的弯曲形状，穿过了优美的混凝土地面。Ossolites 这个名字有“震荡”的含义，同时又是骨头一词的拉丁文“osso”与光这个词的组合。“ossolites”意在通过装置艺术创造一个戏剧性的、互动的对于光、色彩和运动的表达。人们可以与这些形态互动，去使装置的颜色和运动发生变化，让人们感受到自己与空间的联系。

中国城信息亭

图片是 Frost* 为澳大利亚的悉尼中国城设计的信息亭，它对现有的宝塔结构进行了再组合。设计的灵感来源于中国传统的灯笼之美；Frost* 的设计师与兼职艺术家 Pamela Mei Leng See 一起工作，围着亭子的六个侧面墙创作了美丽的剪纸设计。剪纸设计展现了陶瓷茶壶的茶水倾倒和流出后里面残留的菊花花瓣，花瓣下方透露出的陶瓷图案意在带来繁荣（鱼）和长寿（鹳）。到了夜晚，这些图案由四千个 LED 灯背光照射，形成发光的灯塔，让人联想起中国传统的照明工具红灯笼。

AIA工作室的创意指导丹尼尔·迈耶斯和波兰设计事务所，也是SapientNitro的组成部分之一的Second Story的高级体验设计师崔西·西姆关于“保持真实”的访谈

保罗·哈里斯（以下简称“保罗”）： 互动装置给品牌带来了什么？

丹尼尔·迈耶斯（以下简称“丹尼尔”）： 糟糕的现实是许多（如果不是大多数）品牌和机构正在毫无责任感地寻找数码伙伴。每个人都在做这件事。大部分市场研究支持这样一种观念，消费者事实上在寻找数码连续性，即大众传媒经验与物理世界中的体验相联系的可能性。但是我需要问自己的是，仅仅这些事实是否足够支持在人的环境中渗透额外的数码内容。对我来说，还需要更多的原因。数码媒体的存在必须真正丰富了那一刻的经历，否则我不会提倡。

崔西·西姆（以下简称“崔西”）： 我同意。我觉得从很多方面来说，存在来自客户的认知需求驱动，但是这与发现新的和更好的平台讲述品牌故事结合在一起。故事讲述的原理和媒体一直不停地变化。互动装置为消费者提供的一个新的讲故事的方式，并使其成为对话的一部分。传统的媒介叙事向受众传播信息与故事。这种方式是给予与付出的平衡。它具有个人的更加直接的感受力。杰出的广播当然可以创造出情感和个人化的连接，当然——任何媒介都有感动个体的力量——但是我相信这与行为或物理运动的肌肉记忆有关。它有独特的潜质

去延伸某个机构或品牌与个体的关系。

保罗：如何在创作互动体验又不丢失品牌特征中的优点时保持真实？

丹尼尔：对我来说这个问题有许多答案，因为客观情况和问题的背景从来都不会重复出现。你需要尽一切力量理解你的听众，理解你正在试图讲述的故事（品牌优势、机构信息等）。借助自己的知识和其他团队成员带有补充性的知识（在我的建筑案例，在崔西的经验设计案例），你可以创造一个“真实”可信的经验。当然，最普遍的错误是着迷于技术，而忘了这个过程中的故事。

崔西：互动装置的美在于其灵活性，人们可以与其对话，这种性质提供了在品牌故事中调动所有的感官给客户洗脑的潜质。故事事实上需要真实可靠（真实意愿的产品）和名字、商标和标志性语言之外的东西。人们常常忽视的是当观众进入某个空间之后的感受的调整。人们的经验与想法之间的过渡就像他们在场所之间的过渡一样。当人们如丹尼尔所说的“跨进门内”后，他们将别的地方抛在脑后，重新把自己置于新环境中，他们需要获得立即、清晰地阐释周遭环境的能力。一旦周围的环境得以呈现，并引起你的关注，你就能给予某种回应。这就是我（品牌）与你（消费者）之间的平衡，我不能只是喊你来关注我。我们要考虑的是你为什么想要留下来？

保罗：创作互动的体验带给你什么样的自由？

丹尼尔：响应环境（在空间中的互动体验）提供的特殊自由并不多，更准确的说这些经验可以在某些方面影响到感觉，而印刷品和网络是做不到这一点的。我们是物理性的，我们深深地被我们活跃的感觉所影响着。我们当下最深的感受被调动了起来，既包括强烈的也包括平静的。这种力量非常强大。比如在电影院，空间中的互动体验可以戏剧化地影响人们的情感状态和行为。所以也像电影院一样，这些环境的设计师需要记住如何很好地利用这种力量。

崔西：我被媒介的时间特性和由访问者、消费者带来的互动所吸引。一种典型的经验将仅仅持续一小会，在这段时间中，你有机会参与，并有可能转变一个人看待、体验、理解其周围世界的方式，也转变了他与其周围世界互动的方式。然而，我一直在考虑这样的问题，危险是你挖掘、困惑或让他们对周围更加冷漠的东西。我喜欢把设计和发展过程想象为精心设计的产品，只有当访问者进入到“舞台”中，产品才会参与到人们生活。作为设计师，我们的工作就是让这个表演产生共鸣和冲击力。流程和互动设计允许我们有能力回归原型，与你这一路所做的东西产生互动得到自由。我们可以更深地挖掘或在一个新的方向上前行，因为我们能够观察到人们如何直观地使用原型。

保罗：有什么东西是几年前还没有，而现在却可能的事情？我们在未来可以期待什么类型的东西？

丹尼尔：现在真是一个疯狂的技术时代。我不太老，但是我发现我对不久以前的时光非常怀念，那时候我的生活比现在安静得多。发达国家的人口比例持续增长，对大多数人来说，很难想象一个没有手机设备的世界。但是仅仅回想到2007年1月8日，作为iphone发布的前一天，并不是太久之前的事。但是有神经科学家告诉我们，这些设备可能已经改变了我们使用大脑的方式。这种快速的改变在人类历史上都是前所未有的，并且完全无法预期。所以在某种意义上来说，我认为预测未来是傻子的差事。另一方面，我们正在享受（或者当我们在午夜查邮件的时候不再享受）19世纪末未来学家想象过的进程。不论结果更好更坏，一种具有标志性转折点的进步是设备的小型化。计算设备的尺寸和成本的降低导致了精巧的材料和产品的繁荣。这些设备很快会得到普及，计算机将嵌入到我们所希望的任何地方，包括消耗品、各种产品和不同的场所。我们可以在幻想中争论这种普及究竟带来更多的利还是弊，但是我们可以通过创造可响应的环境和数码连接体验，训练我们最终在新世界需要的设计技巧。希望通过足够的训练，我们会了解如何将这个崭新的充满连接和嗡嗡声的世界建设得更加人性化和宜居，可能我们还将找到一种方法为当下保留一片宁静的空间。

崔西：当然，现在手势与身体在空间中的互动比几年前更具可能性了。我们对内容越来越高的解析和精准分辨的能力每分钟都在增长。但是在技术层面唯一不变的就是变化。一直寻找什么是能够被探索出来的，这一点非常重要，但我们也有很大的机会去与每日呆坐在我们面前的技术进行探索。偶尔理解我们“如果……将会怎样”的想法使我们用新的方式连接传感器，声音和光成为可能。它本身就是创新。未来，技术将做它已经做过的——让我们持续用惊奇的方式在新鲜的画布上讲述丰富的故事。我愿意发现更好的工具来理解人们的需求，从而使人们有可能保持对互动的关注，而这种关注出于自愿。我希望世界能够理解，更大的电视机和显示屏本身并不一定能够提供更好的体验。

保罗：创作互动体验的时候，关键因素是什么？

丹尼尔：正如我所说的，沉迷于技术是非常容易出现的隐患——但也还可以接受。有时候一个漂亮的解决方案是在实验中提出的。然而当人们必须保持对某个事物的关注以承担专业责任的时候，在客户的有限时间里一般不会进行这样的实验。这就是为什么给实验留点时间很重要。我们不是采用那种愚蠢的爆发式的有乒乓球台和办公室免费啤酒的网络公司的方式，而是以一种严肃的方式工作。热爱自己工作的人们不需要有小恩小惠才愿意做下去，但是创意团队的领导者需要找到方法给设计团队留下安静的空间（隐喻的和物质的）。当然并不是说我不喜欢免费啤酒。

崔西：对我来说，访问者以及为他们创造有意义环境和体验，一直都是创作互动体验的关键因素。技术在其中的作用是讲述需要讲述的故事。故事的互动与表演的即时性是打动我的关键。大多数时候，技术带来的最佳体验是那些技术没有得到关注的设计。如果故事是真实的，那么在技术参与的体验中依然会保持对故事本身的兴趣。

保罗：如果客户在项目完成之前都无法理解交互式体验的概念，要说服客户有多难？

丹尼尔：嗯，我的经验是这个问题不仅限于互动体验。这就是说，客户是自然的、健康的、持怀疑态度的。他们特别怀疑那些未尝试过的东西，而这正是我们的主要工作。做艺术家的问题是——我们都经常有深深的自我怀疑——你对自己来说就是一个相当大的挑战！我们这种类型的工作建立在研究与直觉的平衡之上。我们可以利用研究来帮助客户感到舒适，但是最终，只能通过收集直觉并加以过滤才会产生体验——而为此，我们仅仅是需要简单的得到客户的信任。就像生活中的很多事情，这建立在努力地工作和耐心的基础上。

崔西：噢！这是有趣的部分！始于一无所有，从经验中产生一个想法，这是多么奇妙的事情。这个过程中的开始和最后有着最大的回馈和最大的挑战。在一开始，你有海量的想法、灵感和你在脑海中见过的瞬间。这是你在团队中要分享的内容。你编辑它们，有时候非常地痛苦。为了找到给你的客户讲故事的最好方式，你研究它们，有时候需要花费很多时间。我相信概念的展示应该争取做到当客户和访问者第一次体验这个作品后就具有同样的感受，同时还需要激发他们与我相同的展望。做这样的转换，要求我们对如何传递和传递什么信息做出适当的思考。之后是大量的繁重工作。最后，如果你在一开始就很好地完成了你的工作，你会非常满足地观看陌生人体验你的作品。当表演一开始，你便可以休息下来，仅仅一会儿的工夫，你就能够享受其中。

可持续

“可持续的第一个规则就是与自然的力量结盟，或至少不要试图挑衅它们。”

——保罗·霍肯（PaulHawken）

从私人到公共部门，在普罗大众之间，可持续的概念正在引起越来越多的关注。随着世界人口的增加和中产阶级在发展中国家的扩大，获得持续关注的问题是食物、能源和资源的缺乏。可持续尝试着促进和建立增加可再生能源的使用实践，优化所有不可再生能源的使用，从总体上减少对能源的消耗。

设计在可持续方面扮演着基本角色，因为设计决定了什么资源可以被利用，以及如何利用它们。带有可持续思想的设计可以引导能源消耗的减少、耗能行为的改变以及对可持续能源的更大利用。可持续设计的目标是通过熟练和敏感的设计彻底淘汰对环境的负面影响。

在这种可持续的背景下，设计对各种各样的领域产生影响。它可以通过有关环境影响和消费模式的交流信息，教育和帮助改变人们的想法。在一个基本水平上，这可能告诉人们包装袋的制造是后消费内容，它可以被循环利用。这可能扩大到有关环境足迹的信息。它可以提供的信息是，如何更加有效地使用产品从而减少人们的过度消费。

通过设计，产品可以使用更少的资源，例如低耗能的清洗机器。或使用更少的能源的包装，包括减少包装材料数量的使用。通过设计，可再生材料将取代不可再生材料的使用。

设计可以通过使用更少的材料，使产品被重复利用，从而具有更长的寿命，并让产品更容易纳入再循环。设计提供关于产品可循环利用和选择更易循环的材料的信息，以推广可持续“减少，再利用，再循环”的主张。

垃圾处理是关键的关注点，因为垃圾需要焚烧或填埋，花费了能源和空间，还会污染空气和水。减少包装可以保证减少垃圾。可降解包装可以帮助减少对环境的影响。发达国家的政府越来越多地要求他们的市民分类处理垃圾，并施行更加精确的废物控制处理，让循环利用更加容易。

可持续设计根据一组松散的原则，其中包括对于低影响材料的使用、高效能源的使用、创造情感上耐用的设计以减少消耗和垃圾、为重复利用和循环进行设计、使材料能在持续封闭的循环中被重复利用的仿生学、从个人所有权到共享或租用而非购买的替换服务，以及对本地可再生材料的使用。

这些原则中一个有趣的方面是情感耐用设计，在这方面，设计师的目标是通过培养一种产品与消费者之间更加强大的关系，从而建立情感的联系，以减少消费和垃圾。可能采取的办法包括让产品不可或缺、为产品创造个性或确保产品的品质非常出色，从而使产品与人的联系超出审美范畴。在《情感耐用设计：对象、经验和共鸣》一书中，作者查普曼[1]（Chapman）教授探索了为什么用户会抛弃还能使用的产品的问题。

[1] 查普曼·J，《情感耐用用设计：对象，经验和共鸣》，Earthscan 出版社，伦敦，2005。

文斯·福斯特关于“可持续与创新经验”的访谈

加文·安布罗斯：随着科技的进步，融入我们的生活与环境中的设计方式是否也进步了？平面设计领域的思想已经改变，因为对可持续的观念已经不能视而不见。你在《美丽地行走》中创造的墙是观念改变的范例。你能详细的描述一下这个活动吗?

文斯·福斯特(Vince Frost)：《美丽地行走》是来自建筑数据的现场投影——这个建筑是悉尼联合银行更大项目中的一部分。这座银行能将六千人容纳在一个基于活动的工作方式的环境中，这种环境最初来源于荷兰；设计大空间和中庭是一个趋势，这样的趋势关注到了员工的福祉。每名员工都没有自己的办公桌，取而代之的是，他们都有自己的锁和苹果笔记本电脑。预计在未来的六年中，20%的员工将不在办公室工作了——他们把工作放在家里进行。时过境迁，我们要看到我们如何通过他们的办公室的设计清晰地表达他们的品牌、品牌目标和价值。不是说我们考虑在哪里放上他们的商标，或如何用他们的色板，而是要考虑如何使他们的历史与梦想变得鲜活，并想象可以鼓励头脑风暴和合作工作的空间——使员工和访问者都能参与和熟悉的空间。

为了打造数码墙，我们创作了一个“数据流”的主题，它的意思是所有的事物都是变化的。你如何创作不断变化的排版？我们创造了立体的[1]会议室墙面，在墙体周围，你的操纵可以创造出运动效果，它创造了一种变化的文化，那东西都是非静态的、惊喜的与变化的体验。我们与策划师和各种各样的利益相关者密切合作，从而创造出设计上不孤立的作品。这种作品不是创作出来后贴在墙上的让你看的样子。我们用一种合作的方式来完成，以确保它是一个更加有效和更加耐用的解决方案。数码墙有能力表达想法、娱乐、参与和信息。在不同的区域，从不同的视角，观察数码墙都会有不同的体验。在澳大利亚的一件大事——当然在整个世界都是如此——是对建筑进行可持续性评级。在澳大利亚，这个评级系统叫绿星。曾经的一个五星建筑，因为数码墙而成为了六星级建筑。即时地、动态地向员工提供了有关自己工作地点与环境的可持续方面的实时信息。它提供了骑车上班的人员数量，回收利用咖啡杯的人数，天气和建筑的容量等信息。可持续的一个关键因素就是要告知给人们这些信息。这是一个动态且非常及时的事情。它利用技术提供与我们的生活相关的信息。

我们要看到我们如何通过他们的办公室的设计清晰地表达他们的品牌、品牌目标和价值。

❶ 伴随着视角的变化，打印技术给出的图像深度或运动发生改变。在一个透明的塑料板上立体打印切换多个条状图片，它包括一系列弧形透镜，它们使排成一排的具体图像被折射到同一点上。

澳大利亚联合银行的“亲爱的行走”是由 Frost* 创作的，它的特点是一个整合的标示和自动寻找路线的系统，这可以实时地对可持续信息进行交流，从而告知来访者和银行的员工努力减少对环境的影响。

TRACKING OUR RECYCLING
JULY
AUGUST
SEPTEMBER
OCTOBER
NOVEMBER
DECEMBER
JANUARY
FEBRUARY
MARCH
APRIL
MAY
JUNE
NORTH BUILDING
ON-SITE POWER DEMAND
EQUIVALENT TO
157
CARS OFF THE ROAD FOR A MONTH

若奥·努涅斯的与环境相关的平面设计师的角色

加文·安布罗斯（以下简称"加文"）：可以从某种意义上认为环境与对可持续的态度已经变得越来越重要，因此我们有了设计师这个角色。本书的第12页是对1969年发表了一份宣言的设计师肯·加兰的采访。肯·加兰的宣言要求设计师们对自己的作品负起责任。这是不是目前最重要的并需要努力思考的问题？

若奥·努涅斯（João Nunes）（以下简称"若奥"）：肯·加兰（Ken Garland），巴克敏斯特·富勒(Buckminster Fuller)，迪特·拉姆斯（Dieter Rams）都对设计的本质倾注了巨大的关注，他们认为设计作为一个行业应该服务于人类，这是它存在的主要原因。至于社会责任的主题，设计比以往任何时候都必须重新调整某些原则。

我们已经培养了很多代的设计师，他们的价值基于个人著作、专业魅力或新产品中的系统化设计。我们不关注专业背后的道德价值。因此设计师对当前的混乱状态负有不可推卸的责任，我们每个人都有份。尽管如此，还有一些明确的迹象表明，那些帮助引发问题的设计师也是解决问题中起着重要作用的角色。现在，越来越普遍地认识到变化是必然的，设计师将成为这种变化的重要推动力量。

就像亚伯拉罕·莫尔斯（Abraham Moles）所说，靠仿生学的原理，设计师是"类似于造物主一样的人，有能力设计更小的活动、改变行为、解决问题、创造新的更易读、更简洁的整合了一切的界面"。

加文：作为设计师，你可能怀疑兴趣有其二元性。一方面我们提高一个公司的最优资产；另一方面我们减少任何缺点。这给了一个设计师相当可观的权力，带着可以操控人们的观念的能力。就此而论，你是如何看待设计师的角色的？

若奥：某种限制严重地影响了我们的精神价值，是这样的话，我们需要从项目中脱身。我们永远生活在这个兴趣与平衡二元对立的世界里。我们可以在不诚实的操纵和诚实的设计之间进行选择。这是一个精神与伦理生态学的态度，我们需要一个新的道义法则，它在面对金钱的价值、文化的缺失和产生的越来越多的暴力的忽视的时候，可以变得很灵活。

消费社会的服务已经建立了我们赖以生存的世界，而对人的感知的操控是这个社会中最有力的毁灭性武器之一。这是应该引导新设计师的教育基础：向他们打开一个新的感知的大门，从而他们能够参与到一个更可持续的世界的改造中，在这里他们可以用设计的全部潜能和新的想法实现可持续的目的。

消费社会的服务已经建立了我们赖以生存的世界，而对人的感知的操控是这个社会中最有力的毁灭性武器之一。

基于这些我在作品中发展出来的原则和价值，我会尝试着寻找参与各方青睐的创新解决办法和平衡，引导客户在他们的项目中体现出对于社会责任的姿态，例如在RAR和EnergiasRenovaveis这样的项目。

加文：你的《可再生能源》一书中，将该领域28位领军思考者汇聚到一起，形成了对全球可持续、生物气候建筑和可再生能源技术为主题的有意义的方法。这本书的设计让这些复杂的主题变得开放、易接近。你是否将设计看作是进程中的重要部分，以调动人们的想象力？

若奥：这本书的计划是通过一个可阅读的界面对所有人开放地展示最先进的可再生能源。我们称之为原则，例如利用工程，也利用历史、建筑、设计和生态（在其当代仿生学的方法中）去创造一个知识和参考框架，为读者打开新的视角。设计能够将自己充分假设为“社会责任”的塑造者，而这个原则的目的就是为此。首先，作为概念和议论的创始人引导内容的定义。然后设计的真正任务，作为交流的促进者，带着分析的和客观的解读，使用创新作为解码复杂事物的过程，这些过程由专业学科发展而来，但却通常难以用每个人都能理解的方式加以解释，而设计使这些过程更有吸引力和可读性。

当设计从一开始就作为工具来运作的时候，它有巨大的潜能，因为你的工作始于内容。不要为产品创造一个有美感的表皮，而要通过插画、印刷和图像去创造平面语言，作为整体的一部分，视觉讲述是合乎逻辑的结论。在这本书的物质化的进程中，我们采取了所有的必要措施去减少消极的环境影响，通过演示文稿的内容去引起人们的注意，吸引他们，使他们能够阅读这个复合体。

当设计师和编辑是同一个人，或是同一群人的时候，所有的事情都变得简单了。

托马斯·马修的索菲·托马斯和阿莱克西·索默的可持续

加文·安布罗斯（以下简称“加文”）：可持续是你工作的基础部分。如何让它证实自己的意义？

索菲·托马斯（Sophie Thomas）（以下简称“索菲”）：当我们15年前开创了托马斯·马修（Thomas Matthews）设计事务所的时候，我们将其建立在一个牢固的伦理结构上。我们希望利用我们的材料资源和生产者的优势做到可持续设计的本土化；我们希望对可回收利用的材料和再生的内容有恰当理解，并有能力决定材料是好是坏；我们会考虑项目的寿命和在我们的项目中的双重责任。这就是我们带给项目的伦理。我们在我们提供的解决方案中考虑可持续。最终的目的在于有效地利用材料。例如，标识设计方式是最小程度的使用材料。我们与我们的工程师合作进行系统设计，使我们可以发挥材料的最大功效。我们想尽可能做的最漂亮，其结果也是事实上最有效的。所有我们的设计师学习可持续，并将其融合到他们的工作中，以至于可持续不是设计之后进行翻新。可持续在工作中不是显而易见的东西，它是一种整合。

我觉得设计师希望有制约，因为制约会推动自己找到出路。寻找旁路有助于创新。如果你将可持续这样的东西写入到任务书，你会强迫人们充分考虑它们。我们的设计师享受这样的制约，我们也因此做得越来越好。我们试图确保可持续是在设计过程的顶端，而非低端。越早做这件事，就越能获得经济上的收益。

加文：你是否看到了客户对可持续的观念的转变？

索菲：15年前，可持续就像拥抱着大树的极端环保主义。我们固执地认为可持续的解决办法必须有鲜明的色彩和睿智的思考，认为项目需要为合适的用途和理解去考虑和设计，从头到尾贯穿可持续的信息。我们1998年与“地球之友”团队合作做的《不购物》，考虑我们怎样地购物和过度消费，并策划“不消费日”。那样的一些项目确立了工作室的发展基调。

其结果是，为了真正理解材料我们开始建立我们自己的材料库。当我们说这是可持续的时候，我们是怎么知道？我们变得非常爱质疑，推动着客户和支持者真正理解可持续。我们是第一批用可持续来支撑我们的理念的工作室之一。我们建立了客户希望的基础。许多人的设计只是追逐潮流，用所谓的“生态”去生产披有绿色外衣的活动，这让人非常沮丧。很显然，全球仍然处在一个糟糕的状态，你所确定的原则能对产品具有不可或缺的价值吗？

加文：我们在可持续方面现在处在什么阶段？

阿莱克西·索默（Alexie Sommer）（以下简称“阿莱克西”）：现在更多的是关于材料的效率和来源的认识。我们来看运输过程，这展示了我们为客户所做的内容和这么做的原因。我们看项目导图，尝试着让客户多投资一点。你需要建立沟通，鼓励客户投资更好地材料，通过设计将废物排除在过程之外。

当客户说他需要有人设计一个东西而不用制造大量垃圾的时候，这就是责任感，但是许多设计师的确无法实现这个设计因为他们没有正确的知识。这就是我们在“伟大的发现”活动中推动的，它诞生于2008年，当时人们正在问我

我们想尽可能做得最漂亮，其结果也是事实上最有效的。

上面的图片是一个可持续生产的蝴蝶，由托马斯·马修斯创建的部分产品陈设在新加坡的一座101公顷的滨海热带花园中。

们如何做可持续。我以运作这一活动的设计主管身份，花了半周时间访问英国皇家文艺学会(Royal Society for the encouragement of Arts, Manufactures and Commerce)，在期间考虑设计师为了循环目的而发展产品和服务。

加文：可持续正在成为主流业务。是不是设计都要走到这条商业模式上？

阿莱克西：设计是家庭手工业，因为它非常琐碎。在英国现在有大约23万名设计师，但是设计工作室平均只有五个人甚至更少，而大多数人都是自由职业者。一个产品所能造成的影响大约80%是概念设计阶段就能够预定的。设计师选择材料和过程，如果他们不懂得这其中的影响，他们会继续忽视新材料制造商的选择。你必须有关于如何在不同的材料中做出选择的知识和获取知识的渠道。

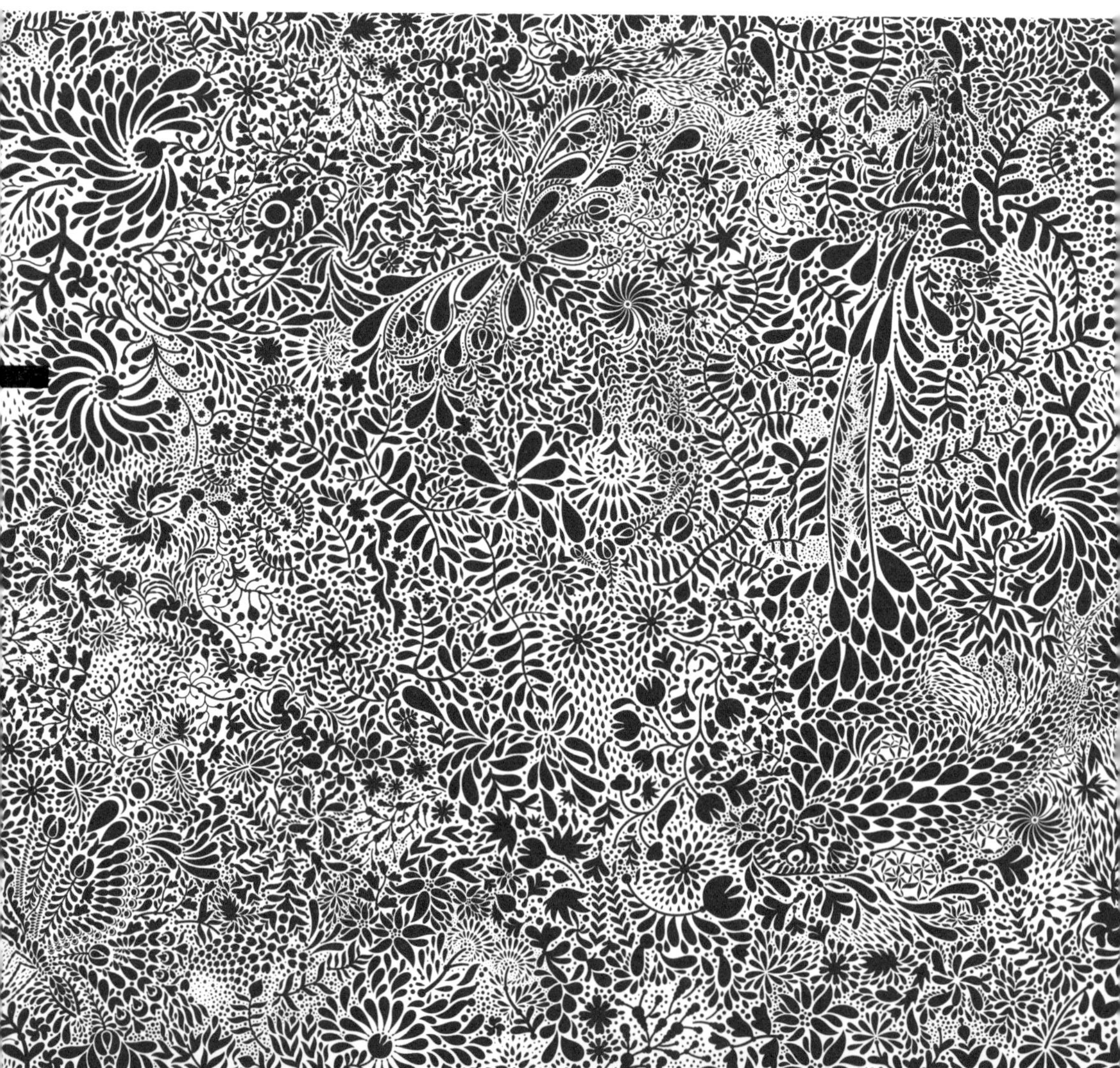

设计的未来关乎循环，我们写设计说明，作为肩负责任的人，我们将贯穿整个项目过程的实施。如果设计师还不开始训练自己，并教会自己这些不会过时的技术，客户自己也会要求可持续。设计师经常不质疑任务书，因为他们觉得他们所从事的是服务行业，但是如果对客户的计划进行质疑，你可以帮助客户从内在得以改变，鼓励他们用不同的方式思考，发展可持续的团队。我们有机会与非常大的公司合作，例如联合利华，他们的决定带来的影响是全球性的。我们为大公司工作被人质疑，但是这样做绝对是正确的道路，因为他们是世界的变革者。

图片是由托马斯·马修斯为新加坡的1010000m^{2}的滨海热带花园制作的平面设计项目。这个项目受到东亚文化中的剪纸艺术的深刻影响。

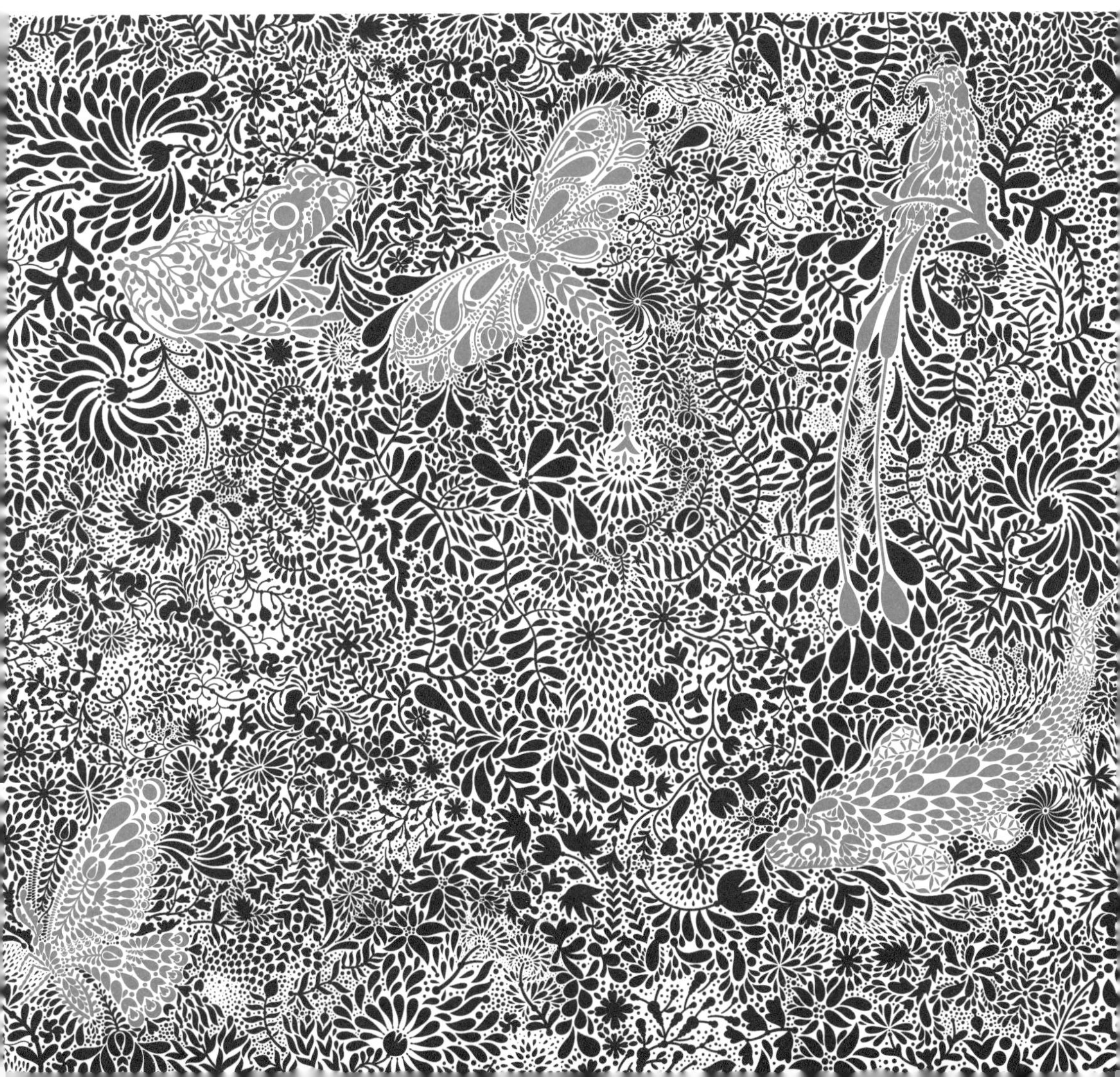

短暂与永久

"在这一堆摄影复制品中，有不少的垃圾，但偶尔也能淘到一幅珍品，钱包大小的杰作，绝对可以挂在画廊，要是有那么一位名人买走它就更好了。找到一两件这样的作品，便可衣食无忧了。"

——兰森·里格斯[1]（Ransom Riggs）

创作型思考会应用到永久的作品和短暂的作品创作中。永久的作品是被创作于那些有一个特定的寿命和/或重复使用。短暂的作品是任何不打算被保留的（书写或打印）的事物。

建筑、物品、大多数的产品和许多打印的作品都是为永久而创作的。为了使材料的选择或采用的生产过程可以永久保存，物品可以被创作。用石头和金属制作的物品明显有一定程度的永久性，但是用纸和卡片制作的书籍也是如此。短暂的物品包括分发的小条和传单、报纸和用过一次以后就会被处理掉的产品包装。

数码的内容同样可以分为永久的和短暂的。电子书，数码音乐文件，博客等等都可以创作为永久性的作品，即使他们非常容易被废弃掉。相反的，许多大众传媒上的互动，例如电子消息，可以被当做是短暂的，可删除的评论只在一瞬间起作用，不意味着任何永久的意义。然而，一旦信息被输入，它就可以在数码的世界里被储存到某个地方。

在某种情况下，短暂可以得到永久。博物馆和展览馆常常对一个短暂事物生命中某个特定时期进行收集、组织和展示，从而给这个短暂的事物一个当下或在不同文化背景中的展示的窗口，我们可以从中学习，得到灵感或记住它。纪念世贸中心的游客中心展览是由波林与莫里斯工作室（Poulin+Morris）设计的，在其中展示了失踪人群的海报、遗物、纪念品和对遇难者的悼念。

[1] 兰森·里格斯(Ransom Riggs)是美国作家和中影制片人。他收集奇特的风俗照片，将它们用作书籍《怪屋女孩》。

与理查德·波林关于旧时尚故事讲述的重要性的谈话

波林与莫里斯，一个在纽约的多领域设计策划公司，它是由理查德·波林与道格拉斯·莫里斯共同成立的。

加文·安布罗斯（以下简称“加文”）： 我们看你的作品，如纪念世贸中心装置，它看上去更像是讲故事而不是设计？

理查德·波林（Richard Poulin）（以下简称“理查德”）： 这源自于我们对展览工作的偏爱。我喜欢讲故事，不论是一个简单的公司总部的故事还是一个博物馆与它的主题收藏的故事。许多时候，当我们为一座企业博物馆做展览的时候，我们都会从最初的研究和写作开始。我们的合作伙伴道格·莫里斯（Doug Morris）和我都是作家，不是每个人都有这方面的专长。我教授的大多数内容（印刷和视觉交流）都是基于讲述的形式，在这个形式中，我们作品的最初的思考和概念都源于讲述：一本书，一首诗，一份手稿这类性质的东西。书写的文字常常对我们的工作非常重要，我们试图将所有我们做的事情合并为一个价值系统。纪念世贸中心展览是一个好的例子，但是就一些环境图像方面而言，我们主要做的是建筑项目，关键是对最初的语言与术语的理解，这能够影响一个建筑的品牌。所以我们当然在这上面强调了很多。

加文： 我觉得你能比影响一个建筑的品牌和建筑的自然体验走的更远。人们如何体验空间环境的想法是有趣的。你的第一本书是《平面设计的语言》，在书中你将其分解成26个基本要素：光以及形式等等。

理查德： 我这样说因为我觉得受众可能是学生或年轻设计师，我想要将设计放在一个更加普世的背景中。回顾以往，我非常高兴我做了这个，因为这帮助人们用更有意义的方式接近它。

加文： 我采访英国设计师肯·加兰（ken Garland），他说在某种程度上，设计已经兜了一圈，所有的事情我们都已经做过了。如果你看史前的洞穴绘画，他们做的就是讲故事：他们是关于光，形状和形式。所有我们讨论的事情都已经在那了。对此，你是如何考虑的？

理查德： 我一直很同意这个观点。我们的专业，不论是训练还是教授设计，都是如此广泛，这让设计非常有趣，也在不断地进化。我的观点一直是这样的，我不知道我们是否正在创造新的语言，但是我觉得我们创造了用于交流语言的新的方法论。语言的基础元素对人类的存在和行为都是如此的根本，所以我们更加提醒自己它一直以来是多么的宝贵。正是这些人类一直以来使用的永恒的元素，使我们继续重新认识它们或用新的术语描述它们，而他们对我们的存在和社会互动的作用是如此的根本。

加文： 世贸中心纪念和美国犹太博物馆在某种程度上有一种岩洞绘画的最初性质。

理查德： 我喜欢你这样做比较。的确是你所说的那种，因为我更愿意认为它们不会那么短暂，它们将有永不磨灭的价值，不论它们存在1年还是20、30年。我喜欢挑战更加永恒的工作。尽管我喜欢印刷工作，一本书将不会永远存在，但是当你开始做一些类似于犹太历史或一个建筑项目的时候，有一点不同的动力和不同的方法，因为你知道它将维持更久。我觉得更立体和更建筑的作品，与更加传统和更加常规的印刷作品，

……它们将有永不磨灭的价值，不论它们存在一年还是二、三十年。我喜欢挑战更加永恒的工作。

在工作方法上，有着同样的特征。

加文：你是如何孕育创新的？

理查德：我们的业务已经经历了二十四个年头了。我们有一个年轻的工作室，因为我的具体的教学，我们很少雇佣有十年工作经验的人。他们都是年轻人，刚刚从学校毕业，我喜欢通过分享知识和创造一个不断学习的环境带给别人灵感，包括我们自己，也已经这样做了很久。

工作室在空间上非常的开放，在分享想法方面也是如此。每个人都一起工作。这里没有那种扁平化的一个人人做一件事而数字设计师在别处做另一件事的情况。所有人都在做所有的事，候，他们可以做出更多很好的决定。我们非常独立地尝试，以至于在工作室的工作对每个人来说都是非常自然的、整体的经验。这是一个不断地挑战。我们常常希望当我们还年轻的时候有这样的经验，但是那时我们没有，所以这对我们来说是一个刺激，当我们有了自己的公司，我们希望将我们希望的带给年轻的设计师。

加文：高级设计师有责任分享他们的知识并传授给年轻设计师吗？

理查德：我完全赞同这样的责任。当我35年前还是个年轻设计师的时候，那是一个不同的时代。人们不怎么去给予和分享信息。我感觉如果

只是观察其他人怎么互动和发展他们的想法，这和你自己亲身去做一样有意义。

这总是常态，混合是一直存在的。与其由高级人士带着自己的团队，不如每个人在其任期内与他人工作互动。我们希望这能使他们的经验更加有启迪，更加有意义，他们不会仅仅学习到设计的训练和理论，也能够学到在不同的情况下如何处理问题的方式。我们的客户多种多样：其中的一些非常大，非常有代表性，我们也有很小的出版商或公益机构的客户。参与或至少理解与不同的客户工作，对我们所有人来说都很重要，特别是对年轻的设计师，当他们走出去自己独立做的时我像今天这样在真正创造某种类型的工作环境中与某个人合作，我可能会学的更快，可能会意识到不可思议的挑战，我的事业中可能会更早地得以专业化。人们肩并肩地在一起，即使他们不参与到其他设计师的项目中，只是观察其他人怎么互动和发展他们的想法，可以和你自己亲身去做一样有意义。它的确提高了一个设计师的观察能力。作为设计师，它影响了许多我们所做的其他事情。

KESTENBAUM FAMILY OVERLOOK

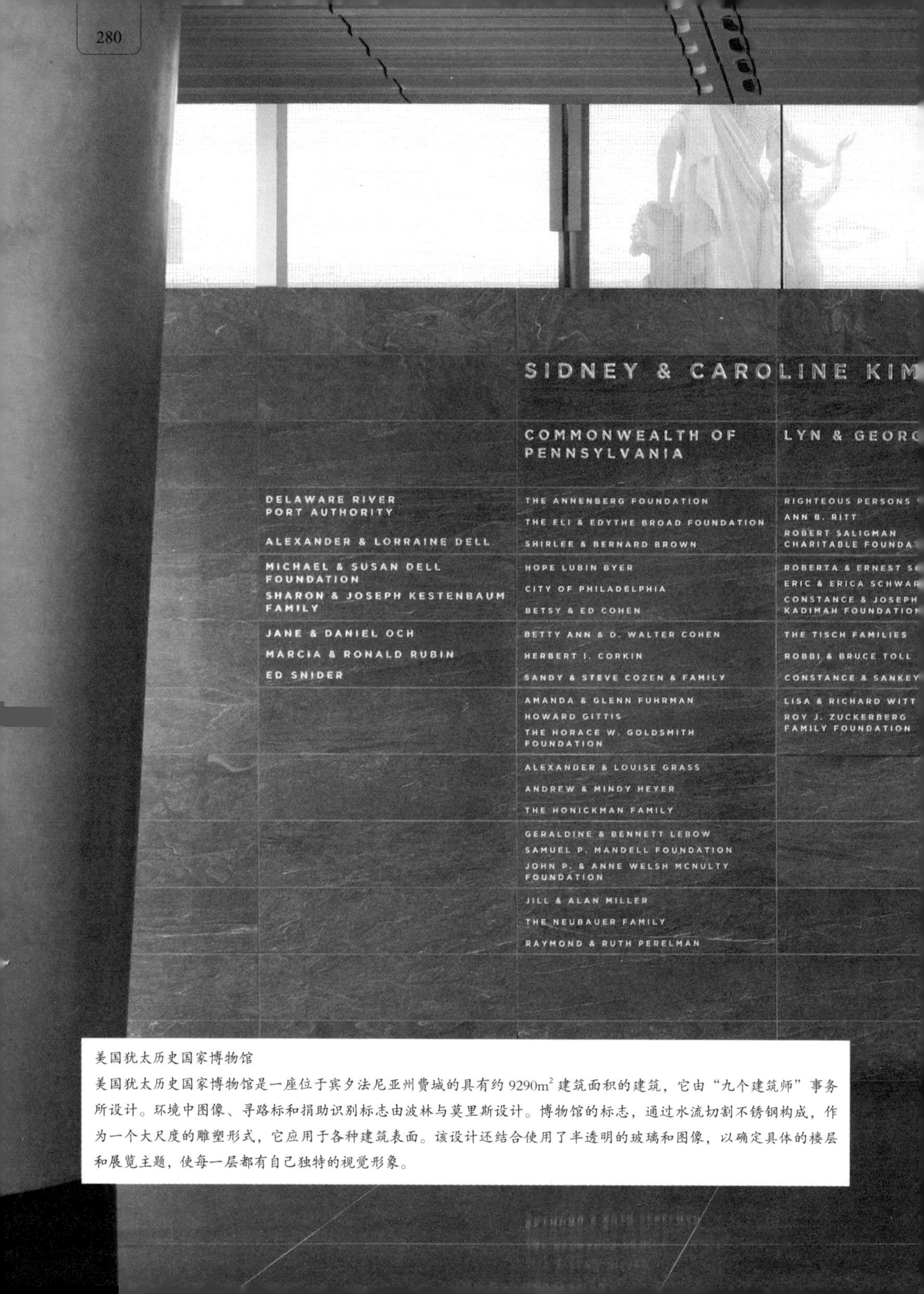

美国犹太历史国家博物馆

美国犹太历史国家博物馆是一座位于宾夕法尼亚州费城的具有约 9290m^2 建筑面积的建筑，它由“九个建筑师”事务所设计。环境中图像、寻路标和捐助识别标志由波林与莫里斯设计。博物馆的标志，通过水流切割不锈钢构成，作为一个大尺度的雕塑形式，它应用于各种建筑表面。该设计还结合使用了半透明的玻璃和图像，以确定具体的楼层和展览主题，使每一层都有自己独特的视觉形象。

U.S. DEPARTMENT OF HOUSING & URBAN DEVELOPMENT

F.D.N.Y.
We LOVE You Rob!
"Marathon Man"

世贸中心纪念馆

图片是波林与莫里斯为9/11家庭协会设计的坐落于美国纽约世贸中心纪念馆游客的展览中心。它距离2001年被摧毁的世贸中心不到15m，有约557m²的面积，两层，游客和教育中心包括五个画廊，通过这些设计试图传达9/11共同的声音，其中包括受害者的家庭、营救工作者、袭击幸存者、志愿者和居民。画廊包括永久展览和临时展览、互动展示、电影和相关的公共项目。图片、音频、视频和一个约2.4m高的世贸中心塔楼模型，它们交互式地引导了来访者，使人们感受到世贸中心栩栩如生的精神面貌。

政治与设计

政治与设计很少能撇清关系。设计和其他创新艺术在很久以前就被用来支持和批判政治的意识形态了。不论是支持还是反对一种意识形态，政治的设计通过我们希望和渴望看到的图像或试图利用让我们恐惧的图像，吸引我们的情绪。在这两种情况下，设计试图强化和提升我们的情绪，无论这些情绪是积极还是消极的。

宣传是政治设计最直接的形式，它通常有高度的风格化和带有简短、犀利的爆破性文字的图片，展示现实的扭曲的景象或狭隘的观点。从战争征兵海报到苏维埃宣传海报，这些设计直接引发我们的恐惧和爱国主义。它将自己人展现为英雄，将敌人展现为粗鲁的野兽。在第二次世界大战的太平洋战场，日本和美国的参战者都展示了他们的对手无人性的屠杀。

设计也被用于伤口的愈合。达达主义艺术运动（1916-1920）就是被第一次世界大战的大屠杀的愤怒燃起的，它的目的在于利用无礼的行为震撼人们，以求建立规则。

设计不单纯是审美；设计是用来表达一种观点的。高层建筑的项目特权与存在，就像航空母舰，尽管他们可能不会马上有利可图。1949年帕布罗·毕加索（Pablo Pocasso）将鸽子放到了橄榄枝上（一个犹太和基督教的标志），为世界和平大会创作了一个图像，鸽子便成为了不朽的和平象征，在二战后的和平运动中依然被运用。同样的，杰拉德·霍尔特姆（Gerald Holtom）为英国的裁减核武器协定活动中创作的1958标志也成为一个通用的和平象征。

公司花了大量的钱创造品牌形象，这些公司希望项目具有的属性包括：全球影响力、可靠性、独占性等等。相反，像广告克星这样的团体或街头艺术家班克斯（Banksy）利用设计颠覆同样的信息，讲述不同的故事，洞察公司的内在。珍妮·文哈尔（JennieWinhall）认为设计是政治的，因为它会产生后果，因此设计师的权利是他们能够设计出有不同影响和结果的东西。这些年来，设计的力量引导了设计师和艺术家用宣言的形式表达自己应该表达的东西。

1958年4月4日到7日，这一和平标志首次在从伦敦到奥尔德马斯顿的游行示威中使用。这一标志是杰罗尔·霍尔特姆（Gerald Holtom）为反核武器运动设计的。

"设计是政治，因为它会产生后果，有时十分严重。设计师的力量是，我们能让设计产生不同的后果。"

——珍妮·文哈尔（Jennie Winhall）❶

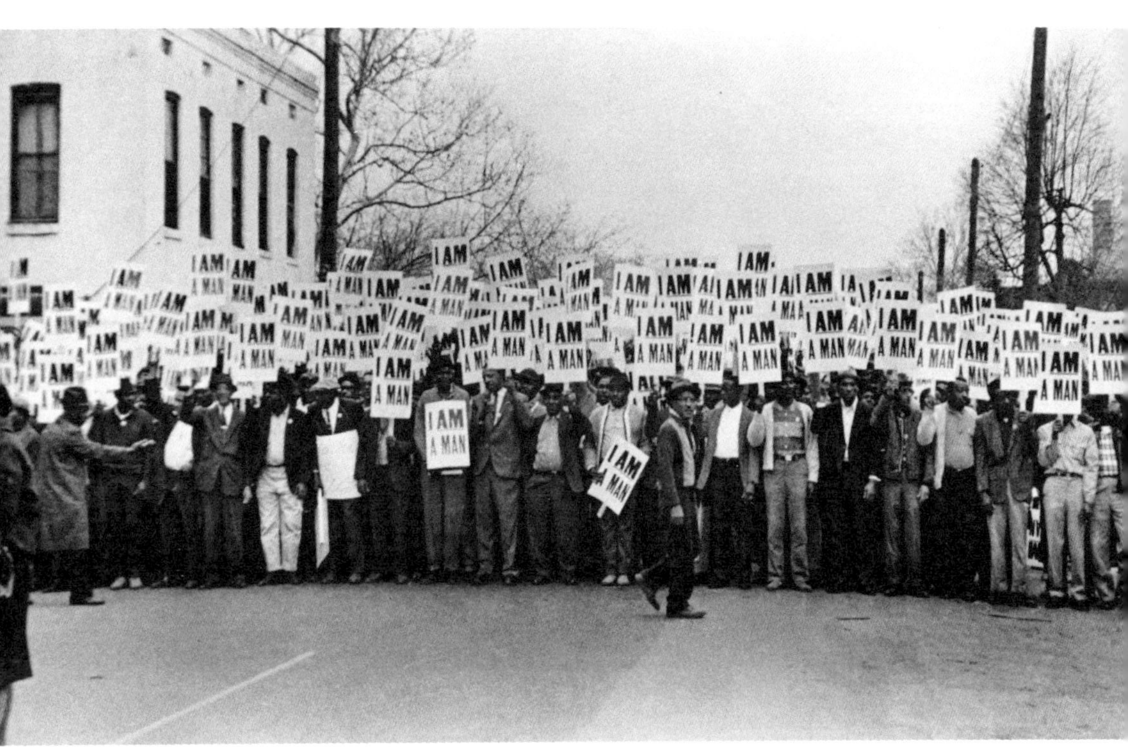

我是一个人

为了一次团结的游行，环卫工人在克莱伯恩庙前集合，孟菲斯，田纳西州，欧内斯特·威瑟斯（Ernest Withers）拍摄于1968年。威瑟斯在孟菲斯居住和摄影，20世纪60年代是美国人权运动的转折点，他通过他的摄影作品，将这场运动带入更广泛的国家和国际观众的关注之中。他目睹了很多场运动：蒙哥马利抵制公共汽车公司运动、小石城中心中学的种族事件、孟菲斯环卫工人罢工与马丁·路德·金（Martin Luther king）遭暗杀与其葬礼。

---

❶ http://www.core77.com/reactor/03.06_winhall.asp.> 珍妮·文哈尔（Jennie Winhall）是RED的高级设计策略师、英国设计委员会智囊，这一机构旨在发展创新思维，通过设计解决社会和经济的问题。

这是一幅2012年共和党总统候选人米特·罗姆尼（Mitt Romney）的海报，他的头上顶着一个泡泡，街上的路人可以将其填充。

罗比·科纳尔（Robbie Conal）是一个美国的艺术家，他以游击海报活动著称，这个活动是将美国的政治形象的肖像加上一个简单的词或素材设计为一组海报。其规则是简单醒目的，它是一个思维过程的体现，旨在用影像与文字搭配达到最佳效果。他的游击海报宣传作品导致了科纳尔发展了“游击礼仪”宣言，这一宣言讲述的是关于如何进行海报宣传活动。

加文·安布罗斯（以下简称“加文”）：你的游击海报活动通常是关于政治事件的。在你的书《艺术的攻击》中，你提到了你的父母是20世纪30年代到40年代纽约的工会组织者。这是否是你政治偏好的起源？

罗比·科纳尔（以下简称“罗比”）：我父亲在产业工会联合会，当时他们正在准备第三个政党，美国的劳动党。他们挨家挨户地走进曼哈顿的低收入家庭，问他们选举的官员能够为他们做的最重要的事情是什么。他当时非常有魅力。我妈妈当时是纽约皮毛工会的教育部长。那里的成员都是中欧人，他们非常热衷政治。她负责在工会大厅里安排演讲者讲述政治议题。他们很喜欢听我父亲讲话，这就是我父母相遇的方式。

正在做关于公众人物和公众事件的对抗艺术，但是仅仅将它们挂在艺术画廊中是达不到目的的，于是一个想法出现了：海报！制作和张贴海报有悠久的传统，公共艺术的历史大约可以追溯到洞穴绘画。我当然不知道如何做海报，但是我觉得如果我希望告诉公众有关公众的事件，海报就是好的方式。一个时髦的小艺术家如何表达他在公众领域的关注？他只有挥洒汗水努力劳动。不是你决定这样做，而是你发现你正自然而然地这样做着。里根总统（President Ronald Reagan）的魅力征服了我，我就是那样做了下去。

加文：海报有民主的意味。今天，互联网可以通过技术和博客将其扩展。

你如何分配图像阈值水平，让你想试图去交流的足够多的人真正的接收到你的信息呢？

加文：你为什么选择海报作为你的媒介？

罗比：当我说我对绘画比对政治更感兴趣的时候，我父母非常沮丧。我是在20世纪30年代的经济大萧条时期长大的。在那时，纽约的进步团体、文化与政治团体都非常密集、非常社交化。在我八岁那年，父母把我送上了去纽约艺术学生联盟的地铁。我的父母那时忙于从资本主义的贪婪中拯救世界，他们把纽约的博物馆当做儿童日托中心，于是纽约艺术学生联盟和大都会艺术博物馆给我留下了深刻的印象。我在学校的时候至少每天就要去一个下午，去看类似于“格尔尼卡”（Guernica）这样的作品。我像是去拜访一位朋友。我吸收了大量艺术和艺术史的营养，我当时并没有意识到这些。我只知道我了解了很多关于西班牙内战的艺术作品和为此而做的海报。

25年以后，我画了一幅黑白油画，是一个穿着西服戴着领带的白人老头，画面展示了极度的控制权，而我们经常滥用这种权利。我意识到我

罗比：互联网是不可思议的，但是却因其饱和而承受了很多。你可以把东西放上去，但是在众多其他东西当中，谁会看你的那个呢？这个环境的确非常分散。你如何分配图像阈值水平，让你想试图去交流的足够多的人真正的接收到你的信息呢？任何人都可以在网络上发布信息，但是谁会发现它呢？它是如何在云中的大量的人群里表现自己？所以这里需要考虑采用游击营销。有些人认为是我发明了这种方式，但是我不确定我是不是第一个这么做的人。

加文：你的海报有非常有趣的标签方式，文字都简单又有力量。

罗比：这很巧妙，因为我意识到宣传的作用，但是我不想只做宣传工作。我在尝试着做艺术。幽默对于我这个来自纽约的聪明的人来说是一件很重要的事情，我希望利用语言去达到这个目的。我知道语言是可塑的；你可以将官方英语翻转，给予它一个逆转的含义。所以当你在大街

上看到一句话“没有嘴唇的男子”，你会想这是什么意思?

加文：英国大学最近推出了充值学费政策，学生必须要付钱，而这个方案在几乎没有任何学生反对的情况下通过了，这使人们认为现在的年轻人越来越缺少政治意识。你会这样认为吗?

罗比：我的观点是相反的，我是乐观主义者。嘻哈一族、滑板族、涂鸦和街头艺术家，还有俱乐部文化在美国政党政治中都没有重要性，但在2000年，当权力贩子背后的乔治·W·布什（George W. Bush）和最高法院偷走了总统的选举权的时候，事情就发生了转变。在2004年，艺术家谢巴德·法伊尔（Shepard Fairey）和米尔·万（Mear One）联合创作了一系列反伊拉克战争、反布什的海报。参与民主对话是目标，但对话不能改变人们的思想。这就是为什么街头艺术家变成了宣传工具。所有的交流在某种层面都是政治的，在选择文字和图像的时候，我在心中保持这种想法。我在艺术感方面非常谨慎，以至于我的作品启发了某个主题，使人们得以发问。

游击礼仪

罗比·科纳尔（Robbie Conal）的“游击礼仪”是一个介绍游击海报的小册子。他想要表达的是，用直接的、廉价的形式对信息进行大规模扩散；提供反信息化娱乐：通过早上给上班路上的人们提供意想不到的东西，和人们最不期待的批判的想法，赋予人们权力使他们直接参与到他们所关心的问题上，同时又在夜晚对大街上的人们表示礼貌。“冷静，迅速和礼貌”是口头禅。礼仪还包括很多需要避免的东西，例如没有充分的理由则应该避免被逮捕，以及不能通过将海报张贴在商店窗户、墙面或城市财产而忽视观众的权益。

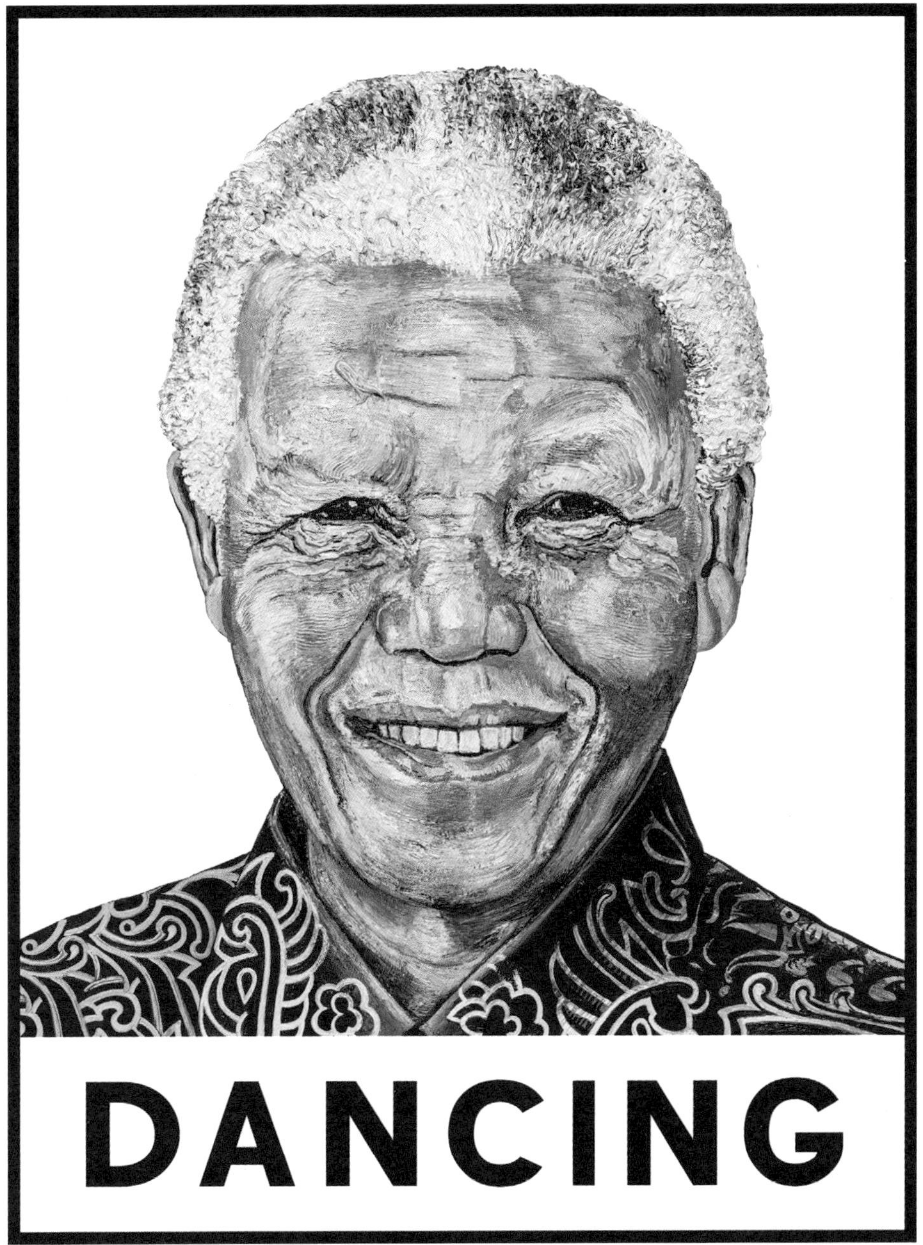

上图是罗比·科纳尔为曼德拉（Mandela）海报项目设计的曼德拉舞蹈。它指的是“马迪巴洗牌 (Madiba Shaffle)”这种他在每一个公共聚会中都跳的小舞蹈。科纳尔与 ArtAidsArt.org 联手为六千幅“行走”与“舞蹈”的海报筹集资金，并将其送到了开普敦附近南非最大的乡镇卡雅利沙的 eKhaya eKasi 艺术教育中心。

风格，品味与美

“每个人对美的感觉都与他人不同。当我看到人们穿着对他们来说完全错误的难看的衣服的时候，我就会想象他们买衣服的时候的样子，他们一定在想，‘这个衣服太好了，我喜欢，我要把它买下来’”。

——安迪·沃霍尔[1]

风格、品味和美是非常重要的，但是它们一直在变化。无定形的参考对设计思想有重要意义。设计师或设计团队将有他们自己的风格、品味和美的偏爱，他们的客户、设计的使用者和大众也有各自的风格和偏爱。风格、品味和美是相互连接但又非常不同的概念。

风格是一个事情被完成的方式、使用方法。在设计方面，它可能指的是采用具有独特审美情趣的指导理论范式。一个设计可以说是有一定的风格（或缺乏），风格可以被识别和描述（如现代主义，工艺品，后现代主义等）。

品味是非常个人化的、可变的和主观的、每个人都不同的偏爱，也是不同风格之间的偏爱。在设计上来说，你可能有不止一种偏爱或品味，比如既有对现代主义的务实效率的热爱，又有对巴洛克的精巧的欣赏。你的品味也可能是“巴洛克现代主义”，即两个元素相结合的体现。史蒂芬·贝利（Stephen Bayley）在他的《品味》一书中说品味是消费问题上个人动机的核心。品味可以非常夸张和具有挑战性，例如Liberace或Kitsch Nitsch设计的YMS沙龙，如对页图展示的作品。

美可以被描述成质量与特征的结合，它让设计有愉悦的感受。美是这三个概念中最抽象的，也是最难达到认同的。人们可以在很多地方发现美的存在。这三者都是有个人的文化背景和经验，并被人们所居住的社会范例所影响。时代精神影响了风格、品味和美，同时，时代精神也会因为它们的变化而被影响着。

设计思维是动态的，有能力在不同的方向引导我们。地标设计改变了范式和品味。ipod改变了人们听和购买音乐的方式。图像的现代主义设计是那些视觉上非常简单又高效的设计方式，许多人称其为美。这是产品设计的典范，设计不仅仅是服务于它的主要功能，同时也在审美尺度上有很高的水准：很多东西是为美而设计的。

设计师越来越需要在设计中提供一种满足目标客户的品味，并使这种设计个性化。当消费者购买一辆车的时候，他有大量的选择范围：颜色、引擎尺寸、性能参数、制动类型、技术组装、内饰颜色和质量等等。而最初的ipod只有白色，首款福特T型汽车只有黑色可供选择，对目标客户的满足与大量的选择形成了鲜明的对比。

[1] 安迪·沃霍尔（Andy Warhol）：《从 A 到 B 再回来》，卡赛尔·邓普西出版社。

媚俗（Kitsch）——被认为是一种过于多愁善感和/或自命不凡的样式。媚俗设计常常借鉴了大众文化和过去可能见过的带有批判蔑视的大批量生产的项目，随着时尚的变化，媚俗曾经一度变得很酷。

"媚俗培养基"事务所（Kitsch Nitsch）创立了YMS沙龙（见图）。它具有20世纪80年代花哨的粉彩颜色和线条肌理的媚俗风格。媚俗通常因为过分装饰而被认为是低级趣味。但讽刺的是，这也是它吸引人的地方。"我们想要避免为年轻人做设计的时候犯的主要错误，就是将亚文化的象征意义拿来，然后试图通过图片处理一遍后出售。这种态度常常来自过分的进取心和对年轻人的屈尊俯就，而你理所当然的得到适得其反的效果。所以我们回到我们最热爱的灵感的来源，20世纪70到80年代的后现代主义辉煌中有反对功能主义，使用强有力的图像和顶级家具的表现实现反对过度功能化的目标"。

对页：一个由"媚俗培养基"事务所创作的室内设计，因为它拒绝传统，崇尚丑陋的宗教崇拜，因此它的商标使用了自黏性乙烯基薄膜。

来自“媚俗培养基”事务所的大卫·克莱德尼克的“路易十四引发的麻烦”

“媚俗培养基”事务所是大卫·克莱德尼克（David kladnik）与扎卡·尼恩（Jaka Neon）于2006年合伙经营的设计事务所，他们曾在斯洛文尼亚卢布尔雅那美术与设计学院学习平面设计，并曾致力于广告设计方面的工作。“媚俗培养基”事务所的开创意在提供一个平台来探索更灵活的设计，例如装饰设计方面的创意。

加文·安布罗斯（以下简称“加文”）：你如何看待在当代艺术中，审美、风格和品味的角色？

大卫·克莱德尼克（以下简称“大卫”）：设计中的每一件东西都是风格，但是当代设计范例沿着一些线索变化，在设计过程中，你必须压制你自己的个性和偏好，从而有利于创造视觉或工程的解决方案，而这个解决方案，至少是手头上最适合这一问题的。既然没有人能够真正的做到这一点，就需要做出一点妥协，更好的解决方案深深植根于功能主义和极简主义中，被认为是带有较少风格的设计，因此良好的设计实践案例和其他任何有关设计的东西都被认为是风格化的产物了。风格——这个词本身的含义就不停地摆动，就像是设计界的一个耻辱，人们谈到风格的时候，同时谈论到装饰的优劣，人们为此争得头破血流。

部分的问题体现于路易十四的椅子的曲线和大量丰富过剩的装饰。但是椅子的装饰无法脱离其结构而独立存在，装饰本身就是结构。去掉风格，你就没有地方坐了。可悲的是，这个悖论被解决了，解决方法不是通过接受那些受审美决定的设计手法，而是通过将设计师塑造成一个圆滑的后工业时代的产物。所有这之前到来的东西都不是设计，有用的东西被默认为美丽。所以风格在当代设计中被低估了，它仅仅服务于市场策略，比如发行带有一些名牌插画图像的限量版手机。一旦审美价值可以被销售（这是可以被容忍的），将风格用到视觉表达的各个方面则是业余的行为，时尚不会如此廉价。在时尚领域看到设计的端倪总是非常有趣，特别是当设计如此明显地服从于某种演变周期。

加文：与主流相对的风格，可以创造出不同点。你赞同这样的观点吗？

大卫：赞同，也不赞同。我们避开某些美学，不论是主流与否，目的是为了创建一种不同的单独的声音，但是大多数时候，我们只是按照我们的个人喜好，而不是真正关心自己是否是主流的风格。我们开始避免任何事都与街头艺术图像有联系，尽最大努力去重新定义它，不仅仅是成为青少年与故意破坏公物的人的发泄出口。这是一个通过尝试着与商业空间的竞争而形成的“以毒攻毒”的策略，例如广告牌和广告具有相同的视觉语言的广告用途，并都有同样数量的直接方法。我们会选择在一周中的任何一天看一个外观漂亮的装饰艺术风格而不是班克斯（Banksy）的发泄涂鸦。

加文：你说你在积极地探索更灵活的设计，例如装饰设计方面的创意。你能详细的描述一下这方面的情况吗？你在不断的追求它吗？

大卫：我们的工作方法和其他任何设计工作室采用同样的原则。当我们接到一个委托任务的时候，我们分析问题，对我们已经做了什么和可以改进的方向进行研究，然后在使用者的接受度和我们试图去传达的信息之间寻找平衡。我们的不同之处在于我们最终想要达到的目标。

整个的设计故事确定在这样一个信仰上，那就是设计改进产品、服务，并最终改进我们的生活。我们觉得“通过设计更好地生活”与DDT和CFC所说的“通过化学更好地生活”这样可笑的口号差不多。尽管设计至今为止还没有在臭氧层中烧出一个洞，就我们所知，问题是：这样一个所有东西都在被设计的时代真的不是好时代？是不是设计师的肩上承载的太多了？设计师作为救世主的角色最终会导致不现实的目标和不必要的压力，与其以一个革命性的解决方案结束，还不如一个能发微博提醒你买更多牛奶的冰箱。加之过分自大的一句话“有质量的设计是无休止的”，这也难怪设计越来越保守。如果你在冒险和投机，完成一件永恒的作品是不可能的。我们不是先知，所以我们叫自己装饰者。装饰是一个委婉的说法。即使这是对一些设计师的羞辱，对我们来说，它一直提醒我们，我们所作出的改进只能靠风格的良好执行来衡量，而不能靠我们要拯救的生活来判断。最后，我们将通过向慈善机构捐钱来买一张通往天堂的票，就像所有普通人做的那样，而不是花十年的时间缜密的创作一个非常好读的、非常有工艺感的字体，我们不能寄希望于它将因其稀有的存在带领人类走进黄金时代。

法国国王路易十四，他在家具和室内设计方面的品味的特点是，带有红色和金色织锦的浮夸的装饰，镀金的石膏雕塑和华丽的木制品。

丑陋的膜拜

有一句名言是这样说的：“美存在于旁观者的眼中”，这可以用来作为丑陋的膜拜的宗旨，有意识地与有些人认为是广泛流行的同类的审美保持距离。“丑陋的膜拜”是一个贬义词，它是在20世纪90年代由斯蒂芬·海勒（Steven Heller）创造的，因为他批评了美国的平面设计机构和教育机构，他们将不和谐的平面形式进行了分层，其结果是从某种程度上混淆了信息，而没有为了某个基本和明智的目的服务，只是为寻求丑陋而丑陋。“丑陋”的作品的创作（相对于传统的力求纯粹和简洁的作品）被接受，这是对“懒惰设计”的回应；由自觉或不自觉地符合当时的审美，而不是冒险尝试有计划地为了不同或更加有趣的方向。然而，多如牛毛的无趣的设计，形成了广泛的背景，与之相对的更多有冒险精神的设计师通过他们作品中的视觉创意而大放异彩、脱颖而出，而他们的想法在当前的思想潮流中可能被认为是丑陋的。不同万岁！

詹姆斯·布朗的品味，风格与美

插画师和版画师詹姆斯·布朗（James Brown）创作的吸引人的设计多是基于以往的商业设计的风格，特别是那些广告海报。

保罗·哈里斯（以下简称“保罗”）：你的作品看上去严重受到过去打印广告设计风格的影响。这些风格中的什么吸引了你？你是否感觉到摄影的繁荣正在给插画的重新兴起提供机会？

詹姆斯·布朗（以下简称“詹姆斯”）：我的纺织品设计的背景，让我明白了做标记和材质的重要性。我自己制作印刷品，用非常基础的印刷方式设计它们。即使我设计的插画要数码生产，我也会像要印刷在屏幕或油麻布那样设计它，我会用各种限制约束自己，这会让我更多的考虑设计本身。

我的父亲在20世纪60年代在广告业工作，20世纪70年代和80年代，书籍、年度图片和他的旧搪瓷标牌收藏成天围绕着我，在我成长的过程中影响着我。

所有这些因素影响了我的工作方式，将我的兴趣引向了制作以往风格的印刷品。我不是有意识的复制那些老样式的东西。我很高兴人们可以在没有看到模仿品的时候认得出我的作品风格。

我不知道摄影的繁荣是否对插画的起色有影响。作为我们这个数码时代的运动，人们会对类似的技术和手工制作方法有所回顾，人们从口袋中拿出相机的这个时代，可能插画被认为是一种更加原始的媒介。

带着全球复古的趋势，我认为回顾过去会更加主流，所以也许对华而不实的摄影的需求已经减轻，对怀旧的插画的需求已经增加。

保罗：插画与印刷可以是神奇的结合，它通过你的许多作品得以展示。为什么你认为他们可以结合的如此之好？当你在做插画的时候你是如何知道什么样的印刷风格你能用得到？

詹姆斯：当我在设计印刷的时候，我会将素材与字体一同考虑，让它们在插画中看上去是完整的。我发现在不考虑其他因素的时候考虑印刷是非常难的。

我常常尝试使用一个基本字体，采用它或改编它，从而让它符合我的需求。我不会试图去创作模仿作品，所以我会逃避那些与一个特殊时期有关的字体。我不是在将自己训练成一名平面设计师，我没有规则方面的知识和印刷方面的准则，所以我觉得这将我置于了放松的状态，对于印刷来说更加有说明性。

保罗：很多插画的影响来自不同风格或品味的使用。你觉得插画在多大程度上允许更大的自由去探索不同的风格和品味？

詹姆斯：插画是一个创造你的梦想世界的完美的方式。我们有那么多的视觉历史可以去探索，那么多的风格可以去混合创造一个有无限可能的世界。

毡帽，太阳帽，无檐小帽从上到下的帽子：
奥迪斯，波比，芬兰狗从上到下狗：

地方化与全球化

"全球化将使我们的社会更具创新和繁荣，但是也更脆弱。"

——罗伯逊公爵（Lord Robertson），英国前国防部长

交流，不管是物质的还是虚拟的，都在持续改进着世界，并让世界其他地方变得更容易到达。品牌越来越讲究为产品和服务提供一个全球化的市场，品牌设计需要为有不同文化或容易被不同文化标准所接受的不同的市场，提供可行的解决方案。

设计师也不能在全球化趋势中免受影响，顶尖的设计机构正在获得更多全球化的客户，为不同区域的客户提供服务。就这点而论，设计师不仅需要接受对他们自己的文化所产生共鸣的项目，这为更伟大的创新提供机会，它支撑研究的需求和理解客户的能力、任务书与地方的文化标准，从而生产出可行性的解决方案。

国际化的工作为创新思考者提供了可以使他们自己沉浸在不同文化中的机会，这在之后会影响到他为国内客户的工作，就像是促进知识和理解的异花授粉。"毋庸置疑的，像tumblr，behance，flickr，pinterest和dribbble这样的网络社区作为工具的使用，已经大大的帮助了设计世界的展示，其过程涵盖了从完成作品，到概念和创作进程的全过程。这是一个现实，这些工具是风格趋势的渠道，因为它们曝光了获奖项目和其他设计师的项目的灵感。但是我们认为设计并不是正在接近'全球化风格'。在最后，所有这些趋势将与地区特征混合，创造出一个独特的设计项目"，坐落于巴西米纳斯·吉拉斯的Triciclo设计工作室的伊塔洛·巴奇（Italo Bacci）和卢西亚诺·桑托斯(Luciano Santos)说，"我们希望设计师通过与世界更多的连接而分享他们的地方主义。"

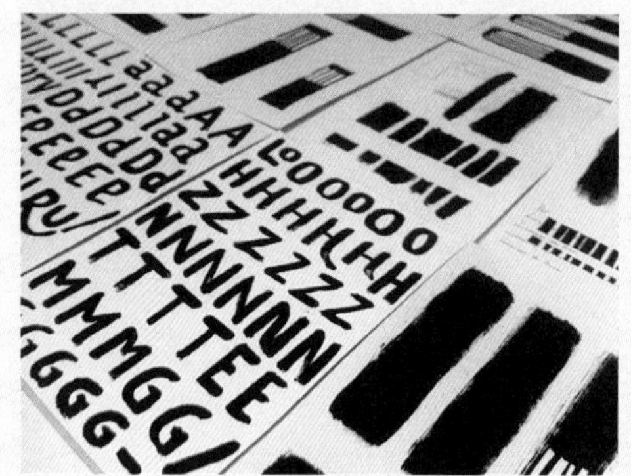

图中是 Triciclo 为贝洛·奥里藏特（Belo Horizonte）图书馆协会设计的品牌元素。

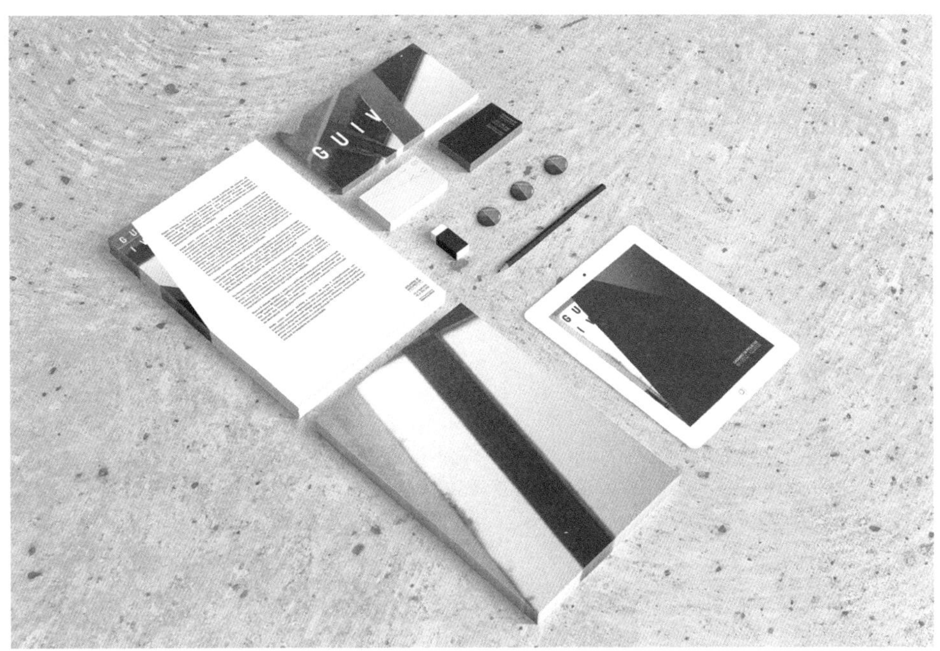

图中是 Triciclo 为巴西贝洛·奥里藏特 GUIV 建筑师事务所的办公室设计的视觉商标的部分元素。

这张海报是 Triciclo 为 Deixa oVerão 夏节所做的海报，它的灵感来源于当地的方言和色彩。

对 Mucho 国际事务所的罗布·邓肯（Rob Duncan）的采访

加文·安布罗斯（以下简称“加文”）：Mucho的经营已经涉足了很多地理区域（美国，英国，等过，西班牙等）。设计现在是均质化的还是有地方特色的？

罗布·邓肯（以下简称“罗布”）：我们现在通过博客上的设计作品展示，可以立即看到全世界各地的情况。从这个层面说设计变得均质化了。许多博客只是展示了一种特定的设计风格，许多设计界的学生和专家正在用这些有特色的作品作为标尺衡量什么是好的或“酷的”设计。因此，许多设计开始生产看上去类似的作品。在Mucho，我们允许有想法，如何最好地解决客户的问题成为设计的驱动力。即使我们在整个公司都有同样的概述项目的方法，我们依然从一个项目到另一个项目有非常不同的设计。

我在过去十年中在英国和美国都工作过。有意思的是不同区域对设计的理解非常不同。核心的品牌价值和优势可以跨国界实施，例如同样的苹果和可口可乐包装在英国和美国都是一样行得通的。然而，品牌活动或概念性的想法在一个国家可能非常行得通，但到另一个国家就可能完全失效。两个同是说英语的国家在各自文化上有强烈的细微差别，这是设计师需要意识到的。让Mucho公司遍布全球，是我们支持大品牌的方式，因为我们生活并工作在自己的领土上的时间太长，我们非常理解那些细微差别。

加文：你有一系列更小的工作室，而不是一个大的、中央管理的，这是否是对区域化市场的不同文化的特别关照？

罗布：是的。这的确帮助我们理解了区域差别。我们最近争取了一个非常大的国际客户，我们的一部分力量和我们的关键卖点之一就是这个。我们有能力在全世界管理他们的品牌。他们涉足的大部分的区域，我们都有设计师在那里居住，并呼吸那里的文化、体验那里的生活方式。我们有给他们建议并足够好地调整设计师去理解不同的区域，但也需要适可而止，以防止核心信息变质或被环境因素冲淡。

加文：你会接手什么样的研究和设计进程？有没有什么特殊的进程是你试图安置在工作室的？

罗布：我们对所有的客户都采用同样的进程。我把自己看做对客户一无所知，然后再去完整地研究每一个客户。我们在每个项目中寻找我们称之为“礼物”的东西，即那些客户的内心和灵魂中的微小信息。当我在伦敦的五芒星工作的时候，约翰·拉什沃思（John Rushworth）曾经给过我很好的建议，这就是为什么客户首先开始他们的业务，正是那些差异化的因素使得他们与众不同。我相信客户对自己和他们的公司已经有了想法，我们只是需要将其找出来。我在鲍勃·吉尔（Bob Gill）小小的帮助下，为澳大利亚的《进程》杂志写过一篇文章，那算是对我们的工作方式的总结。在文章中，我认为平面设计应该一直关注概念设计，设计师应该作为思考者和解决问题者存在。所以当一个新的项目概述展示出来，不要上网查，不要去看书，而是要首先用“炫酷”的设计灵感覆盖一面墙。寻找“礼物”—— 一个非常明显的正确解决方案，而其他任何东西都显得没道理。解决方案不一定一直都是明智和聪明的，即便它容易记住。我们需要的是对客户来说正确的、永恒的方案。方案不应该追随任何趋势或风格。我听过的最好的解释来自聪明的鲍勃·吉尔。他最近的书《鲍勃·吉尔》，目前来说是我看到过的最值得推荐给任何一位设计专业学生和专家去读的书。吉尔解释到，你要做的第一件事就是尽可能的清理掉你脑海中的文化行李，然后就像你什么都不知道的那样去研究题材。不要从设计书中找寻灵感。不要坐在电脑前，等待灵光一现。如果这是一份为干洗工做的工作，那就去找干洗工，待在那里，直到你真正的认为有一些关于干洗的有趣的事情可以说。待在那里，直到你发现有些真正有趣的事情，或更好的是，一些原始的东西可以说。然后试图忘了好设计应该是什么样子。听听陈述，它会告诉你好设计应该是什么样。它会自己设计自己。好了，这几乎就是全部！一个设计师应该创造想法帮助客户解决他们的问题，然后在他们的业务中做点不同的。作为设计师，我们有责任将客户区别于他们的竞争者，而不是仅仅让他们看上去不同；我们要帮助他们发现什么是他们独特的卖点。作为消费者，我为什么来买你的东西，而不是街上同样的另一个人的？吉尔写道："现在，99.99美元，就有可能买一个程序，允许任何人在桌面出版设施上，生产出大量平均水平的东西……"如果任何可以打字的人能做以前高薪专家所做的工作，那么还有什么剩下的留给设计师？设计师有打字员做不了的事。这就意味着设计师应该是一位思考者和问题的解决者，不管他们是否喜欢。他们喜欢选颜色，摆布字体和形状，画一个特别的风格，并对他们接下来的工作采用最新的图形技巧，不论他们适不适合。

下图是 Mucho 为 2013 年意大利文化年的一部分"美与创新"设计的海报。

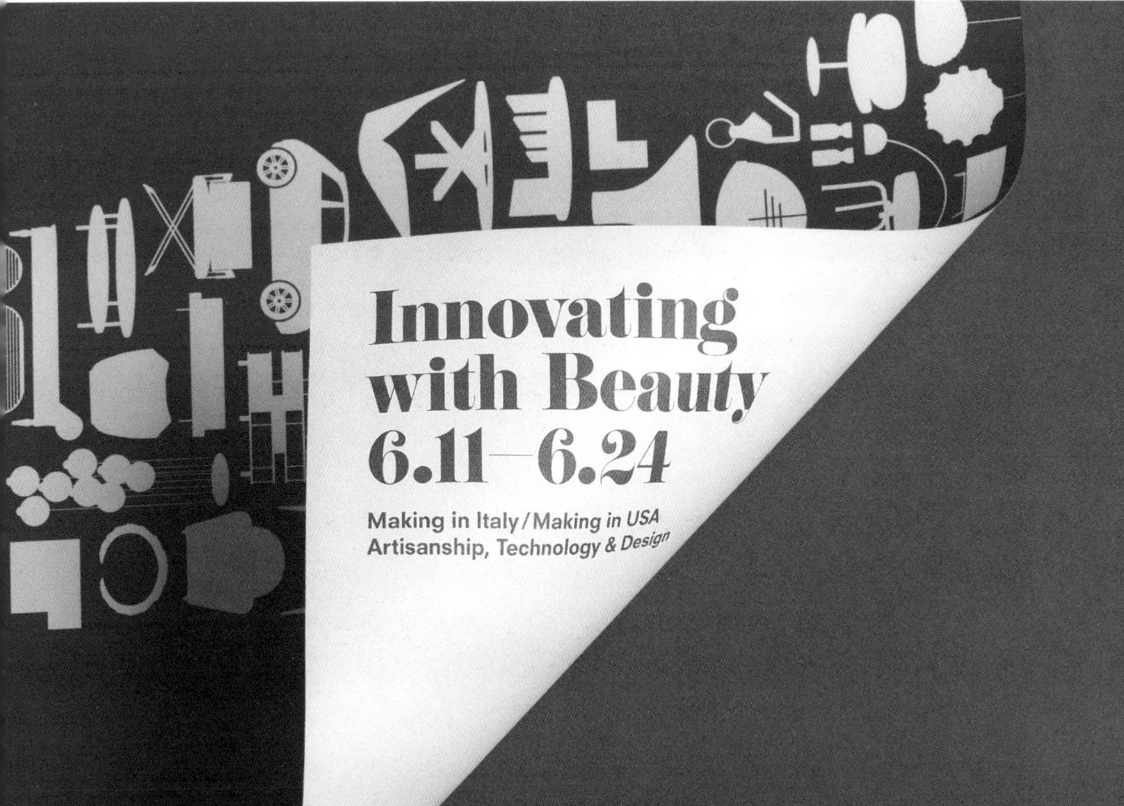

NOVA DESCRIPCIÓ
DEL PRINCIPAT
I VALLS D'ANDORRA
Albert Villaró

NOU LLEGENDES
Carli Bastida

Editorial Andorra
Gules

书的封面是 Mucho 为 Andorrode 的系列丛书设计的图书封面。为指南设计的基本标志是字母“A”形状，它象征着 Andorro 和与之相随的指南的主题。

数据与统计

在过去的百十年间，数据一直是做决策的工具。从政治到超市和快餐店坐落在哪里，数据衡量和记录的能力已经影响到了所有的事情。作为对事实真相的一种描述方式，数据被用来支持议论。条形图、柱状图、饼状图和维恩图已经是统计学家、政治家和企业管理者多年来青睐的工具，它们通过例如Microsoft Excel和 PowerPoint这样的软件的扩散变得更加主流。

然而，最近几年的数据展示或数据可视化，达到了成熟的新水平，提供了包括数据可视化❶在内的交流信息的新方法。不断增加的品质、方便的使用和图像软件的多功能让数据视觉化更加简单、更加多样，这产生了数据图表这种展示数据的图像方式，这比单纯的数据能讲述更多的东西。

像“视觉资本主义”这样的公司生产了大量的数据可视化产品，它引入和展示了许多不同的数据，为特定行业或主题构建关于它的视觉叙事。

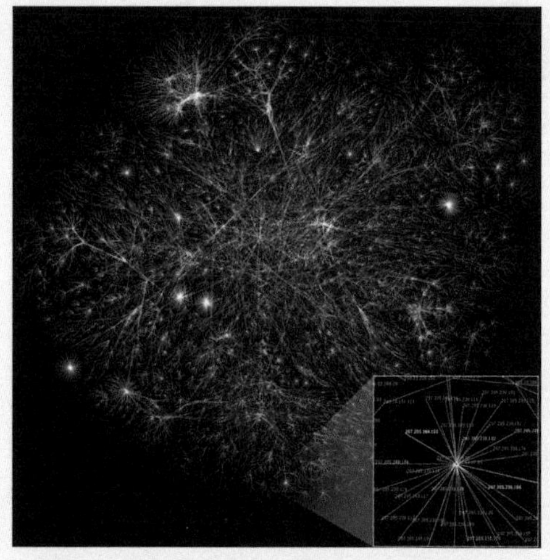

图中是网络的空间地图。每条线都是两个点的连接，而这些点代表的是 IP 地址。线的长度表示两点之间的延迟。线的颜色是根据相应地址域名，很蓝色代表：net,ca,us; 绿色代表：com,org；红色代表：mil,gov,edu；黄色代表：jp,cn,tw,au,de；紫红色代表：uk,it,pl,fr；金色代表：br,kr,nl；白色代表来路不明。

信息是美

大卫·麦·坎德利斯（David McCandless）的《信息是美》将他自己称为数据记者和信息设计师，他讨厌饼状图和可视化信息——事实、数据、想法、主题、事件、统计、问题——所有这些包含最少文字的信息。“我对如何让设计信息帮助我们理解世界感兴趣，透过资产负债表和隐藏的联系，挖掘特征和故事。如果没能成功地得到背后的故事,结果可以看上去很酷!”坎德利斯说。

生活记录器

博客的概念已经发展到了生活记录工具，写博客成为人们日常生活中拍照记录和分享自己生活中发生的事情的习惯。真本（Memoto）生产了一种小型照相机可以夹在衣服上，一分钟两次自动拍照，如果每天开机十二小时的话，这将在一周之内产生难以置信的一万张照片。还有一种类似的东西叫生活广播，人们通过它不间断地向媒体播放自己生活中的事件。

❶ 数据可视化是展示数据的一种方式，它以一种抽象的、示意图的形式便于更加清晰的交流数据的关键信息。

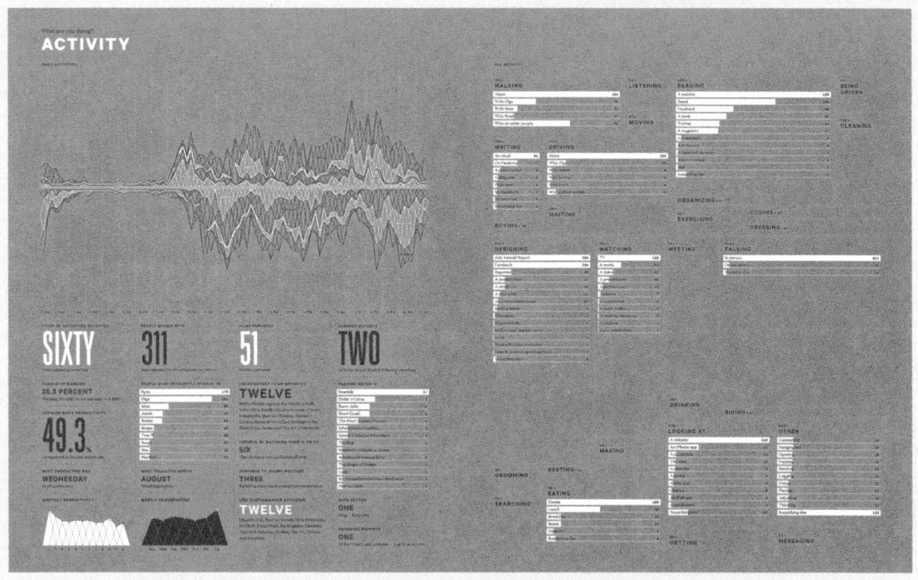

上图与后页的图中是由尼古拉斯·费尔顿(Nicholas Felton)设计的一个信息图标，是他使用和消费的多种产品的细节。

尼古拉斯·费尔顿

尼古拉斯·费尔顿因他在统计和复杂数据的展示方面的兴趣而著称，他制作了一系列的年度报告，用于看待我们的活动和可以收集的信息。他是daytum.com网站的合伙人，这是一家为计算和交流日常数据而服务的网站，它也是脸书的设计团队成员。

加文·安布罗斯（以下简称“加文”）：你的工作使用统计数据来探索和解释我们周围的世界。例如，你的个人年度报告将可以提供给一个组织的人类活动置于非常精密的状态。如何将统计变成一种兴趣？

尼古拉斯·费尔顿（以下简称费）：我认为我走了一条迂回的小径去接受统计。最初的意愿在我的个人工作中是去找一个镜头，通过它我可以讲述个人的故事。我对我的写作和我需要分享的故事一直不满意。通过数据捕捉世界，我发现了一个更加可塑的、浓缩的和令我兴奋的材料。

加文：我们一直觉得统计是一项非常冰冷的、缺乏“个人化”的工作，但是你的工作管理却胜过于此。你制作的作品常常非常个人化，它们在机理和形式上非常的美。这是你积极寻找的通过统计创造的美？还是让统计成为指导，使得一个作品能够以视觉形式展示？

费：我喜欢制作定义我的可视化系统，这个过程很大程度靠数据驱动。我喜欢用这些方式表达规律或模式……这同时是为了寻求美和意义。如果视觉化出现了随机特征，这可能意味着数据太嘈杂不适合传达信息或系统没有被设计成正确的表达方式。在过程的最后，我使用的数据的展示模式应该是既有表现力又有审美的。

What tools are you using?

TOOLS

WEEKLY TOOL USE

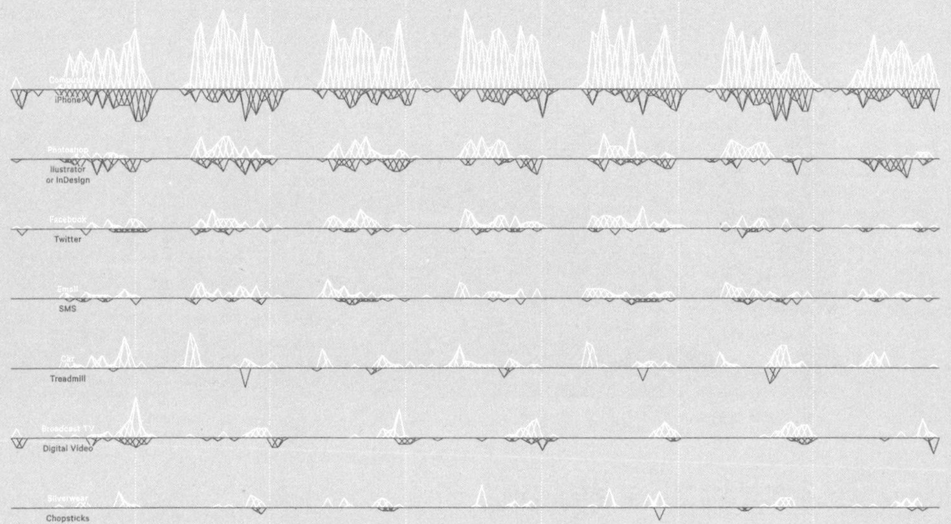

DIFFERENT TOOLS USED

ONE HUNDRED FIFTEEN

3D glasses, airplane headset, ATM, automobile, backpack, ball point pen, bowl, brush, cable, cash, charger, chopsticks, clothes hanger, coffee cup, contacts, credit card, cup, cutting mat, desktop computer, digital camera, dishwasher, dry erase marker, dustpan, DVD player, DVR, ear plugs, electric blanket, electric toothbrush, elevator, escalator, filing box, film container, floss, fork, frying pan, garment bag, gas pump, glass, glasses, goggles, hair clippers, handgun, hard drive, headphones, helmet, horse, HVAC unit, insulated mug, iPad, iPhone, iron, jar, keyboard case, keys, knife, laptop, laundry bag, light switch, loyalty card, map, mat, mechanical pencil, memory card converter, microwave, milk container, mirror, monitor, mouse, nail clippers, netbook, passport, plate, postage meter, printer, razor, refrigerator, remote control, robo feeder, scissors, scoop, screwdriver, self-tracking device, sink, ski boots, ski goggles, ski poles, skis, sous vide machine, sponge, spoon, squeegee, stove, suitcase, sun shield, sunglasses, t-shirt, tap, thermos, toilet, tongs, toothbrush, toothpick, towel, trackpad, treadmill, TV, urinal, vacuum, video conference equipment, video projector, wacom tablet, wallet, wash cloth and welding glass

MOST REPORTED TOOL

GLASSES

Reported 4,036 times

AVERAGE TOOLS USED PER REPORT

ONE AND A HALF

6,909 reports of tool use

SELF-TRACKING DEVICES REPORTED

FIVE

Fuel Band, Basis, Up, FitBit and Zeo

CARS DRIVEN

THREE

Audi A3 (× 2) and a Jetta Wagon

HOURLY USE OF AN AUTOMOBILE

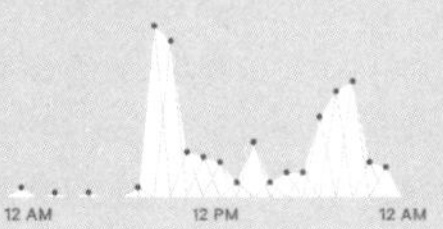

DAY WITH MOST TOOL REPORTS

MONDAY

Monday (× 1060), Sunday (× 1019), Friday (× 998), Thursday (× 987), Wednesday (× 975), Tuesday (× 965) and Saturday (× 905)

PROBABILITY OF USING TV

3.1 PERCENT

Reported 148 times

MOST DIVERSE TOOL CATEGORIES

Cleaning implements	12
Computer peripherals	12
Storage	11
Housewares	10
Home appliances	10
Eyewear	7
Home electronics	7
Athletic equipment	5
Bathroom fixtures	5
Identification	4

HORSE RIDDEN

LAKOTA

At Fremont Older Open Space Preserve

FIREARMS USED

A GLOCK 22

At Santa Clara Firing Range — Jun 20 at 2:22 PM

PROBABILITY OF USING A COMPUTER

30.8%

Reported 4,036 times

PROBABILITY OF USING AN IPHONE

9.7 PERCENT

Reported 479 times

MOST REPORTED IPHONE APPS

Messages	60
Kindle	45
Instagram	35
Facebook	33
Phone	33
Rdio	33
Twitter	29
Mobile Safari	28
Mail	28
This American Life	26

IPHONE VS ▲LAPTOP REPORTS

What are you drinking?

BEVERAGES

REFRESHMENTS (EXCLUDING WATER)

39× **LIQUOR**

23× **SMOOTHIE**

OTHER × 14

36× **JUICE**

Coconut water	17
Orange juice	12
Grapefruit juice	5
Something else	2

96× **WINE**

Red	51
White	30
Champagne	8
Something else	7

TEA × 21

272× **BEER**

Lagunitas IPA	71
Sierra Nevada Pale Ale	55
Dale's Pale Ale	22
Sierra Nevada Torpedo Extra IPA	11
Kirin Ichiban	7
Lagunitas Imperial Red	6
Sixpoint Resin	5
Anchor Steam	5
Asahi Super Dry	4
Brooklyn Lager	4
Fat Tire Amber Ale	4
Tecate	3
Sapporo Premium Beer	3
Stella Artois	3
Blue Point Toasted Lager	3
Something else	66

272× **COFFEE**

Filter	207
Latte	27
Iced coffee	24
Iced latte	4
Mint mojito	4
Americano	2
Instant coffee	2
Cafe au lait	1
Espresso	1

SAKE × 10

COCKTAIL × 18

BEVERAGES REPORTED

2,285

Average of 6.2 beverages/day

MOST REPORTED BEVERAGE

WATER

64.9% of drinking reports

RATIO OF SPARKLING TO STILL WATER

1:25

57 reports of sparkling water

SODAS REPORTED

ONE

Ginger ale – Aug 5 at 10:53 PM

MILKSHAKE FLAVOR REPORTED

CHOC. CEREAL MILK

At Momofuku Milk Bar – May 5 at 11:44 PM

CAFFEINATED BEVERAGES REPORTED

287

12.6% of beverages reported

MEDIAN COFFEE TIME

10:40 AM

Coffee window from 6:31 AM – 1:17 AM

ORIGIN OF PURCHASED COFFEES

Oslo	47
Starbucks	11
La Colombe	5
Philz	5
Atlas	4
Peet's	3

BEST ICED LATTE

COPPER & WOLF

Lower Clapton, London – Jul 26 at 12:39 PM

DAILY CAFFEINE DISTRIBUTION

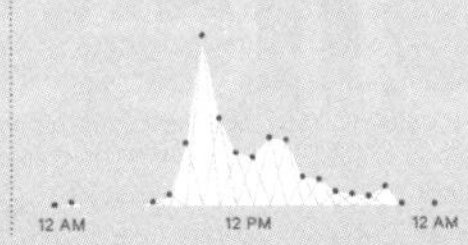

ALCOHOLIC BEVERAGES REPORTED

435

19% of beverages reported

MEDIAN ALCOHOLIC BEVERAGE TIME

8:38 PM

Alcohol window from 12:28 PM – 1:57 PM

BOOZIEST BEER

GREEN FLASH IMPERIAL IPA

9.4% alcohol by volume

MOST REPORTED STYLE OF BEER

AMERICAN IPA

96 reports – 35% of beers reported

DAILY ALCOHOL DISTRIBUTION

MOST REPORTED LIQUOR

HUDSON BABY BOURBON

9 reports and 23.1% of liquor reported

MOST REPORTED COCKTAIL

MANHATTAN

4 reports and 22.2% of cocktails reported

MOST REPORTED DRINKING COMPANIONS

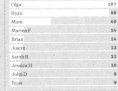

Olga	107
Ryan	98
Mom	40
Marina F	14
Brian	14
Justin	13
Sarah B	11
Jessica H	10
John D	9
Russ	9

MOST UNUSUAL LIQUOR

RAKIA

Serbian walnut liquor – Mar 17 at 11:54 PM

OLDEST BEVERAGE

GLACIER ICE & SCOTCH

Surprise Glacier – Jun 24 at 3:24 PM

"I'm interested ways of creatin existence and seeing what it l trying to figure aggregates hav

Excerpt from Rhizome: 'An Interview with Nicholas Felton' by Ben Fino-Radin 2011.

"我对于创作一个存在和行为记录的发现方式感兴趣，然后看看它会是什么样子，试

摘录自Rhizome，由本·菲诺·雷丁（Ben Fino-Radin）于2011年写的《与尼古拉斯·费尔顿的一次采访》。

n just finding
g a record of
behavior, and
ooks like, and
out what the
e to share."

现什么可以被分享。"

GOLD RESERVES AROUND THE WORLD
CENTRAL BANKS HOLD A SMALL % OF ASSETS AS RESERVES TO REDUCE RISK. MOST COUNTRIES HAVE GOLD RESERVES AS PART OF THEIR HOLDINGS.
50 METERS
PORTUGAL HAS THE HIGHEST CONCENTRATION OF GOLD IN ITS RESERVES: 90.5%
ALL THE GOLD MINED IN HUMAN HISTORY WOULD FIT IN THIS CUBE.
30% OF ALL GOLD IN RESERVE
THE RESERVES OF RECENTLY MODERNIZED COUNTRIES OFTEN CONTAIN MORE CURRENCY (SUCH AS USD) THAN PRECIOUS METALS
10 METERS
WOW!

视觉资本主义（工作室）相信视觉内容有可能改变投资者深入了解和分享信息的权力

下文中的"德"是杰夫·德斯加鼎（Jeff Desjardins），总裁；

下文中的"劳"是尼克·劳特利（Nick Routley），创意指导。

保罗·哈里斯（以下简称"保罗"）：视觉资本主义（工作室）已经如此著名，信息图表的想法是怎么来的？

杰夫·德斯加鼎（以下简称"杰夫"）：投资者，特别是在自然资源领域的投资者，不断地被大规模的报告、数据透视表格和看起来像20世纪90年代风格的网站影响着。我们的想法使用了信息图表的概念，将其介绍到一个从来没有如此丰富的视觉内容经验的产业。科学家告诉我们，多于65%的人是视觉学习者：我们的目标是证明，这一点是真的，包括在非常传统的学校中。

保罗：你专注于像金银业这样的以市场为导向的盈利实体提供信息服务，是什么吸引了你关注这个领域？

杰夫：矿产与能源可以是很美的产业。我们习惯使用丰富的颜色，例如金色，铜色，这里有很多定量数据可视化的机会。从经济和金融到地质学，在如此广泛的话题中，有非常多种多样的主题。我们将创造力展示于没有体验过视觉化的领域，这些领域是我们的用户群体。

保罗：一些信息图表不可思议的复杂和详细，例如"黄金供应第二部分"。在它们的创意背后是什么样的思考过程？

杰夫："黄金系列"全都是将大量的信息浓缩成简单的描述，使得人们通过五分钟的阅读就能理

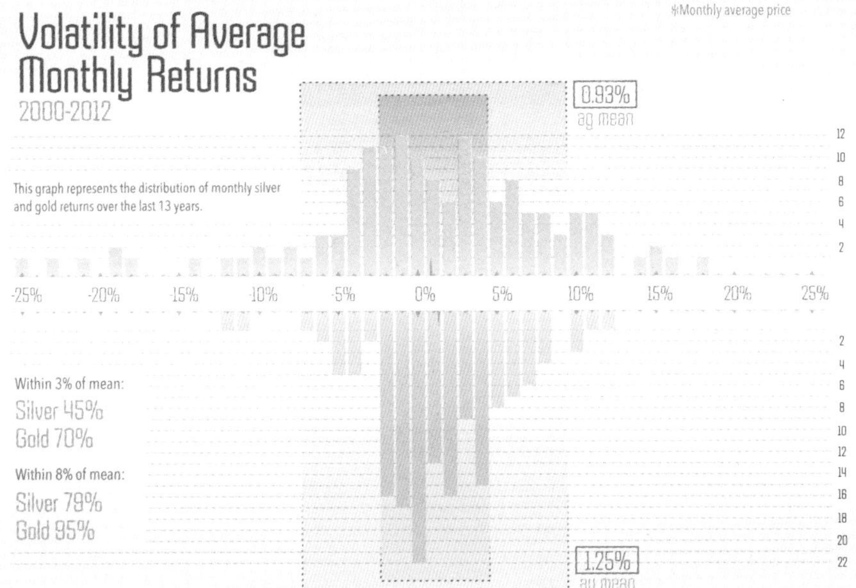

解。在过去的两年时间里，我们通过创作上百幅这样的图形，有了一些技巧。例如，大多数的投资者之前看到了黄金价格的历史。但是，如果我们把这个信息拿来，然后在不丢失它实用性的前提下，将其展示方式变得更有魅力会怎样呢？或者如果我们不用科学术语谈论地质学，事实上，我们可以用插画来展示它是如何工作，然后将其整合成一个故事来讲述。我们一直在寻找组织信息的特定方式。大体上说，我们喜欢从上至下的方法去得到一个概念，从粗线条到琐碎的细节。我们也喜欢可以计量的东西，因为有太多可视化数据的方式。最终，图解过程会非常有用，因为我们可以创作一个一步一步的描述来帮助人们理解概念。

保罗：一张图讲述了一千字，而如今的人们都不愿意阅读超过一百五十个字的文章。为什么你觉得信息图比其他方式的数据/信息的展示更加成功?

尼克·劳特利（以下简称“尼克”）：对于个人来说，信息图表比文字和陈腐的表格更加具有娱乐性。人们厌恶广告，因为那是一种自私的交流形式。信息图，如果做得很好，会强化品牌和信息，同时也丰富了最终用户。对于公司来说，分享知识是一个比传统的广告更加有效地连接人们的方式。另外，信息图是访问度很高的形式，图片超过了语言和文化。加之我们中的大多数都是视觉学习者，数据可视化成为了一个令人瞩目讲述一个故事或解释一个概念的方式。

保罗：在更加哲学的层面上来说，你是否觉得大众媒体和其他数码内容的形式的增加正在改变信息的交流方式？这是否导致了信息展示设计的重新思考？传统的交流形式是否正在丢失它们的有效性?

尼克：对于长篇写作还是有很大的空间的，但是信息系列现在更加广泛了。在媒体上我们看到了一个分歧，那就是快速的消费性的媒体与周密的详细分析之间的分歧。在视觉资本主义，我们努力去制作文本以驱动的作品。带有更长寿命的作品——例如我们的“黄金与白银系列”——是不同于分享到大众传媒渠道，或在平板电脑、智能手机上观看的快速、片面的作品。总之，在更多的环境中，视觉交流正在成为一个可行的选择，而不仅仅是在本子或标志上做补充说明。这多变的状态是令人兴奋的体验。

绘图

绘图是信息图的一种形式，它可以用来展示事物的流动和运动，例如人的流动、两地的贸易或信息流动。绘图几乎可以通过瞬间的方式用二维传达关于许多变量的详细信息，使观众识别并关注事件和可能关键或重要的条件。

信息绘图是由法国市政工程师查尔斯·约瑟夫·米纳德（Charles Joseph Minard，1781-1870）开创的，他在1869年画了一个表格来展示1812年拿破仑与苏联战争中的军人数量、他们的运动和他们在返回途中遭遇的温度。米纳德的强烈的视觉化绘图中，包括了距离、温度、地点和军队总数，反映了在苏联的侵略战争中，拿破仑部队的军人几乎全军覆没的情况。

流动地图经常用来展示变量是如何随着时间的变化而改变的，也能及时展示与它们的发展有关的事件或运动的。

“这不是有多少闲置空间的问题，重要的是它们如何被使用。这不是那里有多少信息的问题，重要的是如何有效地安排它们。”

——爱德华·塔夫特，《定量信息的视觉显示》❶

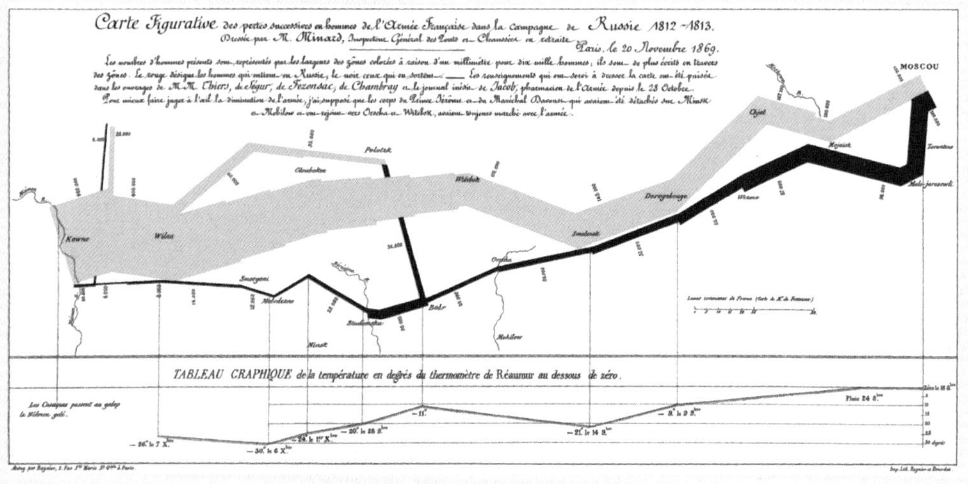

❶ 爱德华·塔夫特（出生于1942年）是美国的数据分析师，耶鲁大学的退休名誉教授。他是数据可视化领域的先锋者。通过《视觉解释：定量，证据》、《定量信息的视觉显示》以及《描述与美的证据》这些书，塔夫特讨论了视觉图像如何帮助或阻碍想法的描述、解释和交流。

Gdn.
BOW
Opera Ho.
LANGLEY
JAMES S.
Law Courts
ALDWYCH
A4
FLEET
Covent Gdn.
The Mkt.
RUSSELL
CATHERINE S.
WELLINGTON S.
TAVISTOCK
BURLEIGH
EXETER
SOUTHAMPTON ST.
HENRIETTA
KING S.
BEDFORD
MAIDEN LA.
NEW RW.
MAY'S CT.
BEDFORDBY
CHANDOS PL
AGRS.
WILLIAM IV S.
ADELAIDE S.
DUNCANNON ST.
Col.
STRAND
S T R A N D
110
SAVOY S.
SAVOY CT.
LANCASTER PL.
Somerset Ho.
Coll.
STRAND LA.
TEMPLE PL.
Temple
The Temple
EMBANKMENT
ARTING L.
IVYBRI LA.
ADAM ST.
JOHN ADAM
YORK BGS.
BUCKM S.
VILLIERS S.
SAVOY
A3211
Temple Pier
Lifeboat Sta.
St. Katharine
HQS Wellington
HMS President
Queen Mary
Savoy Pier
Cleopatra's Needle
Gds.
WATERLOO
A301
BANK
The London Television Centre
Stamford Wharf
CRAVEN S.
NTHLD.
NORTHUMBERLAND AV.
EMBPL. W.
Embankment
Festival Pier
Embankment Pier
Queen Elizabeth Hall
WATERLOO BRI.
THE
National Theatre
QUEEN'S
DUCHY
Gds
CRAIG. CT.
GRT. SCOTLAND YD.
WHITEHALL PL.
CHARING CROSS
Hungerford Bri.
S. Bank
WATERLOO RD.
UPPER
CORN.
COIN
A
WHITEHALL
WHITEHALL CT.
Hispaniola
Royal Festival Hall
RD.
DOON S.
Coll.
WATERLOO
STAMFORD
PS Tattershall Castle
SOUTH
C. CHAPLIN WK.
CONCERT HALL APP.
BELVEDERE
SUTTON WK.
TENISON WY.
Imax
WATERLOO R.
HORSEGUARDS AV.
Banquetin Ho.
VICTORIA
RAF Mem.
Jubilee Gardens
Coll.
WALL
STOKER S.
EXTON S.
Scotland Office
DOWNING ST.
RICHMOND TER.
Cenotaph
Waterloo Millennium Pier
London Eye
WATERLOO INTERNATIONAL
YORK R.
MEPHAM ST.
CAB
CHARLES ST.
Government Offs.
PARLIAMENT ST.
DERBY GA.
CANON RW.
Westminster Millennium Pier
London Aquarium
Westminster
Dali Universe
CHICHLY ST.
WEST RD.
WATERLOO
ROAD
LEAKE S.
County Hall (Former)
ADDINGTON ST.
LWR. RD
APP. SPUR
GEORGE STREET
PARLIAMENT
BRIDGE ST.
WESTMINSTER BRI.
WESTMINSTER BRIDGE RD.
Big Ben
A302
Museum
Guildhall
SQ.
SANCTUARY
ST. MARGARET ST.
The Terrace
EMBANKMENT
PALACE RD.
STATION
Lib.
LEAKE ST.
LOWER
GRINDAL S.
MUNRO HO.
WEST-
Lambeth
MARSH
CANTERBURY HO.
Westminster Abbey
Poets Corner
Dean's Yard
Sch.
LITTLE CLOISTERS
OLD PALACE YD.
Houses of Parliament
ST. THOMAS' HOSPITAL
UP.
LA.
ROYAL ST.
NEWNHAM T.
CENTAUR S.
Buddhist Cen.
GT COLLEGE S.
The Victoria
VIRGL ST

“这个地图很酷，但是我什么都没明白。我很快就会在伦敦度过一个简单的假期，但我想我不会用这个地图的，不过还是谢谢海报制作者。”

——无名氏

伦敦的 Kerning 海报

这个海报是由 NB 工作室为伦敦设计节的排版设计师国际社会设计的部分展览作品。这个展览展示了当代视觉文化中的平面设计，其意图是在英国首都的视觉世界探索排版问题。伦敦的排版地图用不同大小的字体描绘了伦敦的地理、街道、公园和河流。

技术

在两个主要层面上说，技术是推动者和促进者。首先，它是一种实用工具，它允许我们用一个更简单、更快捷的方式做事。其次，由于技术推动了可能性的界限，它使我们能够用不同的方式思考。

技术

"我们的技术已经超越了我们的人性，这是一个令人毛骨悚然的事实。"

——阿尔伯特·爱因斯坦

技术改进了工具，让他们变得更廉价、更容易使用。可能近期最显著的例子就是智能手机，它作为一个工具可以打电话、发短消息、拍照片、玩游戏、使用互联网、拍视频，显示你所在位置的地图和使用一系列吸引人、帮助人组织生活的软件。一个人可以通过一台智能手机完成各种各样的任务，这是令人难以置信的。

在设计背景下，智能手机允许它的用户拍照，快速的将其润色和修正，然后将其通过电子邮件的形式发出或将其展示在网络上。抑或，用户可以标注它们，引用它们或以其他方式利用它们来记录一个想法或概念。设计师不再需要在笔记本上涂抹，或等到他们又回到工作室才能将想法重新激发出来。他们可以在任何地方完成想法。

在社交网络上分享视频意味着，如果人们在他们个人网络上推荐了这个视频，那么这个视频片段可以在一个很短的时间内被世界上数以百万的人们观看到，其内容可以以病毒传播的速度蔓延。

技术也通过前所未有的开放领域，驱使创新思维的产生。通信技术意味着经验更容易被分享和交流。艺术家、设计师和其他创意思考者可以很快利用技术带来的可能性，并将其融合到自己的工作中。

实时的改善，个人化的交流和互动的能力将创新领域带入到一个新的时代，因为创新越来越有能力将不可知的元素纳入到他们的项目中。本质上说，他们可以创造一个架构，但是其结果将依赖于观者的反应与互动。对于静态的作品而言，观众只可以观看、收听或体验，但是不能成为其中的一部分。与之相反，他们的设计是里程碑式的进展。看一幅画可以在观者内心产生某种情绪，但是他们还是观者。技术可以将观者放到作品的中心，如果你愿意，可以成为共同作者，例如在下页展示的作品，他们的反应和决定会改变一个作品呈现的方式。

利用引出最原始、最本能情绪的能力，创作型思考者也能在他们的作品中加入其个人的元素，以及集体行为和心理。

事实上，许多人现在不论是在主机、智能手机还是其他设备上玩互动视频游戏，都已经发现游戏发展到了可以应用于其他目的的阶段。游戏中的元素——例如带着一个任务穿过景观，不论是对大人还是孩子，除了完成游戏中指定的任务之外，也正在成为训练和教育素材的设计基础。

爆炸理论工作室的马特·亚当斯关于“技术的危险性”的访谈

加文·安布罗斯（以下简称“加文”）：爆炸理论工作室的工作探索了交互和技术的社会与政治方面。技术是如何影响你的想法的？技术是驱动者，还是想法是驱动者而技术起推进作用？

马特·亚当斯（Matt Adams）（以下简称“马特”）：技术有很深远的社会和政治的影响力，特别是现在，技术的影响更是占主导地位。技术对社会的改变方式是深远的，作为艺术家我们在回应那些改变。技术已经改变了审美和文化感受能力，所以这不是技术引导还是想法引导的问题；我们认为，技术与思想在深层次上是相互作用的。由总部设在加利福尼亚的美国公司一旦介入了你新生儿照片的分享，将我们亲密的、个人化的生活与我们技术的生活区分开似乎是毫无意义的。

加文：对于个人化概念出现的转变，你是如何看待的？

马特：这是分类的瓦解，也是类别间界限的瓦解。私人与公共之间的界限在三十年前被已公平的界定并稳固了，我们正在经历一个深远的改变，这一改变清晰可见，而某些改变令人感到深深的不安。作为艺术家，我们渴望挖掘这片领域，找出某种方式可以模糊这些界限，从而创造新的可能性。我们给青少年做了一件作品名为《Ivy在线》，引入了关于性和毒品的问题。在

骑行者说（Rider Spoke）（上图）

图中是来自爆炸理论工作室为自行车使用者做的作品，它将戏剧与博弈论和最先进的技术结合在一起。作品邀请了观众骑车穿过城市，携带一个手持式电脑，在寻找到他人的隐秘之处之前，寻找一个隐秘地方来记录一则短消息。它探索了游戏和通讯技术是如何创造混合社会空间的，在这里私人和公共相互纠缠，它同时也质疑了当公众成为共同的作者时，戏剧的设置位置以及它采用的形式。

有时候，创新可以来自于不足，也来自于优势。

那里，每个参与者通过短消息，就一些问题与主角Ivy交谈。当你浏览短消息记录的时候，对话就像是两个人通过短消息聊天。耐人寻味的问题是，这些十三、十四岁的参与者是否理解他们正在和一个机器聊天。如果他们不理解，这个艺术作品是否会有本质的不同？这是否辜负了信任或表达了现实状况？有些人认为模糊这些界限是完全不合理的，但是我觉得这些界限已经模糊了。在线社区的游戏特征就是，你不能完全肯定什么正在被他人接收，你在聆听谁以及他们会做出怎样的反应。

加文：在当下的文化转变中，是否有危险存在？

马特：我们一直对现实与虚构之间的界限非常感兴趣。我们相信现实与虚拟比人们传统的认知更复杂。人们把好莱坞当作贬义词，来反映一个事情的肤浅及过分关注于市场，我们把摄影当做一种世界可视化的方式，这使得保留电影与现实之间有意义的区别变得很困难。虚拟，现实与虚构相互缠绕，它们不断地协调发展。这其中的某些方面有着深深的矛盾，因为它们在给社会互动提供新的信息的同时，我们自我表达的意识正变得更加自我投入。

加文：你相信人们可以学会创新么？

马特：你可以一直改进和发展你的技术，创新可以被磨练并落地；为什么那些极有创意的人可能感觉到没有能力公开地甚至私人地表达创新，也没有能力用他们自己满意的方式表达自己。这是有许多许多原因的。我同时也认为人们身上有非常惊人的、天生的创新能力，它们根据不同的情况表现出来，既有先天的也有后天的，都非常强大。正如大多数人类的事情一样，这些能力来自我们生活中滞后或空白，以及遭到破坏的领域。我特别地感觉到了就我自己的背景而言，我自己的创意与我的历史息息相关。我与我父亲的关系，和一整件生活事件的关系，将我放到了一个特定的列车中，其中的一些关系不在我的控制范围之内。有时候，创新可以更多的源于自身的不足，也可以来自优势。有一个例子就是，我发现我特别不容易集中注意力，很难对任何事情专注很久。

加文：你探索的一些主题，通过像《乌尔丽克和埃蒙》这样的作品，讨论的是恐怖主义。你是否对回应这些事件有着文化的责任感？

马特：我认为我不会将其称为责任，但是我的确感受到艺术家的角色在某些领域闪耀着光芒，而那些领域是我们过去可能都不曾考虑的。在设计与经验中有更丰富的文化，但是这其中的许多设计都不愿意提出关于对社会和政治的批判问题。所以《乌尔丽克和埃蒙》这样的作品，来自我自己对政治责任的感觉，以及我这个层次的人对政治参与如何变少的反馈。我们看到了乌尔丽克·因霍夫（Ulrike Meinhof）[1]和埃蒙·柯林斯（Eamon Collins）[2]这两个做了非常激进和深远承诺的人，然后我们通过他们合乎逻辑的结局

❶ 乌尔丽克·梅因霍夫 (Ulrike Meinhof)（1934–1976）是一个德国的左翼激进分子，她在 1970 年成立了红军旅。梅因霍夫于 1972 年被捕，因大规模谋杀和策划犯罪集团而被控告。1976 年在审讯结束之前，人们发现她在自己的牢房里上吊自杀。

❷ 埃蒙·柯林斯 (Eamon Collins)（1954–1999）在 20 世纪 70 年代末和 80 年代是一个爱尔兰共和军的临时准军事人员，他后来与别人合写了一本书叫《杀戮之怒》，讲述他自己的经历。他于 1999 年被杀害。

乌尔丽克和埃蒙（Ulrike and Eamon Compliant）

这些图片来自威尼斯双年展德拉沃尔馆的一个会场，爆炸理论工作室通过使用例如移动电话或视频屏幕等技术，使观众成为了作品中活跃的一部分，假定自己是主角乌尔丽克或埃蒙。作品将每个参与者置于世界银行抢劫，暗杀和背叛的中心。

去追随他们，其中也包括他们的死亡，我们也体验到作为他们更加深入的置入到他们所属的事件链条中的感受，就像他们所说，“我要去行动；我要去采取行动”是具有挑战性的。另一个原因是恐怖主义已经在过去的二十年间被社会理解为暴力输出问题。我们已经习惯于这样的想法，那就是恐怖分子来自其他国家、文化和宗教，但因为恐怖主义过去在本质上常常是在欧洲自身发生现象，所以我觉得有必要适时地去回顾二十世纪七十年代和八十年代的恐怖分子。平民的爆炸和谋杀更多的发生在英国本土和欧洲大陆。

未来?

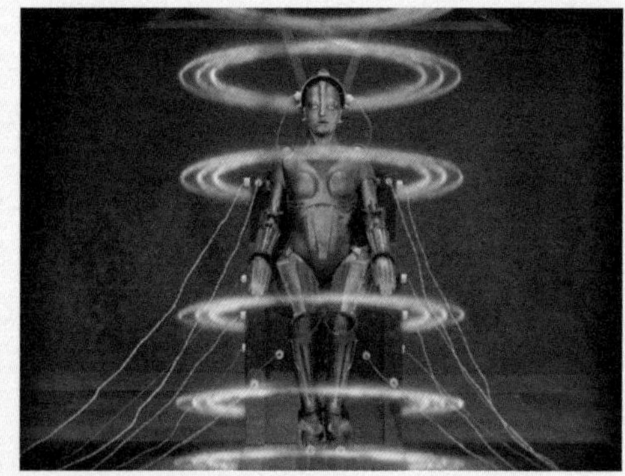

在托马斯·摩尔（Thomas Moore）的《乌托邦》（1516）中，弗里茨·朗（Fritz Lang）的《大都会》（1927）的场景中（上图展示），以及乔治·奥威尔（George Orwell）的《1984》中，人们一直都在预测未来，也将其当作科幻题材。但大多数的预测最终都是错的。

技术通过改变我们交流的方式和促使新工具的发展，使得我们有能力持续塑造和改变平面设计。未来将承载什么？技术常常让我们重复过去做过的事，只是用了不同的方式。例如，我们依然在听音乐，无论想什么时候听，我们越来越多的是通过个人的设备听数码的文件，而不再使用装载唱片、卡带或CD的设备了。

人们往往尝试预知未来，不论是在科幻小说或未来派影视作品，例如弗里茨·朗的《大都会》或《星际迷航》这样的电视剧，或一些像《未来世界》这样的新节目。

在2013年，便携式电话庆祝了它的第二十个生日。便携式电话作为技术的某一个方面，为技术发展成为现代生活中必不可少的一员提供了机会。它实质上已经在过去的二十年中从一个沉重的、砖块造型的、需要双肩背包去包裹的设备，改变和发展成为了具有几天的电量，而且不仅仅只是提供声音交流服务的口袋设备。

数码时代将我们带入了一个交流的十字路口，在这个点上，我们将过去的交流工具远远地甩在了后面，加速了我们未来工具的发展。打电话是智能手机中的一个微小的功能；发邮件让传真和纸质的信件几乎作废；大众媒体的增加对传统信息传播渠道，例如报纸，电视新闻，甚至是图书馆，都形成了重大的挑战。

“图书馆”一词唤起了对于大量数据的收藏景象，然而在数码时代，这一定义已经变成了对知识的容纳，因此图书馆与现今实际的媒体有了区别，知识被储存在没有书的电子图书馆。2013年，世界上第一个完全无纸图书馆在德克萨斯[1]的贝尔县开放。这个图书馆有一百个电子读者在线借阅，公众可以浏览几十个屏幕，学习数码技术。大多数的用户会在他们自己的家里，访问他们的10000个初始资源。2012年，英国第一座云图书馆可能会出现在伦敦的帝国学院，超过98%的期刊收藏为数码形式，他们已经停止购买印刷品。

技术将变得越来越容易使用。随着新功能被设想和创造，其效果将直接作用于产品更快速地生产，更小型化和更加方便的使用。

[1] http://www.bbc.co.uk/news/business-22160990

当纽约大都会运输局（MTA）决定允许在他们的地铁卡上做广告时，创意和品牌顾问 MaydayMaydayMayday 将其视为一个机会，在 $0.051m^2$ 的卡片上浓缩广告将非常有趣。随着每年一亿七千万的卡片生产量，项目展示了一个创造收藏游戏的机会。除了传达一条广告信息以外，MaydayMaydayMayday 尝试发明独特的卡片，它变得特别珍贵，因为每张卡片都是独一无二的，这个项目创造了体验，创造了城市参与，并产生了有趣的公共内容。它创造了四种原始设计，设计中每张卡片都是一个更大图片的一部分。

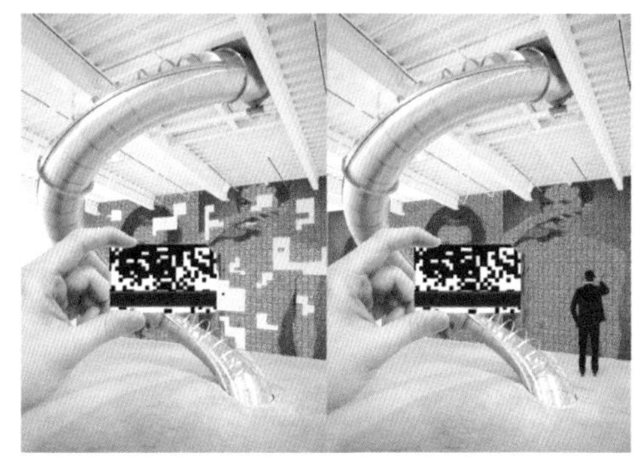

“我在这儿”文化

“我们的现实不如我们之后即将讲述的故事有趣。”

——伦尼·格里森（Renny Gleeson）

威登+肯尼迪的全球数码策略指导伦尼·格里森相信，能够使我们利用多种方式交流的智能手机已经创造了“我在这儿”文化。在TED讲座中，他说，“这种文化有三个方面：移动设备通过所有的社会层面繁殖，人们对‘我在这儿’的期望，以及由此带来的代价。”[1]格里森相信移动设备促进了共享叙述的创造，我们通过移动设备推出的故事向别人展示了我们是谁；移动设备不仅投射我们的个性，它也成为我们的个性。人们很快变得沉迷于查看自己的移动设备是否出现新的信息或更新，不论是在商务会议时，开车时，甚至是亲吻伴侣时。格里森认为，这向我们传达了一个信息，你现在的状态就是“你不如通过这个设备带给我的东西重要”。

西格蒙德·弗洛伊德（1856–1939）是一个奥地利精神病学家，他发明了通过病人和精神分析学家之间的对话来治疗精神错乱的临床心理分析方法，其中包括自由联想法。

我们为什么如此希望“我在这儿”？为什么我们如此需要去投射？是什么让人们如此沉迷于浏览他人上传的生活的细枝末节？精神分析学家西格蒙德·弗洛伊德在19世纪90年代发展了心理投射理论。弗洛伊德将其称为防御机制，人们不知不觉地通过归因于外在世界的事物或人，排斥自己不可接受的特征。可能为了与任何缺乏信心的感受做斗争，人们感觉需要分享他们做的每一件事，投射这样的场景：正在经历的好时光和正在做的兴奋的事情？与其说是弗洛伊德意义上的“不可接受的特征”的映射，还不如说是我们希望他人能看到我们的“可接受的特征”的映射。

尽管有些人忙于自己的移动设备而注意不到，总会有人觉得当和别人在一起的时候查看手机是失礼和鲁莽的行为。社会契约正在因“我在这儿”文化孕育而生。一种极端情况是，在朋友的晚餐聚会上，大家将手机堆到桌子中间，第一个去查看自己手机的人为晚餐买单；另一个极端是纽约的Yeah YeahYeah's乐队在他们的音乐会上放置了一个标牌告诉他们的粉丝，不要通过智能设备的屏幕观看他们的演出。2013年4月音乐会上的标牌上说：“出于礼貌，把那鬼东西拿给你后面的人，拿给尼克（Nick）、凯伦（Karen）和布莱恩（Brian）（乐队成员）!”。[2]远离所有这些移动设备的努力是否能够将我们带回到之前那个时代？

---

[1] <www.ted.com/talks/renny_gleeson_on_antisocial_phone_tricks.html>

[2] <http://www.avclub.com/articles/yeah-yeah-yeahs-urge-fans-to-put-cameras-and-cell,96221/>

乌特库·肯关于“通过他人的成功来评价我们的失败”的访谈

加文·安布罗斯（以下简称“加文”）：将技术当作解决社会问题的乌托邦式答案，这样的想法已经存在有一段时间了。但是你是否觉得它会产生一个反乌托邦的未来？我最近在火车上看到对面的一个人有一台ipad，一部iphone，一台游戏机和一部黑莓，这让我想起了理查德·索尔·沃伦（Richard Saul Warren）在1970年发表的关于信息焦虑的论文，我们越来越想要被联系，但是现实却令人困惑，结果甚至可能更加隔绝。

乌特库·肯（Vtku Can）（以下简称“乌特库”）：通过机场安检的时间越来越长，因为我们带着越来越多的电子设备，这些设备都需要经过扫描以确保不是炸弹。我们现在一天的所见所闻相当于100年前人们一辈子的经历。所谓大众媒体，交流的改变并没有太大不同，改变了的是媒介。拥有朋友不是新的概念，但是技术使其发生了改变。像阿拉伯之春这样的事件就是一个很好的使用技术和展示社交网络力量的伟大例子。将人们联系在一起的能力可以引导更伟大的事情。我们现在更加了解世界，信息的交流越来越快，但是我不知道这是否会让社会变得更好。

加文：我们消费了比过去更多的信息，这种想法很有趣，但我们“体验”到更多了吗？

乌特库：我们变得不敏感并置身事外。我第一次去纽约的时候，我很惊讶我感觉有些东西那么熟悉，因为我玩过《侠盗》这款游戏，我认得出街道和路标。我几乎可以利用我在虚拟游戏环境中的经验在真正的城市穿梭。

加文：非常有趣的是，我们现在通过技术从事的活动，实质上和过去没有技术的时候是一样的，只是体验的媒介不同了。

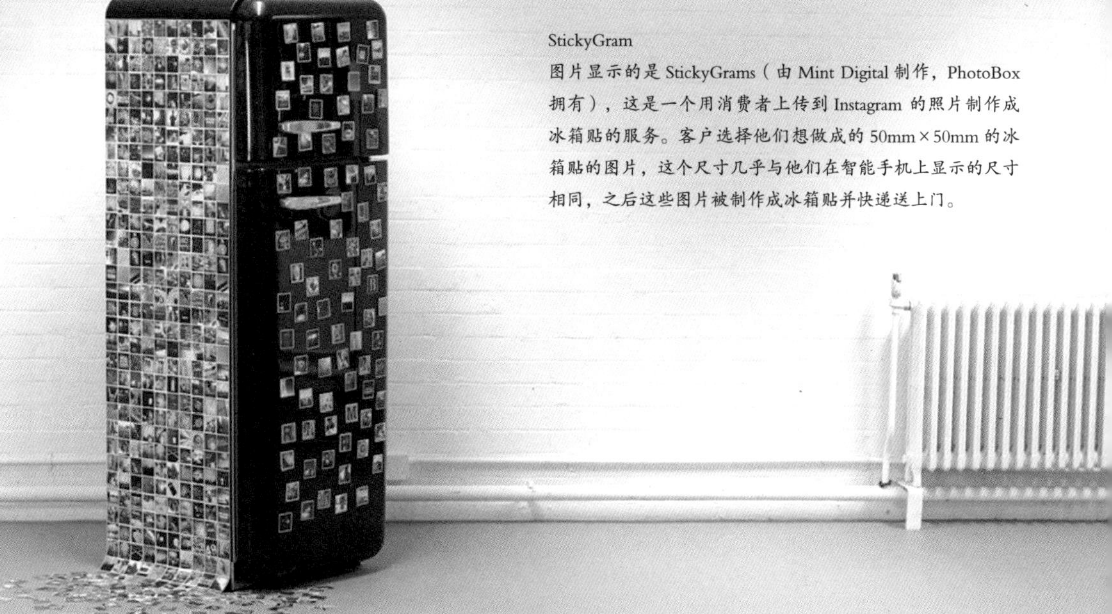

StickyGram

图片显示的是StickyGrams（由Mint Digital制作，PhotoBox拥有），这是一个用消费者上传到Instagram的照片制作成冰箱贴的服务。客户选择他们想做成的50mm×50mm的冰箱贴的图片，这个尺寸几乎与他们在智能手机上显示的尺寸相同，之后这些图片被制作成冰箱贴并快递送上门。

乌特库：关键在于内容。如果你问：书籍是否让世界变得更好？答案是：有些书是的，而有些不是。有些人的一些有趣的想法，帮助了世界进步，但是还远远不够。当我们回顾第一次使用打印机的时候，我们发现好的想法是如何因为技术而被传播的，希望我们今后也是这样看待互联网的。技术已经与我们要做的事情整合到了一起。很明显，当你走在伦敦地铁，看到人们都低头看屏幕的时候，技术已经整合到了我们的生活中。我们经过了那个引爆点，已无路可退。在关于世界如何运作的很多问题上，我们依赖技术，并且社会整体化是一个自然的过程。未来我们是否还要盯着屏幕？可能不会。没有人知道媒体将会变成什么形式，但我们知道它将走在越来越整合的路上。

加文：你是否认为当下这个技术高速进步的时代已经带来了颠覆性的转变？

乌特库：这不是我们这个时代可以分析的。只有在一段时间之后，我们才能追溯这件事。当下可能是最重要的时代之一，但是它也可能只是随后出现的更重要时代之前的一个不起眼的闪光点。我们对现状有所偏爱，因为我们身在其中。

加文：过去你曾说过，我们“通过他人的成功评价自己的失败”，技术让这种情况变成了可能。你能对此详细的描述一下吗？

乌特库：脸书（facebook）中，在你人生的低谷看到的某条新状态是他人的亮点，此时你们处在完全不同的背景。你正在一个低落的时刻，一个你可能都不会去记住的瞬间，而他人正在捕捉他们将要记住的事情，一个对他们来说重要的

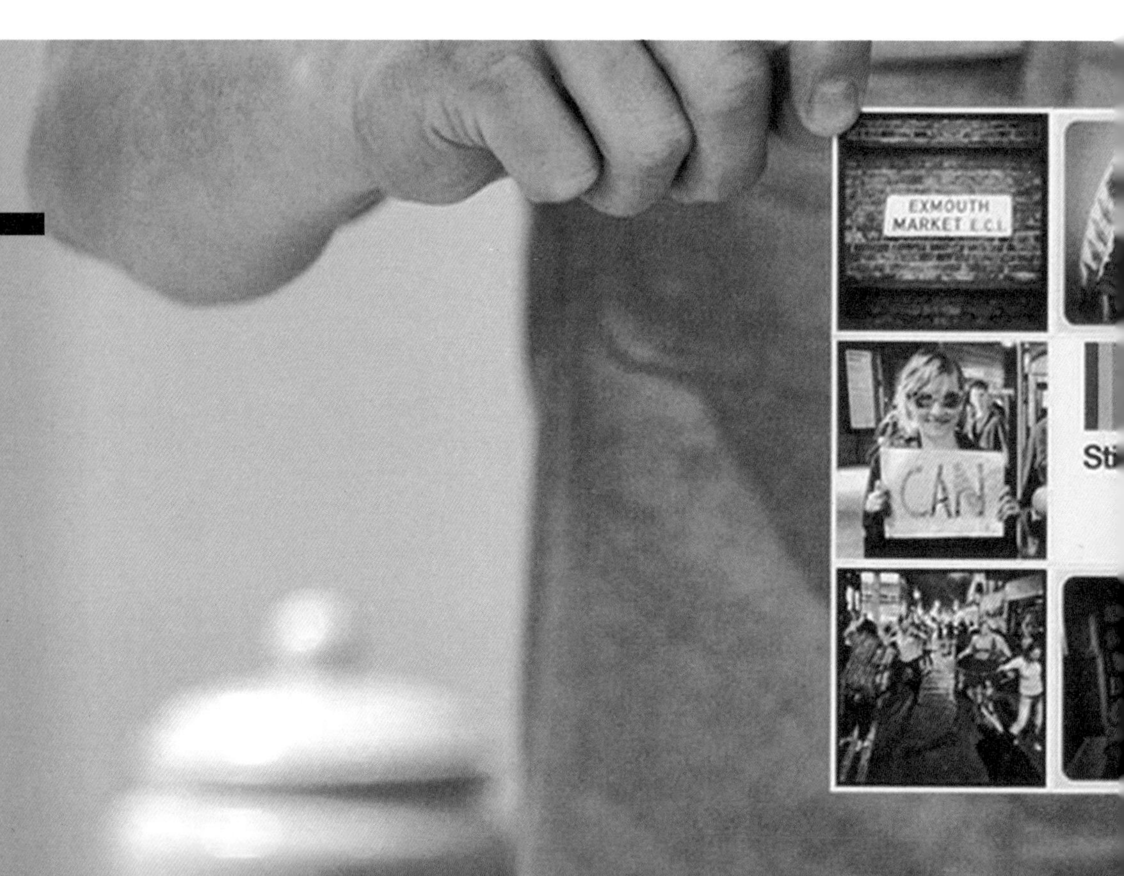

瞬间。由于大众传媒的运作方式，我们很容易感觉每个人的生活都很精彩，而我们自己的确很无聊。例如，昨晚我去见了我的父母，与此同时，其他我认识的人正在Shard的山顶听Daft Punk的音乐。当你在推特上读到这些的时候，你忍不住对这两种状态做出比较。本质上说，我们是在用他人的成功评价自己的失败。

加文：有一种理论认为我们有不同的人格，这使我们在工作中的行为和面对父母的时候不同。技术是否支持了这种理论？

乌特库：我们有更多与别人互动的渠道和方式，不论是实体的还是数字的，对此我们已经做得很好。这带给我们一些问题：我们要学习如何成为自己以及如何自我审查。在屏幕背后表现的不同是很容易的。我们的联系事实上让我们更加缺乏联系，当我们发送一条微博的时候，更加意识不到我们事实上正与其他人连接。物理技术，例如手机，实现了这种远程的传播方式，使我们感觉我们只是简单地将信息发送到真空中。

伊恩·博格斯特博士关于“游戏与体验的未来”的访谈

加文·安布罗斯（以下简称“加文”）： 你是如何看待文学、通讯和计算之间的跨界的？

伊恩·博格斯特（Ian Bogost）（以下简称“伊恩”）： 我建议用两种方式比较。第一种是与媒体的联系。我怀疑许多人假设计算已经接管了媒体或是正在接管媒体，但是我认为对于媒体更加广义的思考是马歇尔·麦克卢汉（Marshall McLuhan）的定义：即媒体扩展和改变了我们的感官。所以，计算与媒体的联系是，计算机和电子计算机化工作正在驱使我们改变生活方式和理解方式。

第二种比较是艺术与计算之间的比较。计算可以成为创新的、意味深长的实践，与文学、电影和造型艺术等等相同。我对视频游戏和虚拟特别感兴趣，因为它们提供了清晰的例子：它使计算直观化，同时也展现了为一种新的、生动的结果而进行真正深入的应用计算能力，其中有许多计算美学的可能性。在网络上，我们看到了传统媒体的延伸，比如文字、图像以及视频在网络空间的协作。在电脑制作的动画电影中，我们看到了为制作传统叙事电影而开发的计算机图形应用程序。我对这样的方式感兴趣，它可以程序化地表达丰富的内容。电脑艺术和科学上使用的程序化，指的是计算机独特的伴随行为和模拟进程的能力。计算机可以伴随行为，如此一来，用户可以与之互动，可以体验某种操作，而不仅仅是感知它的描述。

加文：《在如何利用视频游戏》一书中，你断定视频游戏在孤立个体方面远远超过视频暴力的影响。视频游戏将把我们带向何方？

伊恩： 如果你用麦克卢汉的定义考虑媒体的概念，我们必须意识到媒体有用途。我们对照片的使用有很多目的：广告、教学、色情作品、工艺品。有时候，我们假设当他们制作了伟大的艺术，媒体就变得成熟了，但真相是，成熟的媒体是可以做很多事情的。

视频游戏正在进入这样一个时代，在这里它们正在接受驯化并变得平凡。当你发现游戏变成了一个训练工具或广告或仅仅是公交车站消磨时间的工具的时候，游戏就变成了平淡的，甚至让人感到悲伤的东西。但是平淡的特征是，视频游戏得到广泛接受并且像媒体一样被接纳，即有很多人知道什么是视频游戏以及如何使用它们。这就是“无限的可能性”的前提，如它看上去的那样反直觉。

加文： 游戏已经被描述成了模拟体验和传递信息的华丽工具。信息传播的未来是什么？

伊恩： 未来将见证一个深刻而丰富的知识的时代。这种带有模拟和游戏形式的工具，使我们能够面对怪异和困难的取舍，它帮助我们在任何真正复杂的问题上取得了进展，让人们在考虑和讨论那些难以抉择的事情时，保持不确定性，保持更多好奇以及更加果断，意识到每一个小的决定都会使一个复杂的、不能被寥寥数语就能总结出来的机器运转，但是这可能不会发生。事实上，就我们创造和理解思想的方式而言，我们仍然居住在一个印刷与电视的时代。目前看来，信息传播的未来和过去一样：对于问题的最简单、方便的答案是迅速，而不是追求使我们更加真诚地表达问题的更深、更复杂的知识。

加文：传授知识是否有挑战？

伊恩：在我的学生西蒙·法拉利（Simon Ferrari）、鲍比·施威策尔（Bobby Schweizer）和我共同编写《游戏新闻》这本关于游戏应用程序的新闻书籍的时候，我们对于综合分析进行了观察。新闻的目的，大体上说，是帮助人们在他们的社交圈里做出决定。为此，他们需要的不仅仅是信息，还需要理解某个信息对他们、也对于更广泛的公众为什么重要。但是今天，我们为了知识有意地误解了信息。我们的结论是，综合分析是一个太昂贵或太精英主义的方式，以至于令我们难以承担，取而代之的是，我们用信息淹没了世界，让人们在其中自生自灭。

当一些人为此而欢呼的时候，多亏了另一些人自下而上的组织，才使得有些人对此提出责难。大体上说，我们在新闻中观察到的现象可以延伸到更广泛的知识层面。与其说我们正生活在一个综合分析衰退的时代，不如说我们正生活在一个利用大量数据对综合分析进行恰当的代替的时代。我们在“大数据”运动中看到了这种现象，“大数据”运动假设存在聚合的结果，假设检测后的行动足够帮助我们理解和解释数据中的含义，以及如何用它来调整我们的计划。更大往往是更好，因为更大意味着更加有效，而更加有效意味着廉价。

最近，这些现象已经变成了一种教育趋势，以大规模开放的在线课程（MOOC，慕课）为形式，在线发布、出版和提供学习机会。这是一个解决主义的范例，“教育是个问题”的观念可以通过技术手段得以解决，但是如果你反思新闻业，并质疑这个“问题”是否能通过新闻聚合得以解决，我怀疑你们会得出一个简单正面的结论。我们通过计算机分析它们的时候，我们对它的改变可能不仅仅是让他们变得更好或更有效。

像慕课这样的趋势关注的不是教育输出的质量或产出，而是使大学在将其领域出售给硅谷公司（该公司关注快速和增长）这样私营公司的同时，展现其“时髦”与“技术”的一面。我的学生可能有其他的看法，并看到了其他的方式，但是他们只有理解了正在发生什么，才能看到那些不同的选择。

信息传播的未来看起来和过去一样：对于不同问题的简单、便捷的答案。

技术的政治学以及如何能够为社会良性利用

技术是政治的，因为技术有改变社会现状的力量。蒸汽机的发明点燃了工业革命，它导致了从乡村到城镇的大量移民。

通过通讯设备的交互性，更快速的信息传播可以用于交流、教育和提高关于我们可能不了解的社会状况的意识。设计机构麦克金尼(McKinney)为达勒姆的城市政府部门设计了一款在线游戏，名为《筋疲力尽》(Spent)，他给用户创造了一个机会，使人们可以体验正在增长的贫困人口每月要面临的抉择，他们试图在不耗尽所有的积蓄和希望的情况下，将生活维系到月底。观众做出的决定将影响未来的收入和可能性，决策点通常伴随着政府的统计数字，这些统计数字帮助人们理解一个人如何在处于糟糕的个人经济状况时，进入一个恶性循环。大多数人不会捐助无家可归者，因为他们认为这样的事情不会发生在自己身上。游戏通过使用大众传媒，帮助人们挑战传统观念，从而开展了关于帮助贫穷和无家可归的社会教育。

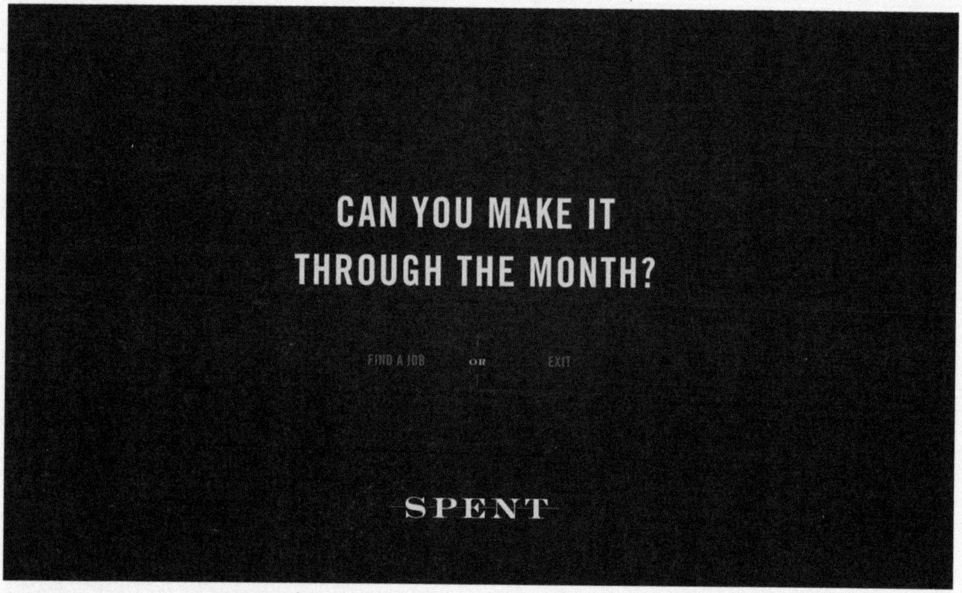

CAN YOU MAKE IT THROUGH THE MONTH?

FIND A JOB OR EXIT

SPENT

筋疲力尽（Spent）

上图和对页的图片中是麦克金尼（Mckinney）设计机构创作的游戏《筋疲力尽》中的截图。这个为达勒姆（Durham）的城市政府部门设计的在线游戏给用户提供了一个机会，去体验贫困人口每月要面对的抉择，他们必须面对如何将生活维系到月底的困难。

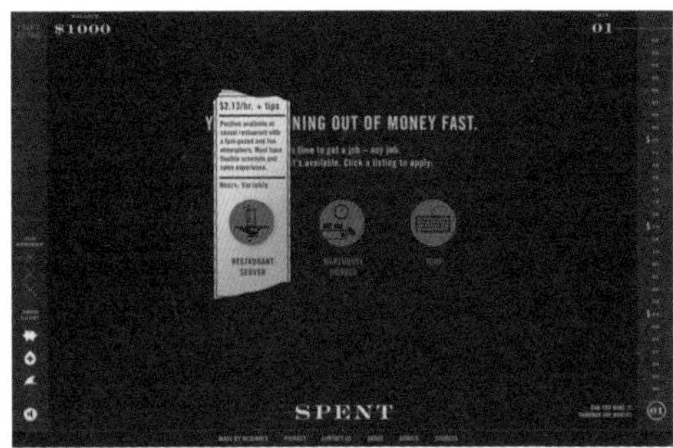

麦金尼（工作室）的尼克·琼斯

加文·安布罗斯（以下简称“加文”）：你如何看待设计对改变社会责任的作用？

尼克·琼斯（Nick Jones）（以下简称“尼克”）：我们中的很多人都从事设计，所以我们能够将东西设计得很酷。在过去的两三年中，我们的关注点转移到了制作有用的东西，即解决人们的问题。它让我们知道了我们要与那些使用我们产品的人达成共鸣。现在我们将做有用的设计转变成了做有意义的设计。如果我说设计正在改变世界，这听上去就是陈词滥调，但是设计师们感同身受的是，我们正在用我们的智慧去面对我们关心的问题。我希望我们能够在别人说我们妄想的时候，能实现一些什么。

加文：你觉得交互设计将去向何方？

尼克：通向我们的大脑。交互设计始于网页，也就是用于互联网的界面。它连接了世界，向我们展示了我们是更庞大世界的一部分。我们已经设计了很多允许所有的“事物”都能彼此互动的界面。简单的脑对脑的互动目前已经在实验室中发生了。很快，我们将设计出在意识之间的更复杂的互动。发消息和用skype说话都还好，但是如果我们能够在不需要首先将大脑所想转化成单词的情况下，通过意识交流，我们将真正的做到相互的理解。如果我能够将一个想法传达给你，用它本身的形式，你可以及时做出同样的回应，我们将知道对方的意图。

乔纳森·哈里斯

乔纳森·哈里斯（Jonathan Harris）是一个艺术家，他采用统计学、科学和视觉艺术做富有内涵的在线作品。他重新构想的问题是：我们作为人类，如何与我们周围使用的技术和信息建立联系。在下列展示中展出的是一系列在线项目，这些项目及时地捕捉了单一的瞬间。镜头、图像和文字都用来形成一个人的生活景象。

在下述的采访和项目描述中，乔纳森表达了对创意过程的理念，阐述了在技术、科学、与互联网和人类的关系上的一些思考。

加文·安布罗斯（以下简称“加文”）：你的作品对人们的所作所为和他们的交流内容有强烈的兴趣和好奇心，同时这些作品也融入了技术，主要是互联网。你是如何看待人类和机器之间的关系的？

乔纳森·哈里斯（以下简称“乔纳森”）：所有的技术都是我们自身的延伸，加强已存在的人类的特征。榔头是手的延伸。钢琴是声音的延伸。互联网通过访问信息强调了思想。逐渐地，互联网也强调了这样的一个核心，那就是因其媒介的经验延伸到了整个人类世界，从而碰触到了个体的心灵，触发了情绪的反馈。

加文：你的许多作品是对时间的关注或是与时间有联系，这些作品通常是对知识库的整理，或对信息资源的收集。技术能够创造这样的知识库，它提供了人类所有思虑的认知。你是如何看待技术的？它是否驱动着我们思考我们的环境，而后通过快速变化的时代而实现？

《我爱你的工作》

《我爱你的工作》是一个关于九个女人的生活互动记录，她们制作了由2202个10秒钟的视频片段组成的女同性恋影片（总计大概有六小时的连续镜头）。拍摄过程花了超过连续10天的时间，每个片段中间间隔5分钟。

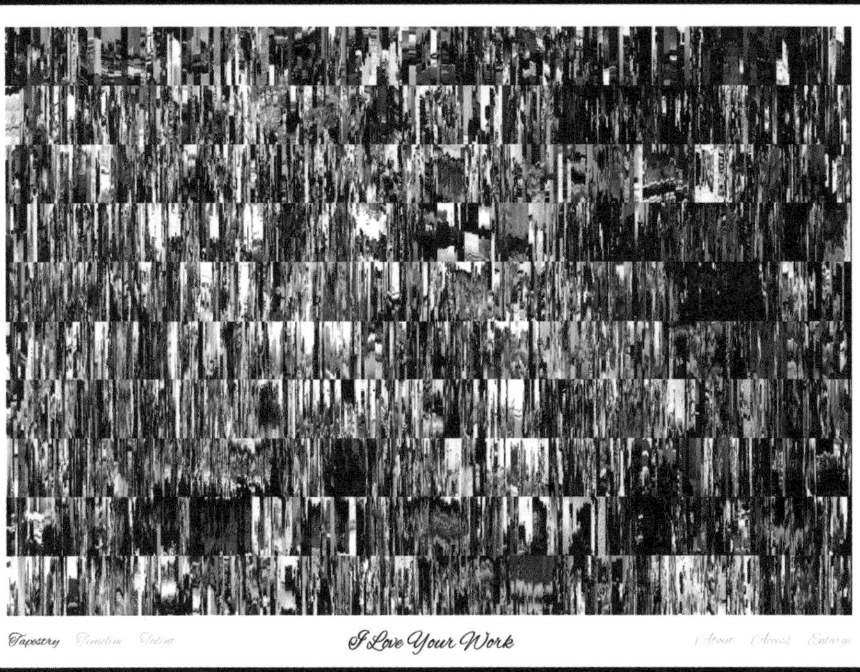

Tapestry Timeline Talent
I Love Your Work
About Access Enlarge

Tapestry Timeline Talent
I Love Your Work
About Access Enlarge

乔纳森：网络给予人类共同的神经系统，我们可以用网络对任何个体快速发送信息，以同样的模式，神经与枝节末端将物理感觉反馈给身体相关的部分。互联网使人类觉醒，并将全人类连接成为一个单一的有机体。

加文：你能描述一下你经历过的一个项目，和你既理论又实际的工作方法吗？

乔纳森：我通常会从一个我感兴趣的话题出发：新闻，情绪，猎鲸，女同性恋，等等。然后我通过收集关于这个话题的数据来发现新的工作方法。一旦我有了一些数据，例如照片，语句，影音等，我就会设计一个展示这些具体数据的独特界面，同时创造一个互动环节，让观众用不同的方式探索这些数据，所以他们能够对未预期的发现有新的体验。这就是我的基本工作过程。

《不丹的气球》（对页）

《不丹的气球》是最后一个喜马拉雅王国幸福生活的描述。不丹王国用“国民幸福总值”而不是国民生产总值来衡量其社会经济的繁荣，因为它本质上是通过各地佛教教义来组织国家的议程的。

2007年，哈里斯在不丹花了两个星期的时间，就幸福问题对117个人进行了采访。他要求他们用1～10之间的数字来评价自己的幸福指数，然后将相应个数的气球充气，所以非常幸福的人会得到十个气球，非常难过的人只能得到一个气球。哈里斯让每个人许个愿望，然后写在他们最喜欢的颜色的气球上。在最后一晚，人们将这117个愿望气球在海拔3048m的多雄拉（Dochula）圣山上串在了一起，气球随风飘扬，与成千上万的经幡混在了一起。

这个项目以气球的形状为技术手段，对传统经幡做出了西方观众更容易理解的现代诠释。项目既有交流的意义，也向世界传递了一条信息。气球向人们提供了与经幡相同的视觉、声音、思想以及触觉的感受。经幡带给人们的是积极正面的情绪，如幸福，长寿，繁荣，好运和荣耀，它也指引死后的灵魂离开阴间。在此基础上，气球还因人们在其上写下了自己的愿望而更加充满理想。

TO HAVE
BEEN BORN
A BOY

TO COME WITH
YOU SO THAT I
HAVE SOMEWHERE
TO LIVE

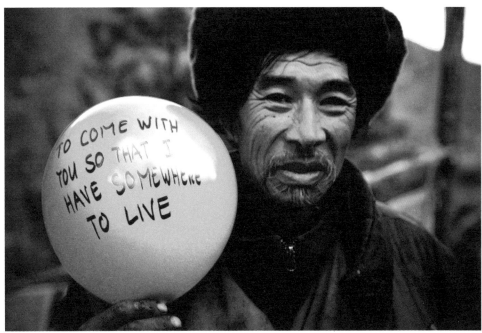

数字全球化

在国际化水平上，由于交通和电信基础设施的改善，贸易和交流壁垒的下降，全球化成为了一种整合思想、文化和产品的过程。国际货币基金组织（IMF）认为国际化有四个方面：贸易与交易，资本与投资运动，移民与人口流动以及知识的传播。[1]

当我们越来越多的消费品是来自于世界各个角落的产品时，大部分人在这个通过数字化而不是物理世界的思想和文化传播的过程中，体验着全球化。国际化移民的水平仍然相对不高，是因为人们不希望打破与家庭的联系，或是离开他们传统的居住地，即使在劳动力流动不受限制的欧盟也是如此。人们对于数字通讯技术的使用，使思想和文化的可达性指数增长到了一定的程度，让我们从全球的角度来谈论文化成为可能。韩国歌手鸟叔（Psy）上传到YouTube上的音乐视频《江南style》，其点击量在撰写本书时已超过了16亿，他成了国际化的标志。

在线服务，例如Netflix和Spotify，能够让世界上任何一个地方的用户观看电影或收听音乐。目前，创新作品与文化的潜在观众有几十亿之多。

根据世界银行的数据，网络用户的数量每一百人中从2010年的8.1人增长到了2011年的32.7人，手机订阅的数量从2010年的10亿增长到了2011年的59亿[2]。互联网宽带技术，无线网络以及可以访问这些设施的移动设备的推出，正在使全球文化得以增长，它的延伸远远超出了人们对可口可乐的饮用。

从政治的角度说，数字技术作为阿拉伯之春的推动者，在阿拉伯世界可能已经拥有了最深远的影响。在阿拉伯世界中，每一百人中互联网的使用人数，从2003年的不到5人增长到2011年的30人。升级了的互联网通讯使一条革命性的信息传播得更远，更快，从一个国家到另一个国家，并允许各个国家的公民挑战他们政府的权威。

“全球化，被我们这样的富人定义为非常好的东西……当你谈到全球化的时候，你在谈论互联网，谈论手机，谈论电脑。但这不会对世界上超过三分之二的人产生影响。”

——吉米·卡特（Jimmy Carter），美国前总统

[1] Source: <http://www.imf.org/external/np/exr/ib/2000/041200to.htm>

[2] Source <http://data.worldbank.org/topic/infrastructure>

迈克尔·萨尔蒙德关于“做一个数码旅行者”的对话

迈克尔·萨尔蒙德（Michael Salmond）是一个数码设计师，新媒体艺术家，作家和教育家。他的艺术和设计工作关注了视频游戏，旅行以及混合文化。

加文·安布罗斯（以下简称“加文”）：技术如何改变我们对栖居的物理位置和虚拟空间的定义？

迈克尔·萨尔蒙德（以下简称“迈克尔”）：技术和媒体已经极大地改变了我们与地方和空间的关系，模糊了物理和虚拟空间之间的界限。在20世纪90年代，人们使用传统的摄影或摄像技术，回到家后通过浏览照片来回顾他们的体验。而数码技术的地理标记和瞬间分享每一张图片的能力，通过增加及时性和社会分享，改变了旅行者和他们的朋友之间的交流方式。技术使记录瞬间的即时性成为可能。在大众媒体的影响下，每个人都是一个带有多个频道的微广播站，向任何可以收听或收看的人发送他们的内容。我们中的许多人生活在一个永恒的现在，这就是道格拉斯·拉什科夫（Douglas Rushkoff）所说的“现在主义”。

我们基于我们的期望和背景来定义场所，但是虚拟空间的运作则不同：虚拟空间是无形的，通常仅通过一个屏幕来访问，这造成了一定程度的分离。这被称为第三种空间，在这里，人们将他们的意识投射出来，同时保留他们自身所处环境的感觉。一个不错的例子是，多人视频游戏让我们体验到了在第三空间的分享。正如条条大路通罗马，它有很多种操作方式，它们有自己的规则、文化和亚文化；他们压缩了物理时间和空间，与你的身体在什么地方没有太大的关系。

加文： 技术的变化对我们工作和思考方式的影响，你对此有何感受？真相的“价值”被腐蚀了，还是可以乐观地说，在一种后现代乌托邦中有多个现实？

迈克尔： 过去，我们只有一个版本的真相，但是它更加集中（经过编辑后），而且来源更少。而现在我们有许多真相。雪莉・特克（Sherry Turkle）《一起孤独》（Alone Together）的作者和杰伦・拉尼尔（Jaron Lanier）《你不是一个器件》（You are Not a Gadget）的作者猜测，即使我们正在与这些技术分享我们的生活，但最终生活也仅仅是关于“我们”自己的，其结果是令我们孤芳自赏，并且在情感上得不到满足。人们从“麻烦”的真实生活中撤离出来，更喜欢与永远都不会有真正见面机会的网上的人们建立有距离的关系。信息与内容仍然有内在的价值，因为信噪比是如此之高。我们这样做的动力是为了提升信息的质量，它可以让观众得以参与其中，并产生参与感和拥有感，这胜过了技术正在为我们制造的产品。

基于屏幕的媒介倾向于采用互动的方式，即使它正在推送插播或已编辑的亮点信息。我们关心的是，即使我们现在能够访问全世界所有的信息，我们是否只能获得最表面的、最肤浅的价值。然而，可能这是因为提供者不是在用正确的形式为观众制造信息，而观众过去常常面对大量的碎片化的原始资料。

当今，图片的价值更加令人质疑。由于大量的制造和轻易的访问，数码图片变得廉价。图片所具有的说服力和情感共鸣的力量看上去并没有任何改变，但是其访问的方式却改变了。找到一张图片远比制作一张图片要轻易的多。专业人士关心的是，脸书和谷歌上搜索到的每张图片，因为被视为“仅仅是一张图片”而被英国政府的法律断言为版权上的孤儿。如果我们找到一张图片的创始人有困难，那么你就可以免费的使用它。我的本科生觉得，与实物商品相比，数码产品没有什么价值。即使他们理解版权的内容，他们依然不明白，如果你可以免费得到电影、音乐或游戏，为什么还要为它们付费。这与偷盗无关，更多的是关于他们想要访问的媒体的方便程度。在这种多层次约定的新现实中，重要的不是图片或内容的价值，而是内容的关系、建议和真实性。价值系统依旧是固有体系，他们只是伴随着技术而改变和进化了。

我们关心的是，即使我们现在能够访问全世界所有的信息，我们是否只能获得最表面的、最肤浅的价值。

加文： 在新兴的均质化的社会，我们能通过媒体渠道有模拟的体验，你认为这种“被动”危险吗？

迈克尔： 我认为我们没有正在变得均质化；我们是混合的。我们或间接的通过娱乐或媒体，或直接通过经验借鉴每种文化。这里没有所谓的静态文化或被动文化。我们无法试图从一个文化中捕捉到它的抽象模型经常感觉不对头。例如，什么是典型的英国文化？不是板球，不是哈利・波特（Harry Potter）。英国文化包括板球和哈利・波特，但远不止这些。

《白墙》

图片来自作品《经过》。它是一个互动艺术的展览，展示了游客们的反应。萨尔蒙德（Salmond）相信，旅游景点与任何视频游戏环境或空间一样需要设计，需要为娱乐与连接文化的需求而进化。

在现实中转变

"除了那些现实的尘埃和魔法的砂石混在一起的日子，生存并无太大吸引力。"

——马塞尔·普鲁斯特（Marcel Proust），《追忆似水年华》（Remembrance of Things Past）

数码技术正在带来现实中的改变，这种现实也可能只是我们所理解或体验的现实。随着我们对新技术的习惯，它不再新奇，而是变成了我们身处现实的一部分。汽车中引导我们去往目的地的GPS卫星定位系统，帮助我们安全停车的传感器和摄像头，还有目前正在研发的无人驾驶汽车，都向我们证明了现实已经被技术加强或扩张。谷歌给我们带来了谷歌地图和谷歌地球，它让我们用不同的方式看待和体验我们的世界。他们还在发明其他的诸如谷歌眼镜这样的产品，使我们的生活水平得到更大的提升。在不远的将来，当我们走过一片环境时，数码镜头将有能力覆盖我们眼前所见的所有信息。我们已经通过视频游戏对增强现实技术有所熟悉，在游戏中，信息、统计和选项遍及整个游戏。技术公司希望能让这些成为我们日常生活中的一部分。

另一个在现实中的转变包括我们用以交易的金钱。网上银行意味着我们越来越不需要实体的现金。我们的薪资存放在电子账户上，我们在线结账，在线订购从书籍、食物到家具等等的所有东西，甚至当我们在物理世界冒险的时候，利用借记卡去支付所购买的东西。金融交易正在发生的改变使我们开始使用概念货币，例如利用比特币进行支付和投资，这是一种已经开始被实体店接受的数码媒介。毋庸置疑，越来越多信息技术的改变将介入我们的日常生活。

与Appshaker工作室的亚历克斯·波尔森关于“创造新现实”的对话

加文·安布罗斯（以下简称“加文”）：增强现实应用太棒了，它带给我们信息和有活力交流。我们还在探索什么潜在的应用？你觉得它将去向何方？

亚历克斯·波尔森（Alex Poulson）（以下简称“亚历克斯”）：增强现实技术还非常不成熟，因为它对硬件和软件技术的依赖，没有任何一个参与者能够真正预见它两、三年以后的情况。就这点而言，应用程序仍然受到众多的青睐。但是我们能预见，在未来的几年中，教育和医疗领域的巨大进展指日可待。谷歌眼镜成为近期的最大热门话题，不仅因为其石破天惊的技术，还因为它激发了一场主流社会讨论，这场讨论关注的是如何利用数码信息与真实世界视角的融合改变，这一改变包含从购物到医院就诊方面的所有事情。随着技术的成熟，噱头开始被更加强大的概念所取代，这些概念让我们更努力创造更好的体验。

加文：你觉得增强现实应用程序如何提升培训和教育方面的体验？例如，对于医学专业的学生，这能不能成为一个不需要实际的身体，而去做身体内部研究的工具呢？

亚历克斯：增强现实已经渗透到了教育和培训领域。我们为国家地理、BBC做的许多系统已经用于教育机构，虽然最初发明它们是为了宣传。对于教育，特别是博物馆行业，增强现实为如何展示自然和科学方面做出了彻底的变革。增强现实向所有年龄群的人提供了一个双向的，对概念、动物甚至更多东西的全互动演示。它使博物馆快速地、更加有效地改编和改造装置，并且比原始的实体装置更节省成本。

加文：你怎么看品牌对接受增强现实技术的态度？

亚历克斯：一些品牌已经比其他品牌更好的拥抱技术。许多早期技术的采纳者已经学习了技术公司的经验教训。事实上，我们没有一个项目不是学习我们在现实世界环境中创造的新的和未经考验的东西，正是这样让这个行业变得如此充满活力。随着技术的成熟，想法的进步，品牌将创造更加持久的概念，从而帮助消费者的同时又能娱乐消费者。作为一个代理机构，我们这里的每一个人都对技术有不可思议的理解能力，但是我们“先有概念，再有技术”的管理方式使得我们的品牌对他们想要的结果表达的更加清晰，而后我们才思考如何去做。

加文：增强现实有没有潜在的消极意义？

亚历克斯：消极意义存在于它的供应商只注重短期的噱头的时候，这种噱头使得人们、品牌、博物馆等更多对象更难理解增强现实的全部潜质。如果人们将增强现实看作是一个概念而不是一项技术，它将永远只是个“泡沫”。

左侧图片是由Appshaker工作室为吉尼斯世界纪录现场设计的一个增强现实装置，它让人们“与纪录打破者会面”。这个完全由三维构建的系统，使人们能够与世界上最大的恐龙，最重的双胞胎，最大的肉食鱼类，抛电锯次数最多的人亲密接触，所有这些都由世界上最高的苏丹·克桑来控制、主持。

与朱利安·奥利弗关于“增强现实的未来”的对话

保罗·哈里斯（以下简称“保罗”）：增强现实承诺可以提高人的体验，例如通过在汽车挡风玻璃上，或在动物园和博物馆里投影信息。这些概念已经在游戏中得以展示，所以现实是否有能力做到和游戏中同样的体验？

朱利安·奥利弗（Julian Oliver）（以下简称“朱利安”）：是的，确实有可能。这个已经在很好的进行中了，虽然主要是在移动互联网上。

保罗：你在2010年鹿特丹的TED演讲中发表的核心观点是关于城市生活，以及在尚未得到我们同意的情况下，公共空间是如何被广告商占用的。为什么对技术来说，有能力改变城市生活的体验是重要的？

朱利安：当广告代理商得到了租赁的权利，并在公共空间的墙上写东西的时候，我们失去了面对何种图片的权利，甚至拒绝观看的权力都不被获准。一旦这种失衡的斗争，存在于资本和财产的职权范围内，而不是在经验的框架中，我们的公共空间将越来越变成一个露天的商场。

我相信“认知污染”和空气污染、噪声污染一样，需要经过有效的解决。公共空间不仅意味着建造它的材料和外观，它还是一个开放的背景，是一个为多样性和分享体验而创造的非排他性的框架。可穿戴式、手持式和其他便携式技术在这里非常重要，它们为人们开辟了在城市中有选择性阅读的可能性。

保罗：你的《艺术广告》这件作品通过增强现实技术进行内容替换替代目标的概念，希望通过让我们控制如何看以及看到了什么来改进公共空间。很久以来其概念是如何发展的，为什么说这一举措很重要？

朱利安：认知科学的研究显示，我们城市居住者无意识地为“推动”广告做了大量工作，而我们完全没有将它们屏蔽。

增强现实作为一种自愿参与，在这些情况下变得有趣：在拦截娱乐、强迫曝光私密内容和我们的感官之间提供了一种实现的方式。用这种方式，借助计算机科学术语，这些“只读的”外观变得可写入。我们的视觉和听觉感受（现在）并不是公共的或私人的财产，所以创造出这种在空间中修改输入内容的处理方式是对强迫曝光问题的一种简单合法和灵活的回应。另一种廉价的方式，即使用几罐喷漆、手电筒、梯子和面包车，对广告画面随意涂鸦。

保罗：什么是这一过程的合理结论？能否有这样的一天，我们戴着一副眼镜就能看到街道上画满了我们希望看到的图画？个体的城市体验会不会使我们丢失掉共享的体验？

朱利安：尽管谷歌努力普及它那个令人担忧而又愚笨的“眼镜”装置，我怀疑“捆绑式”增强现实将很快主导我们城市中人类的体验。然而，我还是看到了一个不远的未来，在那时，眼镜形式的装置，连接着镜头和嵌入式或侵入式的人工眼将在富裕人群中流行。在这期间，我们无法摆脱手持式屏幕，它仍然还是增强现实的一个笨拙手段；屏幕眩光，按比例缩小，带框架，手持式等等缺陷仍无法摆脱。

也就是说，我觉得将增强现实当作体验的永久代替品是一个错误。我宁愿它仅仅就是另一种效果或表达。它本身，像借助已知条件产生的优秀幻想作品，当你真正的读完很久以后，你还能体会其中的酣畅与颠覆。用这种方式，间歇地利用手持式的、基于屏幕的增强现实可以依然非常有力量。

保罗：你在TED演讲之后，是如何继续发展增强现实的？

朱利安：在我演讲的那段时间，“增强现实的说法”被用于定位与地图构建技术（SLAM），它有效的使整个复杂环境在欧氏空间中变成可检测的云，而不是平面的表皮和场景中的奇异物体。用这个方式，一个人可以从任何方位，带着他们的增强设备进入场景，从而在视觉中产生了相应的增强现实信息。

这仍然还是一个研究的热点问题，已经利用这种方式制造了智能手机，提供了很好的灵活性和能力，特别是使用遮挡监测时，虚拟对象可以被部分呈现在一个真实的遮挡物“后面”。

保罗：与虚拟和增强现实相比，人们何时应该体验真实的事物？在现实与增强现实之前是否存在连续性？如果有，哪里是中间点？

朱利安：本质上，关于增强现实，没有内在的不真实。这全都是结构化的光子与视觉皮层的互动，这种互动与人合谋，让人相信这一切是真实的。我们都知道，我们在增强现实的作品中体验到的东西，跟我们并不处在一个空间，但是我们允许，甚至鼓励自己为这种“可能性”买单。相反，如果我们相信它是真的，它将简单的被我们当做“现实”的扩展。

从幻觉艺术到纸牌戏法再到篝火晚会的恐怖故事，“玩感知”在人类文化中颇有历史。我们发展了这样的方式，是为了增强信念本身的主观能动性。我们对自己和他人都在采用这种方式。增强现实仅仅是这个古老的思维方式的延伸，它不应该被误解为与现实相悖的新玩意儿。我们无论如何不会叫它“增强现实”太久，这个称呼充其量只是现阶段的解读，它将融入我们自己与彼此在世界上相互联系的其他方式中去。

我相信“认知污染”和空气污染、噪声污染一样，需要经过有效的解决。

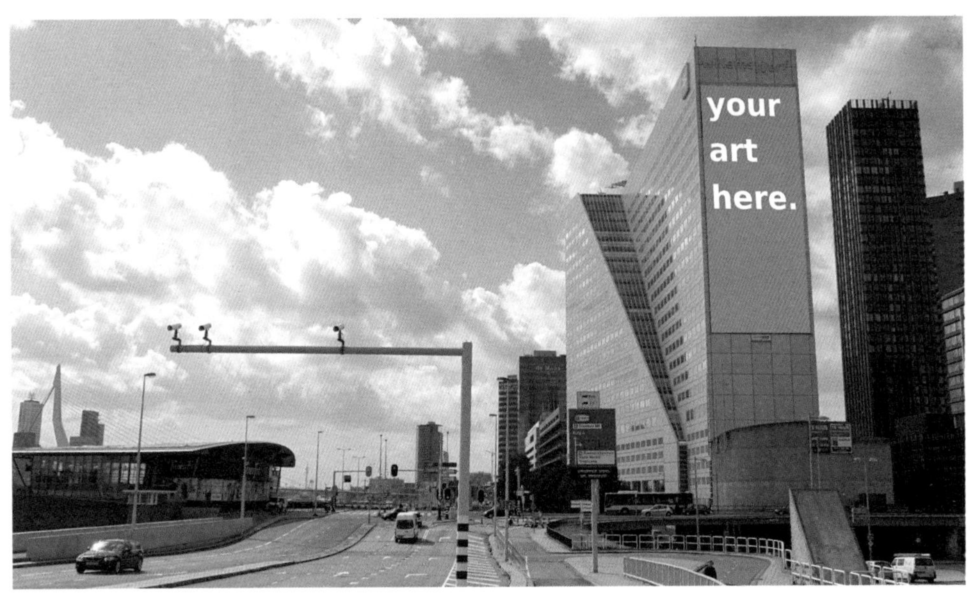

IDEAS ARE EVERY

THING

灵感是一切

人可以学会如何做设计。积极的设计和设计师会不断地接纳有关设计思想、品牌和产品的创意。设计师的丰富角色、各类设计项目和设计学校的繁荣告诉我们，人们是可以学会如何做设计的。关于设计的教育一直在变化着，教育者需要认清这一点。当人们无法预测下一个将要影响行业的伟大创意时，作为设计的教育者，有一些事情是我们能够做的，那就是做一些积极的改变，从而缩小差距，创造经营部门与设计教育项目之间双赢的关系，最终增强这种关系、强化感知并获取行业的价值。例如，企业所需要的诸如强制使用非图形设计技巧、适应性、理解问题、发现问题然后解决问题、冒险、原型、使用非传统工具、集合阅读、写作、用多样化的设计和商业背景去表达和工作，所有这些都能帮助我们朝着专业化的方向前进。

当讨论到业务部门中的设计价值的时候，我建议使用“革新的”而不是“创新的”，因为革新是一个个人理解的商业意识的词汇。我还建议“有目的的创新”。有目的的设计不仅是为了好设计，它还可以区分外行与受过专业训练的设计师。如果没有战略目的，人们就会为了创新而创新。有效的设计必须有目的，设计师应该用这种方式对自己的工作和能力定位。当设计思想超越了对象或人工制品的创意之外，它是绝对有价值的、可转让的技能。学习用视觉和文字的设计语言说话的同时，设计师也必须学会商业的语言，至少要达到一定的基本水平。

为了更加增强关系，我鼓励设计师和教育者用一个更加有策略的方式去思考问题。学生们在设计项目中学到的令人兴奋的事情是设计过程：设计的想法、分析、找寻问题部分。过程的理解可以用于设计，创新和任何问题的解决，包括商业问题。过去我们往往忽视过程，但它实际应该被运用更多。在设计教育中，帮助设计专业的学生“设计一些东西”是不够的，他们必须学会如何在设计任何一个东西的时候提供一个有逻辑的思考过程。

我坚守六个D的设计过程：定义，发现，发展，设计，传达和汇报。这不是线性过程，但却是一个可以追随和提供学生从开始到结束的结构的固定模式。为学生装备上一个灵活的过程，他们可以从教室转变到职业工作环境中，并协助他们为做好成功的设计产品、服务和体验扮演一个重要的角色。这是非常重要的，因为设计师和设计教育者都有一个独特的机会，积极地影响全球化的经济。当设计专业的学生毕业并进入设计行业时，一个企业，甚至设计公司在这些新兴的设计师身上期待更多。新兴的设计师将不仅要做出贡献，更重要的是，期待他们在有能力创作之外，找对方向朝着更高的水准迈进。企业和组织正在寻找有知识深度和多样化技能的雇员，他们不惧怕合作和创作革新的方法，他们可以解决企业每天面对的多层面的问题。

少花钱多办事、合乎伦理的设计才能、协同设计解决方案、理解设计如何能够让更多人记住一个机构的价值链、可持续设计和商业惯例、材料选择、财务制约、技术、社会和环境的问题仅仅是新兴设计师需要在商业世界中解决的部分问题。借助一个固定的思维和设计过程，可以帮助设计学的学生向专业设计师转变。

不幸的是，许多教育机构的改变非常缓慢，结果行业往往超前于设计教育课程，这意味着学生毕业后找工作时，他们的工作可能被看作是过时了的，因为他们不是在一个有远见的或渐进的教育环境中成长。但是，

新兴的设计师将不仅要做出贡献，更重要的是，期待他们在有能力创作之外，找对方向朝着更高的水准迈进。

学生自身也是有责任去扩展他们在教室的学习环境之外的知识。幸运的是，现在比任何时候都更容易发现有价值的学习资源以补充教室环境的学习内容。专业的设计协会，例如AIGA，DMI设计管理研究所这样的英国设计委员会和出版社期刊，甚至是像商务杂志《纽约时报》或类似的报纸服务都可以作为有效的学习工具。

增强商业、设计教育和设计专业之间的联系是一项复杂的工程，它不仅要在学院或学校系统和课程的约束下来完成。在增加学费方面，学校——特别是设计学校和设计项目——承受着巨大的压力以证明自己学费的价值。关键的价值衡量应该是在学生毕业之后不久，设计专业的毕业生有充足的准备和就业的保障。通过培养能胜任的、有策略性思考能力的设计专业学生，创造商业部门和设计学校之间的更强大的和互利的关系，将为商业部门提供满足商业需求的候选人和能够面对的全球化经济中复杂问题的候选人。

肖恩·布伦南

索引

斜写字体的页码指标题。

致谢

这本书经历了一个漫长的旅途，它只可能在大量的时间和创意的介入的努力中才能完成。非常开心能够有机会采访到这么多类型的人。创作这本书的部分原因是了解创意——试图更深入的理解它的原理，但创意是复杂的东西，始终对我们保留着一点神秘感——这让我暗自高兴。所以，总之，如果你希望变得更加有创意，如果你希望成为一个设计天才，请记下这本书里提供的许多创意者慷慨的忠告。打开你的心，去尝试——你只有一辈子可活。

加文（Gavin）

图片来源

本书中的图片都经过了版权持有者的追查、确认和来源。但是，如何有任何来源无意中遗漏或有错误，出版商将在未来的再版中努力整合修订。

图片来源：

首卷插画，第124，126，127页©威斯纳·帕西克；第8，193-197页©布赖恩·雷阿；第10，19页©鲍勃·吉尔；第11，181，185-187页©让·于连；第16-17，40，43页©Myerscough工作室；第39，42页Images: Gareth Gardner，设计于 ©Myerscough工作室；第20-25，145页Kesselskramer©埃里克·凯塞尔斯；第27页©Kitsch Nitsch；第28，31页©A Practice for Everyday Life；第33页设计于©Stefan Sagmeister；第34-35页©Multipraktik；第44，46-47页©The MihaArtnak；第49-51页©塔娜·克里斯藤森；第52页©2014 Digital Image，现代艺术博物馆/纽约/Scala，Florence；第53，188 (center) 页©林赛·J·海恩斯；第57-59页©Mousegraphics；第65页©www.bedow.se；第67-71页©约翰·前田；第72-73，207页©To The Point；第74，75，77页©Design: 3-Deep，.Harrolds奢侈品商店，澳大利亚; inside backand front covers，第79-81页©SEA；第83，85页©Book design: Willoughby Design，Inc，illustration: Meg Cundiff，.Gordon MacKenzie FamilyTrust；第87-89页©Studio Output，Designer: Lucy Gibson；第91-93页©纳乔·拉韦涅；第94-95页©Anna Fidalgo；第97-98，99-101，168-169页©法比奥·翁加拉托；第102 (left) 页©Photo: Jens Andersson，Design: Boy Bastiaens；第102 (right) 页©Photo: Anton Olsson，Design: Boy Bastiaens；第103页©Photo: Kim Zwarts，Design: Boy Bastiaens；第104-105页Photo: Kim Zwarts，Design Boy Bastiaens；第108-109，110，112-113页©April Greiman；第114页©View from a window at Le Gras，Saint-Loup—de-Varennes，1827 (b/w photo)，Niepce，Joseph Nicephore (1765-1833)/Gernsheim Collections，University of Texas，Austin，USA/ Archives Charmet/The Bidgeman Art Library；第115页©Robert Capa/International Center Photography/Magnum Photos；第116，117-119，121页©亚历山大·辛格；第128页©Photographer: Nick Ut，Press AssociationPhoto；第133页©Tilen舍皮奇；第135页©Designer: Bob Aufuldish，. Image: Daniel Lefcourt；第137页©马里昂·高帝；第138-139，188 (right) 页©凯文·梅雷迪思；第140-143页©詹姆斯·康培与 Briton Smith；第147-149页©克里斯塔尔·舒尔特海斯，2007；第151，152，153，154-155 all images courtesy of页©Malika Favre；第156-159页©designed and directed by hat-trick design；第160-163页©欣；第165-167页©Design: Wout deVringer，oto: JeroenToirkens；第170-173页©We are Vast；第175-177页©克里斯平·芬；第182-183页©Mckinney；第188 (left) 页©Zac Ella；第189-191页©安东尼·博乐；第198-199页©Gabor Palotai Design；第200，202-203，204-205页©约翰·P·Dessereau；第207页©To The Point；第209-211页©艾伦·戴；第213，214-215页©Happy F&B；第217 (left) 页©*FT Magazine*: Khordokovsky/Creative Consultant: Mark Leeds，ArtDirector: Paul Tansley，Photo Editor: Emma Bowkett；第217 (right)页©*Bloomberg Businessweek*: Uh-Oh/Creative Director:Richard Turley,Redesign: Richard Turley and Mark Leeds；第219页©*FT Magazine*: Graphics/Creative Consultant: Mark Leeds，Cover art: Julien Vallé andEve Duhamel；第222页©Dover Press；第223，225-227页©瑞秋·阿什2014；第229页©Webb & Webb Design Ltd；第231页©克里斯·比格；第232(left) 页©Constable，Photo: National Gallery；第232 (right)页JMW Turner，Photo: National Gallery；第234页Dreamstime；第233，236-239页帕希菲卡；第241，243页Studio Swine；第247，248-249，255页Aufuldish&Warinner；第250，253页Thomas Manss& Company；第256,258-259页Robert Foster of Fink & Co. in collaboration with Frost* Design and Coolon Lighting Pty Ltd；第260-261页Designed by Lacoste +Stevenson and Frost* Design；第268-269页Signage and branding by Frost* Design；第262，265页Second Story，part of SapientNitro；第271页Jo鋓Nunes/Atelier Nunes e；P? @ http://arquivo.ateliernunesepa.pt/energias_renovaveis/；第273，274，275页Brand expression patterncrafted by 托马斯·马修斯 Studio led by David Grbac；第279，280-281，282-283页Design by Poulin + Morris，Photographer: Jeffrey Totaro；第285页Dr. Ernest C. Withers，Sr，courtesy of the Withers Family Trust；第286，288，289页Robbie Conal，all photos by Alan Shaffer；第292页Kitsch Nitsch，photo by Multipraktik；第291，293页Kitsch Nitsch；第297页詹姆斯·布朗；第298-299，300-301页Estú dioTriciclo；第303. Mucho，pp 304-305页Design: Mucho，Photos: Roc Canals；第306页courtesy of Wikimedia Commons；第307-309 . 2013页尼古拉斯·费尔顿；第312，313页Visual Capitalist；第315-317页艾伦·戴；第321，323页Created by Blast Theory in collaboration with the MixedReality Lab；第327-329页Created by Mint Digital，now owned by Photobox；第324页(left and right) Fritz Lang，*Metropolis*；第325页MaydayMaydayMayday；第326页Wikimedia；第332-333页McKinney，co-created by尼克·琼斯；第334，335，337页Jonathan Harris；第341-343页Mike Salmond 2008-2012；第344页Appshaker Ltd；第345页Julian Oliver and V2_Institute for the Unstable Media，2010.